普通高等教育 "十四五" 规划教材

冶金工业出版社

电气控制与 PLC 应用技术

郝 冰　杨 艳　赵国华　主编

U0323137

北　京

冶 金 工 业 出 版 社

2023

内 容 提 要

本书主要介绍了电气控制技术和可编程序控制器（PLC）的原理及其应用，并系统阐述了继电-接触器控制系统和可编程序控制器控制系统分析与设计的一般方法。全书共 10 章，主要内容包括低压电器、基本电气控制电路、认识 S7-1200 PLC、博途 STEP 7 软件安装及操作方法、S7-1200 PLC 编程基础知识、S7-1200 PLC 编程指令、S7-1200 PLC 串行通信、S7-1200 PLC 以太网通信、S7-1200 PLC 控制应用实例和 S7-1200 PLC 综合实训。

本书可作为高等院校机电一体化技术、数控技术、电气自动化技术及相关专业的教学用书，也可供电气工程技术人员参考。

图书在版编目（CIP）数据

电气控制与 PLC 应用技术/郝冰，杨艳，赵国华主编. —北京：冶金工业出版社，2022.4（2023.11 重印）

普通高等教育"十四五"规划教材

ISBN 978-7-5024-9142-0

Ⅰ. ①电… Ⅱ. ①郝… ②杨… ③赵… Ⅲ. ①电气控制—高等学校—教材 ②PLC 技术—高等学校—教材 Ⅳ. ①TM571.2 ②TM571.6

中国版本图书馆 CIP 数据核字（2022）第 076292 号

电气控制与 PLC 应用技术

出版发行	冶金工业出版社	电　话	（010）64027926
地　址	北京市东城区嵩祝院北巷 39 号	邮　编	100009
网　址	www.mip1953.com	电子信箱	service@ mip1953.com

责任编辑　俞跃春　刘林烨　美术编辑　彭子赫　版式设计　郑小利
责任校对　葛新霞　责任印制　禹　蕊
北京印刷集团有限责任公司印刷
2022 年 4 月第 1 版，2023 年 11 月第 2 次印刷
787mm×1092mm　1/16；16 印张；387 千字；245 页
定价 49.00 元

投稿电话　（010）64027932　投稿信箱　tougao@cnmip.com.cn
营销中心电话　（010）64044283
冶金工业出版社天猫旗舰店　yjgycbs.tmall.com
（本书如有印装质量问题，本社营销中心负责退换）

前　　言

西门子 S7-1200 系列 PLC 作为现代化的自动控制装置，已广泛应用于冶金、化工、机械、电气、矿业等有控制需要的多个行业，也可用于开关量控制、模拟量控制、数字控制、闭环控制、过程控制、运动控制、机器人控制、模糊控制、智能控制以及分布式控制等各种控制领域，是生产过程自动化必不可少的智能控制设备之一。

到目前为止，西门子 S7-1200 系列 PLC 是市场占有率最高的 PLC 产品之一，掌握西门子 S7-1200 系列 PLC 的组成原理、编程方法和应用技巧，是每一位自动化及其相关专业技术人员必须具备的基本能力之一。

PLC 技术是自动化及相关专业的专业课程，本书具有以下特点。

1. 突出实用性。从常用电气控制线路到西门子基本指令及编程方法的基础例题，其内容均有较强的针对性和实用性。

2. 注重创新。在注重基础性的同时，注重创新性，突出内容编排的特点，便于讲练结合，在章后配有技能训练，以及最后一章的综合实训，突出创新实用性。

3. 本书中实验部分与市面主流的 PLC 综合实验设备匹配度较高，有利于实践教学的有效开展。

本书由齐齐哈尔大学郝冰、包头铁道职业技术学院杨艳、四川职业技术学院赵国华担任主编，全书由郝冰、杨艳、赵国华统编定稿。

本书在编写过程中，参考了西门子公司的有关资料和文献，在此向有关文献作者致以衷心的感谢！

由于编者水平所限，书中不妥之处，敬请读者批评指正。

编　者
2021 年 10 月

目　　录

1 低 压 电 器

目前，电流拖动系统已向无触点、连续控制、弱电化、微机控制等方向发展。但由于继电器-接触器控制系统所用的控制电器结构简单、价格低廉，且能满足生产机械通常的生产要求，目前该控制电器仍然获得了广泛的应用。低电压器是继电器-接触器控制系统的基本组成元件，其性能直接影响着系统的可靠性、先进性以及经济性，是电气控制技术的基础。本章主要介绍常用低压电器的结构、工作原理以及使用方法等相关知识，并根据当前电器发展状况简要介绍新型电气元器件。

学习目标
(1) 掌握电气相关的基本概念；
(2) 掌握几种常用低压电器的结构、用途及工作原理。

1.1 概　　述

1.1.1 电器的分类

电器是接通和断开电路或调节、控制和保护电路及电气设备用的电工器具。完成由控制电器组成的自动控制系统称为继电器-接触器控制系统。

电器的用途广泛、功能多样、种类繁多、结构各异。下面是几种常用的电器分类。

1.1.1.1 按工作电压等级分类

(1) 高压电器：用于交流电压为 1200V、直流电压 1500V 及以上电路中的电器，如高压断路器、高压隔离开关、高压熔断器等。

(2) 低压电器：用于交流电频率为 50Hz（或 60Hz），额定电压为 1200V 以下，或直流额定电压在 1500V 及以下的电路中的电器，如接触器、继电器等。

1.1.1.2 按动作原理分类

(1) 手动电器：用手或依靠机械力进行操作的电器，如手动开关、控制按钮、行程开关等主令电器。

(2) 自动电器：借助于电磁力或某个物理量的变化自动进行操作的电器，如接触器、各种类型的继电器、电磁阀等。

1.1.1.3 按用途分类

(1) 控制电器：用于各种控制电路和控制系统的电器，如接触器、继电器、电动机启动器等。

(2) 主令电器：用于自动控制系统中发送动作指令的电器，如按钮、行程开关、万能转换开关等。

（3）保护电器：用于保护电路及用电设备的电器，如熔断器、热继电器、各种保护继电器、避雷器等。

（4）执行电器：用于完成某种动作或传动功能的电器，如电磁铁、电磁离合器等。

（5）配电电器：用于电能的输送和分配的电器，如高压断路器、隔离开关、刀开关、自动空气开关等。

1.1.1.4　按工作原理分类

（1）电磁式电器：依据电磁感应原理来工作的电路，如接触器、各种类型的电磁式继电器等。

（2）非电量控制电器：依靠外力或某种非电物理量的变化而动作的电器，如刀开关、行程开关、按钮、速度继电器、温度继电器等。

1.1.2　低压电器的作用

低压电器能够依据操作信号或外界现场信号的要求，自动或手动地改变电路的状态、参数，实现对电路或被控对象的控制、保护、测量、指示、调节。低压电器的作用具体如下。

（1）控制作用。如电梯的上下移动、快慢速自动切换与自动停层等。

（2）保护作用。能根据设备的特点，对设备、环境以及人身实行自动保护，比如电机的过热保护，以及电网的短路保护、漏电保护等。

（3）测量作用。利用仪表及与之相适应的电器，对设备、电网或其他非电参数进行测量，如电流、电压、功率、转速、温度、湿度等。

（4）调节作用。低压电器可对一些电量和非电量进行调节，以满足用户的要求，如柴油机油门的调节、房间温湿度的调节、照度的自动调节等。

（5）指示作用。利用低压电器的控制、保护等功能，检测设备运行状况与电气电路工作情况，如绝缘监测、保护指示等。

（6）转换作用。在用电设备之间转换或对低压电器、控制电路分时投入运行，以实现功能切换，如励磁装置手动与自动的转换、供电的市电与自备电的切换等。

当然，低压电器的作用远不止这些。随着科学技术的发展，新功能、新设备会不断出现。常用低压电器的主要种类和用途见表1-1。

表1-1　常用低压电器的分类

类别	电器名称	用　　途
配电电器	刀开关	主要用于低压供电系统。对这类电器的主要技术要求是：分断能力强，限流效果好，动稳定性和热稳定性好
	熔断器	
	断路器	
保护电器	热继电器	主要用于对电路和电气设备进行安全保护。对这类电器的主要技术要求是：具有一定的通断能力，反应灵敏度高、可靠性高
	电流继电器	
	电压继电器	

续表 1-1

类别	电器名称	用　途
主令电器	按钮	主要用于发送控制指令。对这类电器的技术要求是：操作频率高，抗冲击能力强，电气和机械寿命长
	行程开关	
	万能转换开关	
	主令控制器	
	接近开关	
控制电器	接触器	主要用于电力拖动系统的控制。对这类电器的主要技术要求是：有一定的通断能力，操作频率高，电气和机械寿命长
	时间继电器	
	速度继电器	
	压力继电器	
	中间继电器	
执行电器	电磁铁	主要用于执行某种动作和实现传动功能
	电磁阀	
	电磁离合器	

对低压配电电器的要求是灭弧能力强、分断能力好、热稳定性能好、限流准确等；对低压控制电器的要求是动作可靠、操作频率高、寿命长，并具有一定的负载能力。

1.1.3　低压电器的结构特点

低压电器一般都有两个基本部分。一是感测部分，它感测外界的信号并做出有规律的反应。在自控电器中感测部分大多由电磁机构组成；在手控电器中，感测部分通常为操作手柄等。另一个是执行部分，如触头，根据指令进行电路的接通或切断。

1.2　开关电器

开关电器常用来不频繁地接通或分断控制电路或直接控制小容量电动机，这类电器也可以用来隔离电源或自动切断电源而起到保护作用。这类电器包括刀开关、转换开关、低压断路器等。

1.2.1　刀开关

刀开关俗称闸刀开关［其外形见图 1-1(a)］，是一种结构最简单、应用最广泛的手动电器。可分为不带熔断器式［其符号见图 1-1(b)］和带熔断器式［其符号见图 1-1（c）］两大类。它们用于隔离电源和无负载情况下的电路转换，其中后者还具有短路保护功能。常见的有以下两种。

1.2.1.1　开启式负荷开关

开启式负荷开关俗称瓷底胶盖闸刀开关，常用的有 HK1、HK2 系列，它由刀开关和熔断器组合而成。瓷底板上装有进线座、静触头、熔丝、出线座和带瓷质手柄的闸刀。其结构图如图 1-1(d)所示。

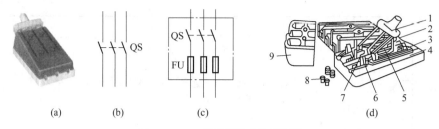

图 1-1　HK 系列开启式负荷开关

（a）外形；（b）不带熔断器式刀开关符号；（c）带熔断器式刀开关符号；（d）结构图

1—瓷质手柄；2—动触头；3—出线座；4—瓷底；5—熔丝；6—静触头；

7—进线座；8—胶盖紧固螺钉；9—胶盖

这种系列的开启式负荷开关因其内部设有熔丝，故可对电路进行短路保护，常用作照明电路的电源开关，或 5.5kW 以下三相异步电动机不频繁启动和停止的控制开关。

刀开关的主要技术参数如下。

（1）额定电压：刀开关在长期工作中能承受的最大电压。目前生产的刀开关的额定电压值，在交流电路中是 500V 以下，在直流电路中是 440V 以下。

（2）额定电流：刀开关在合闸位置允许长期通过的最大工作电流。目前，用于小电流电路的刀开关的额定电流一般有 10A、15A、20A、30A、60A 五种；用于大电流电路的刀开关的额定电流一般有 100A、200A、400A、600A、1000A、1500A 六种。

（3）稳定性电流：发生短路事故时，刀开关不产生形变、损坏或触刀自动弹出现象的最大短路峰值电流。刀开关的稳定性电流一般为其对应的额定电流的数十倍。

（4）操作次数：刀开关的使用寿命分为机械寿命和电气寿命两种。机械寿命是指刀开关不带电时所能达到的操作次数；电气寿命是指在额定电压下刀开关能可靠地分断额定电流的总次数。

在选用时，开启式负荷开关的额定电压应大于或等于负载额定电压，对于一般的电路，如照明电路，其额定电流应大于或等于最大工作电流；而对于电动机电路，其额定电流应大于或等于电动机额定电流的 3 倍。

开启式负荷开关在安装时应注意：

1）闸刀在合闸状态时，手柄应朝上，不准倒装或平装，以防误操作；

2）电源进线应接在静触头一边的进线端（进线座在上方），而用电设备应接在动触头一边的出线端（出线座在下方），即"上进下出"，不准颠倒，以方便更换熔丝及确保用电安全。

1.2.1.2　封闭式负荷开关

封闭式负荷开关俗称铁壳开关，图 1-2 为常用的 HH 系列封闭式负荷开关的结构与外形。

封闭式负荷开关由闸刀、熔断器、灭弧装置、手柄、操作机构和外壳构成。三把闸刀固定在一根绝缘转轴上，由手柄操纵；操作机构设有机械联锁，当盖子打开时，手柄不能合闸，手柄合闸时，盖子不能打开，保证了操作安全。在手柄转轴与底座间还装有速动弹簧，使刀开关的接通与断开速度与手柄动作速度无关，抑制了电弧过大。

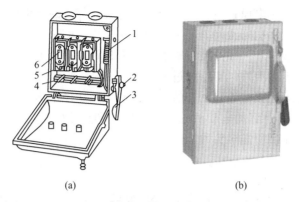

图 1-2　HH 系列封闭式负荷开关的结构与外形
（a）结构；（b）外形
1—速动弹簧；2—转轴；3—手柄；4—闸刀；5—夹座；6—熔断器

封闭式负荷开关用来控制照明电路时，其额定电流可按电路的额定电流来选择，而用来控制不频繁操作的小功率电动机时，其额定电流可按大于电动机额定电流的 1.5 倍来选择。封闭式负荷开关不宜用于电流超过 60A 负载的控制，以保证可靠灭弧及用电安全。

封闭式负荷开关在安装时，应保证外壳可靠接地，以防漏电而发生意外。接线时，电源线接在静触座的接线端上，负载则接在熔断器一端，不得接反，以确保操作安全。

1.2.2　转换开关

转换开关又称为组合开关，是一种变形刀开关，在结构上是用动触片代替了闸刀，以左右旋转代替了刀开关的上下分合动作。转换开关有单极、双极和多极之分，常用的型号有 HZ 等系列。图 1-3(a) 和(b) 是 HZ-10/3 型转换开关的外形与结构，其图形符号和文字符号如图 1-3(c) 所示。

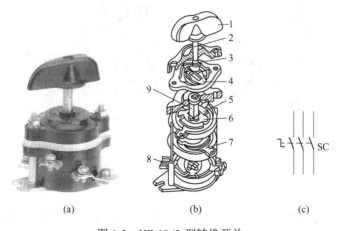

图 1-3　HZ-10/3 型转换开关
（a）外形；（b）结构；（c）图形符号和文字符号
1—手柄；2—转轴；3—弹簧；4—凸轮；5—绝缘垫板；6，7—动触片；8—接线柱；9—绝缘杆

转换开关共有三副静触片，每一副静触片的一边固定在绝缘垫板上，另一边伸出盒外

并附有接线柱供电源和用电设备接线。三个动触片装在另外的绝缘垫板上，绝缘垫板套在附有手柄的绝缘杆上。手柄每次能沿任一方向旋转90°，并带动三个动触片分别与对应的三副静触片保持接通或断开。在开关转轴上也装有扭簧储能装置，使开关的分合速度也与手柄动作速度无关，有效地抑制了电弧过大。

转换开关多用于不频繁接通和断开的电路，或无电切换电路，如用作机床照明电路的控制开关，或5kW以下小容量电动机的启动、停止和正反转控制。在选用时，可根据电压等级、额定电流大小和所需触头数来选定。

1.2.3 低压断路器

低压断路器俗称空气开关、自动开关，按其结构和性能可分为框架式、塑料外壳式和漏电保护式三类。它是一种既能作开关用，又具有电路自动保护功能的低压电器，用于电动机或其他用电设备作不频繁通断操作的电路转换。当电路发生过载、短路、欠电压等非正常情况时，能自动切断与它串联的电路，有效地保护故障电路中的用电设备。漏电保护断路器除具备一般断路器的功能外，还可以在电路出现漏电（如人触电）时自动切断电路进行保护。由于低压断路器具有操作安全、动作电流可调整、分断能力较强等优点，因而在各种电气控制系统中得到了广泛的应用。

1.2.3.1 低压断路器的结构和工作原理

低压断路器主要由触头系统、灭弧装置、操作机构、保护装置（各种脱扣器）及外壳等几部分组成。图1-4为常用的塑壳式DZ5-20型低压断路器的外形与结构图。该结构图为立体布置，操作机构居中；主触头系统在后部，其辅助触头为一对动合触头和一对动断触头。

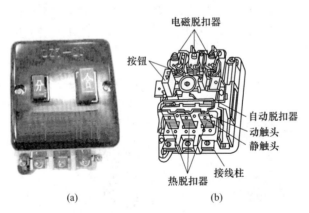

图1-4 DZ5-20型低压断路器
（a）外形；（b）结构

图1-5为低压断路器的工作原理及符号。其中，图1-5（a）中的2是低压断路器的三对主触头，与被保护的三相主电路相串联，当手动闭合电路后，其主触头由锁链3钩住搭钩4，克服弹簧1的拉力，保持闭合状态。搭钩4可绕轴5转动。当被保护的主电路正常工作时，电磁脱扣器6中线圈所产生的电磁吸合力不足以将衔铁8吸合；而当被保护的主电路发生短路或产生较大电流时，电磁脱扣器6中线圈所产生电磁吸合力随之增大，直至将

衔铁8吸合，并推动杠杆7，把搭钩4顶离。在弹簧1的作用下主触头断开，切断主电路，起到保护作用。又当电路电压严重下降或消失时，欠电压脱扣器11中的吸力减少或失去吸力，衔铁10被弹簧9拉开，推动杠杆7，将搭钩4顶开，断开了主触头。当电路发生过载时，过载电流流过热元件13，使双金属片12向上弯曲，将杠杆7推动，断开主触头，从而起到保护作用。

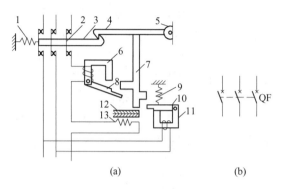

图1-5 低压断路器

（a）工作原理；（b）符号

1—弹簧；2—主触头；3—锁链；4—搭钩；5—轴；6—电磁脱扣器；

7—杠杆；8，10—衔铁；9—弹簧；11—欠电压脱扣器；12—双金属片；13—热元件

1.2.3.2 低压断路器的主要技术参数

（1）额定电压：断路器在长时间工作时所能允许的最大工作电压，通常不小于电路的额定电压。

（2）额定电流：断路器在长时间工作时所能允许的最大持续工作电流。

（3）通断能力：断路器在规定的电压、频率以及规定的线路参数下，所能接通和分断的短路电流值。

（4）分断时间：断路器切断故障电流所需的时间。

1.2.3.3 低压断路器的选择

低压断路器的主要技术参数是选择低压断路器的主要依据，一般应遵循以下规则：

（1）额定电流、电压应不小于线路、设备的正常工作电压和工作电流；

（2）热脱扣器的整定电流与所控制负载的额定电流一致；

（3）欠电压脱扣器的额定电压等于线路的额定电压；

（4）过流脱扣器的额定电流不小于线路的最大负载电流。

1.3 熔 断 器

熔断器是低压配电网络和电力拖动系统中主要用作短路保护的电器，使用时串联在被保护的电路中。当电路发生短路故障时，通过熔断器的电流达到或超过某一限定值时，以其自身产生的热量使熔体熔断，从而自动分断电路，以起到保护作用。熔断器具有结构简单、价格便宜、实用可靠、使用维护方便等优点，因此得到了广泛的应用。

1.3.1　熔断器的结构与工作原理

熔断器主要由熔体、熔断管及导电部件三部分组成。其中，熔体是主要组成部分，它既是感测元件又是执行元件，一般由易熔金属材料（铅、锡、锌、银、铜及其合金）制成丝状、片状、带状或笼状，串联于被保护电路中。熔断管一般由硬质纤维或瓷质绝缘材料制成半封闭式或封闭式管状外壳，熔体装于其内，其作用是便于安装熔体和利于熔体熔断后熄灭电弧。熔断管中的填料一般使用石英砂，起分断电弧且吸收热量的作用，可使电弧迅速熄灭。

熔断器工作时熔体串联在被保护电路中，负载电流流过熔体，熔体发热。当电路正常工作时，熔体的最小熔化电流大于额定电流，熔体不会熔断；当电路发生短路或过电流时，熔体的最小熔化电流小于电路工作电流，熔体的温度升高并逐渐达到熔体金属熔化温度，熔体自行熔断，从而分断故障电路，起到保护作用。

1.3.2　常用的熔断器

1.3.2.1　RC1A 系列瓷插式熔断器的结构

RC1A 系列瓷插式熔断器由动触头、熔丝、瓷盖、静触头和瓷座五部分组成。它主要用于交流 50Hz、额定电压 380V 及以下、额定电流 220A 及以下的低压电路的末端或分支电路中，作为电气设备的短路保护及一定程度的过载保护。其外形及结构如图 1-6 所示。

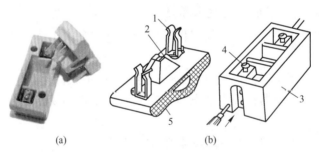

图 1-6　RC1A 系列瓷插式熔断器外形及结构
（a）外形；（b）结构
1—动触头；2—熔丝；3—瓷座；4—静触头；5—瓷盖

1.3.2.2　RL1 系列螺旋式熔断器的结构

RL1 系列螺旋式熔断器主要由瓷帽、金属螺管、指示器、熔断管、瓷套、下接线端、上接线端及瓷座等几部分组成，它属于有填料封闭管式熔断器。其外形及结构如图 1-7 所示。

1.3.2.3　其他熔断器

其他常见的熔断器还有 RM10 系列无填料封闭管式熔断器、RTO 系列有填料封闭管式熔断器和快速熔断器。RM10 系列无填料封闭管式熔断器主要由夹座、底座、熔断器、硬质绝缘管、黄铜套管、黄铜帽、插刀、熔体和夹座组成，其结构如图 1-8 所示；RTO 系列有填料封闭管式熔断器，其主要由熔断指示器、石英砂填料、指示器熔丝、插刀、熔体、夹座和熔管组成，其结构如图 1-9 所示。填料封闭管式熔断器适用于交流 50Hz、额定电压

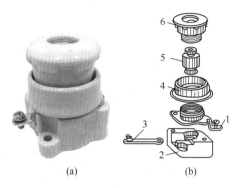

图 1-7　RL1 系列螺旋式熔断器外形和结构

（a）外形；（b）结构

1—上接线端；2—瓷座；3—下接线端；4—瓷套；5—熔断管；6—瓷帽

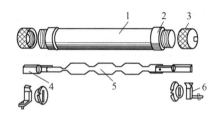

图 1-8　RM10 系列无填料封闭管式熔断器

1—硬质绝缘管；2—黄铜套管；3—黄铜帽；4—插刀；5—熔体；6—夹座

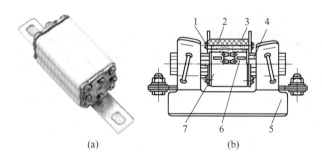

图 1-9　RTO 系列有填料封闭管式熔断器

（a）外形；（b）结构

1—熔断指示器；2—石英砂填料；3—指示器熔丝；4—插刀；5—熔体；6—夹座；7—熔管

380V 或直流 440V 及以下电压等级的动力网络和成套配电设备中，可作为导线、电缆及较大容量电气设备的短路和连续过载保护。

1.3.3　熔断器的保护特性、选择与级间配合

1.3.3.1　熔断器的保护特性

熔断器的保护特性是指流过熔体的电流与熔体熔断时间的关系曲线，也称安秒特性。图 1-10 是一条熔断器的保护特性曲线。图中 I_{min} 为最小熔化电流或临界电流，当流过的熔

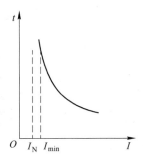

图 1-10　熔断器的保护特性曲线

体电流等于 I_{min} 时，熔体能够达到稳定温度并熔断；I_N 为熔体额定电流，熔体在 I_N 下不会熔断，所以可以得到 $I_{min} > I_N$。而 I_{min} 与 I_N 之比称为最小熔化系数 β，其值对应不同的形式会有不同的值，一般在 1.6 左右，因此说 β 是表征熔断器保护灵敏度的特性之一。熔断电流与熔断时间之间的关系见表 1-2。

表 1-2　熔断电流与熔断时间之间的关系

熔断电流	$1.25 \sim 1.3 I_N$	$1.6 I_N$	$2 I_N$	$2.5 I_N$	$3 I_N$	$4 I_N$
熔断时间	∞	1h	40s	8s	4.5s	2.5s

1.3.3.2　熔断器的主要技术参数

在选配熔断器时，通常需要考虑以下主要技术参数：

（1）额定电压，指熔断器（熔壳）长期工作时以及分断后能够承受的电压值，其值一般大于或等于电气设备的额定电压；

（2）额定电流，指熔断器（熔壳）长期通过的、不超过允许温升的最大工作电流值；

（3）熔体的额定电流，指长期通过熔体而不熔断的最大电流值；

（4）熔体的熔断电流，指通过熔体并使其熔化的最小电流值；

（5）极限分断能力，指熔断器在故障条件下，能够可靠地分断电路的最大短路电流值。

1.3.3.3　熔断器的选择

一般主要依据负载的保护特性和短路电流的大小来选择熔断器的类型。对于容量小的电动机和照明支线，常采用熔断器作为过载及短路保护，因而希望熔体的熔化系数适当小些，通常选用铅锡合金熔体的 RQA 系列熔断器。对于较大容量的电动机和照明干线，则应着重考虑熔断器的短路保护和分断能力，通常选用具有较高分断能力的 RM10 和 RL1 系列的熔断器；当短路电流很大时，宜采用具有限流作用的 RT0 和 RT12 系列的熔断器。

熔体的额定电流可按以下方法选择。

（1）保护无启动过程的平稳负载（如照明线路、电阻、电炉等）时，熔体额定电流略大于或等于负荷电路中的额定电流。

（2）保护单台长期工作的电动机时，熔体电流可按最大启动电流选取，也可按下式选取：

$$I_{RN} \geq (1.5 \sim 2.5) I_N \qquad\qquad (1\text{-}1)$$

式中 I_{RN}——熔体额定电流；

　　　I_N——电动机额定电流。

如果电动机频繁启动，式(1-1) 中的系数可适当加大至 3~3.5，具体应根据实际情况而定。

（3）保护多台长期工作的电机（供电干线）时，熔体额定电流可按下式选取：

$$I_{RN} \geqslant (1.5 \sim 2.5)I_{Nmax} + \Sigma I_N \tag{1-2}$$

式中 I_{Nmax}——容量最大的单台电动机的额定电流；

　　　ΣI_N——其余电动机额定电流之和。

1.3.3.4 熔断器的级间配合

为防止发生越级熔断，扩大事故范围，上下级（即供电干、支线）线路的熔断器间应有良好配合。选用时，应使上级（供电干线）熔断器的熔体额定电流比下级（供电支线）大 1~2 个级差。

常用的熔断器有管式熔断器 R1 系列，螺旋式熔断器 RL1 系列，有填料封闭式熔断器 RTO 系列及快速熔断器 RSO、RS3 系列等。

1.4 接 触 器

接触器是一种用于频繁接通或断开交直流主电路及大容量控制电路的自动切换电器。在功能上，接触器除能实现自动切换外，还具有手动开关所不能实现的远距离操作功能和失电压保护功能。接触器机构紧凑、价格低廉、工作可靠、维护方便、用途广泛，是电气控制系统中的重要元件之一。在 PLC 控制系统中，接触器常用作 PLC 输出执行元件，用于控制电动机、电热设备、电焊机及电容器组等负载。

1.4.1 接触器的结构与工作原理

1.4.1.1 结构

交流接触器的外形与结构如图 1-11 所示，其图形符号和文字符号如图 1-12 所示。

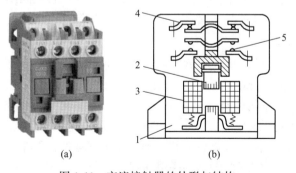

图 1-11　交流接触器的外形与结构

(a) 外形；(b) 结构

1—铁心；2—衔铁；3—线圈；4—常闭触头；5—常开触头

交流接触器主要由以下四个部分组成。

（1）电磁机构。电磁机构由线圈、衔铁和铁心等组成。它能产生电磁吸力，驱使触头动作，在铁心头部平面上都装有短路环，如图 1-13 所示。安装短路坏的目的是消除交流电磁铁在吸合时可能产生的衔铁振动和噪声。当交变电流过零时，电磁铁的吸力为零，衔铁被释放；当交变电流过了零值后，衔铁又被吸合，这样一放一吸，使衔铁发生振动。当装上短路环后，在其中产生感应电流，能阻止交变电流过零时磁场的消失，使衔铁与铁心之间始终保持一定的吸力，因此消除了振动现象。

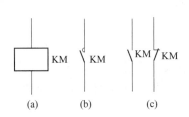

图 1-12　交流接触器的图形符号和文字符号
（a）线圈；（b）主触头；（c）辅助触头

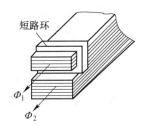

图 1-13　短路环

（2）触头系统。触头系统包括主触头和辅助触头。主触头用于接通和分断主电路，通常为三对常开触头。辅助触头用于控制电路，起电气联锁作用，故又称联锁触头，一般有常开、常闭触头各两对。在线圈未通电时（即平常状态下），处于相互断开状态的触头称为常开触头，又称为动合触头；处于相互接触状态的触头称为常闭触头，又称为动断触头。接触器中的常开和常闭触头是联动的，当线圈通电时，所有的常闭触头先行分断，然后所有的常开触头跟着闭合；当线圈断电时，在反力弹簧的作用下，所有触头都恢复原来的平常状态。

（3）灭弧罩。额定电流在 20A 以上的交流接触器，通常都设有陶瓷灭弧罩。它的作用是能迅速切断触头在分断时所产生的电弧，以避免发生触头烧毛或熔焊。

（4）其他部分。其他部分包括反力弹簧、触头压力簧片、缓冲弹簧、短路环、底座和接线柱等。反力弹簧的作用是当线圈断电时使衔铁和触头复位。触头压力簧片的作用是增大触头闭合时的压力，从而增大触头接触面积，避免因接触电阻增大而产生触头烧毛现象。缓冲弹簧可以吸收衔铁被吸合时产生的冲击力，起保护底座的作用。

1.4.1.2　工作原理

当电磁线圈通电后，线圈电流在铁心中产生磁通，该磁通对衔铁产生克服复位弹簧反力的电磁吸力，使衔铁带动触点动作。当触点动作时，常闭触点先断开，常开触点后闭合。当线圈中的电压值降低到某一数值（无论是正常控制，还是欠电压、失电压故障，一般降至 85% 线圈额定电压）时，铁心中的磁通下降，电磁吸力减小，当减小到不足以克服复位弹簧的反力时，衔铁在复位弹簧的反力作用下复位，使主、辅触点的常开触点断开，常闭触点恢复闭合，实现接触器的失电压保护功能。

1.4.2　接触器的分类

接触器的种类很多，按驱动方式不同可分为电磁式、永磁式、气动式和液压式，目前以电磁式应用最为广泛。

1.4.2.1 交流接触器

交流接触器用于控制额定电压至 660V（或 1140V）、电流至 1000A 的交流电路，频繁地接通和分断控制交流电动机等电气设备电路；并可与热继电器或电子式保护装置组合成电动机启动器。

交流接触器采用直动式结构，触点系统、灭弧系统位于上部、电磁机构位于下部。

A 电磁机构

电磁机构由电磁线圈、铁心、衔铁和复位弹簧等几部分组成。铁心一般用硅钢片叠压后铆成，以减少涡流与磁滞损耗，防止过热。电磁线圈绕在骨架上做成扁而厚的形状，与铁心隔离，这样有利于铁心和线圈的散热。其铁心形状有 U 形和 E 形两种，E 形铁心的中柱较短，铁心闭合时上下中柱间形成 0.1~0.2mm 的气隙，这样可减小剩磁，避免线圈断电后铁心粘连。交流接触器在铁心柱端面嵌有短路环。

B 触点系统

交流接触器的触点一般由银钨合金制成，具有良好的导电性和耐高温烧蚀性。触点有主触点和辅助触点之分。主触点用以通断电流较大的主电路，一般由接触面较大的三对（三极）常开触点组成；辅助触点用以通断小电流控制电路，一般由常开、常闭触点成对组成。主触点、辅助触点一般采用双断口桥式触点。电路的通断由主、辅触点共同完成。

C 灭弧系统

一般 10A 以下的交流接触器常采用半封闭式陶土灭弧罩灭弧或相间隔弧板灭弧；10A 以上的接触器一般采用纵缝灭弧罩及栅片灭弧。辅助触点均不设灭弧装置，所以它不能用来分合大电流的主电路。

1.4.2.2 直流接触器

直流接触器主要用于远距离接通和分断直流电路以及频繁地启动、停止、反转和反接制动直流电动机，也可用于频繁地接通和断开起重电磁铁、电磁阀、离合器的电磁线圈等。其结构和工作原理与交流接触器基本相同。所不同的是，除了触点电流和线圈电压为直流外，其电磁机构多采用沿棱角转动的拍合式结构，其主触点大都采用线接触的指形触点，辅助触点则采用点接触的桥式触点。铁心用整块铸铁或铸钢制成，通常将线圈绕制成长而薄的圆筒状。由于铁心中磁通恒定，铁心端面上不需装设短路环。为了保证衔铁可靠地释放，常需在铁心与衔铁之间垫上非磁性垫片，以减小剩磁的影响。直流接触器常采用磁吹灭弧装置。

1.4.3 接触器的技术参数和选择

1.4.3.1 接触器的主要技术参数

A 额定电压

接触器铭牌上的额定电压是指主触点能承受的额定电压。通常用的电压等级为：直流接触器有 110V、220V、440V、660V；交流接触器有 220V、380V、500V、660V、1140V。

B 额定电流

接触器铭牌上的额定电流是指主触点的额定电流，即允许长期通过的最大电流。交、直流接触器均有 5A、10A、20A、40A、60A、100A、150A、250A、400A 和 600A 十个等级。

C　电磁线圈的额定电压

电磁线圈通常用的额定电压等级为：交流电磁线圈有 36V、110V、220V、380V；直流电磁线圈有 24V、48V、110V、220V、440V。

D　额定操作频率

额定操作频率以"次/h"表示，即允许每小时接通的最多次数。根据型号和性能的不同而不同，交流线圈接触器最高操作频率为 600 次/h，直流线圈接触器最高操作频率为 1200 次/h。操作频率直接影响接触器的使用寿命，还会影响交流线圈接触器的线圈温升。

E　机械寿命和电气寿命

机械寿命是指接触器在需要修理或更换机械零件前所能承受的无载操作次数。电气寿命是指在规定的正常工作条件下，接触器不需修理或更换的有载操作次数。电气寿命和机械寿命以万次表示。正常使用情况下，接触器的电气寿命为 50 万~100 万次，机械寿命可达 500 万~1000 万次。

1.4.3.2　接触器的选择与使用

A　接触器类型的选择

根据接触器所控制负载的轻重和负载电流的类型来选择直流接触器或交流接触器。

B　额定电压的选择

接触器的额定电压应大于或等于负载的额定电压。

C　额定电流的选择

接触器的额定电流应大于或等于被控电路的额定电流。对于电动机负载，其额定电流的计算公式为：

$$I_C = \frac{P_N \times 10^3}{K U_N} \tag{1-3}$$

式中　I_C——接触器主触点电流，A；

　　　P_N——电动机额定功率，kW；

　　　U_N——电动机额定电压，V；

　　　K——经验系数，$K = 1 \sim 1.4$。

选用接触器的额定电流应大于或等于 I_C。接触器如使用在电动机频繁启动、制动或正反转的场合，一般将接触器的额定电流降一个等级来使用。

D　电磁线圈额定电压的选择

电磁线圈的额定电压应与所接控制电路的电压相一致。简单控制电路可直接选用交流 380V、220V 电压，电路复杂或使用电器较多者应选用 110V 或更低的控制电压。

一般情况下，交流负载选用交流接触器，直流负载选用直流接触器，但对于频繁动作的交流负载应选用直流电磁线圈的交流接触器。按规定，在接触器线圈已经发热稳定时，加上 85% 的额定电压，衔铁应可靠地吸合。如果工作中电压过低或消失，衔铁应可靠地释放。

E　接触器触点数量和种类的选择

接触器的触点数量和种类应根据主电路和控制电路的要求选择。若辅助触点的数量不能满足要求时，可通过增加中间继电器的方法解决。

1.5 继 电 器

继电器是一种根据外界输入的一定信号（电的或非电的）来控制电路中电流通断的自动切换电器，它具有输入电路（感应元件）和输出电路（执行元件）。当感应元件中的输入量（如电流、电压、温度、压力等）变化到某一定值时继电器动作，执行元件便接通或断开控制电路。其触头通常接在控制电路中。

电磁式继电器的结构和工作原理与接触器相似，结构上也是由电磁机构和触头系统组成。但是，继电器控制的是小功率信号系统，流过触头的电流很弱，所以不需要灭弧装置。另外，继电器可以对各种输入量做出反应，而接触器只有在一定的电压信号下才能动作。

继电器种类繁多，常用的有：电流继电器，电压继电器，中间继电器，时间继电器，热继电器，以及温度、压力、计数、频率继电器等。

电子元器件的发展应用推动了各种电子式小型继电器的出现，这类继电器比传统的继电器灵敏度更高、寿命更长、动作更快、体积更小，一般都采用密封式或封闭式结构，用插座与外电路连接，便于迅速替换，能与电子电路配合使用。下面对几种经常使用的继电器做简单介绍。

1.5.1 电流、电压继电器

触点根据输入电流大小而动作的继电器称为电流继电器。电流继电器的线圈串接在被测量的电路中，以反映电流的变化，其触头接在控制电路中，用于控制接触器线圈或信号指示灯的通断。为了不影响被测电路的正常工作，电流继电器线圈阻抗应比被测电路的等效阻抗小得多，因此电流继电器的线圈匝数少、导线粗。电流继电器按用途还可分为过电流继电器和欠电流继电器。过电流继电器的任务是当电路发生短路及过电流时立即将电路切断，继电器线圈电流小于整定电流时继电器不动作，只有超过整定电流时才动作。过电流继电器的动作电流整定范围为：交流过电流继电器为 $(110\% \sim 350\%)I_N$；直流过电流继电器为 $(70\% \sim 300\%)I_N$。欠电流继电器的任务是当电路中电流过低时立即将电路切断，继电器线圈通过的电流大于或等于整定电流时，继电器吸合，只有电流低于整定电流时，继电器才释放。欠电流继电器动作电流整定范围为：吸合电流为 $(30\% \sim 50\%)I_N$，释放电流为 $(10\% \sim 20\%)I_N$，欠电流继电器一般是自动复位的。

与此类似，电压继电器是触点根据输入电压大小而动作的继电器，其结构与电流继电器相似，不同的是电压继电器的线圈与被测电路并联，以反映电压的变化，因此它的吸引线圈匝数多、导线细、电阻大。电压继电器按用途也可分为过电压继电器和欠电压继电器。过电压继电器动作电压整定范围为 $(105\% \sim 120\%)U_N$；欠电压继电器吸合电压调整范围为 $(30\% \sim 50\%)U_N$，释放电压调整范围为 $(7\% \sim 20\%)U_N$。

1.5.1.1 电磁式继电器的选用

电磁式继电器选用时主要根据保护或控制对象的要求，考虑触点的数量、种类、返回系数以及控制电路的电压、电流、负载性质等来选择。选用时要注意线圈电压的种类和电压等级应与控制电路一致。

电磁式继电器在运行前，必须将它的吸合值和释放值调整到控制系统所要求的范围内，一般可通过调整复位弹簧的松紧程度或改变非磁性垫片的厚度来实现。

1.5.1.2　整定电流调节范围

交流吸合电流为（110%～350%）I_N；直流吸合电流为（70%～300%）I_N。电流、电压继电器的图形符号和文字符号如图 1-14 所示。

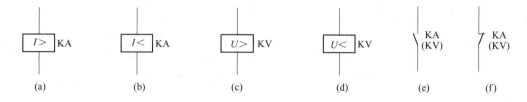

图 1-14　电流、电压继电器的图形符号和文字符号

（a）过电流继电器线圈；（b）欠电流继电器线圈；（c）过电压继电器线圈；
（d）欠电压继电器线圈；（e）常开触头；（f）常闭触头

1.5.2　中间继电器

中间继电器的作用是将一个输入信号变成多个输出信号或将信号放大（即增大触头容量），其实质为电压继电器，但它的触头数量较多（可达 8 对），触头容量较大（5～10A），动作灵敏。

中间继电器按电压分为两类：一类是用于交直流电路中的 JZ 系列；另一类是只用于直流操作的各种继电保护电路中的 DZ 系列。表 1-3 为 JZ7 系列中间继电器的主要技术数据。

表 1-3　JZ7 系列中间继电器的主要技术数据

型号	触头额定电压 /V	触头额定电电流 /A	触头对数		吸引线圈电压 /V	额定操作频率 /次·h⁻¹
			常开	常闭		
JZ7-44	500	5	4	4	12、36、127、220、380（交流 50Hz 时）	1200
JZ7-62			6	2		
JZ7-80			8	0		

新型中间继电器触头闭合过程中动、静触头间有一段滑擦、滚压过程，可以有效地清除触头表面的各种生成膜及尘埃，减小了接触电阻，提高了接触可靠性；有的还装了防尘罩或采用密封结构，也是为了提高可靠性。有些中间继电器安装在插座上，插座有多种形式可供选择，有些中间继电器可直接安装在导轨上，安装和拆卸均很方便。

中间继电器的图形符号和文字符号如图 1-15 所示。

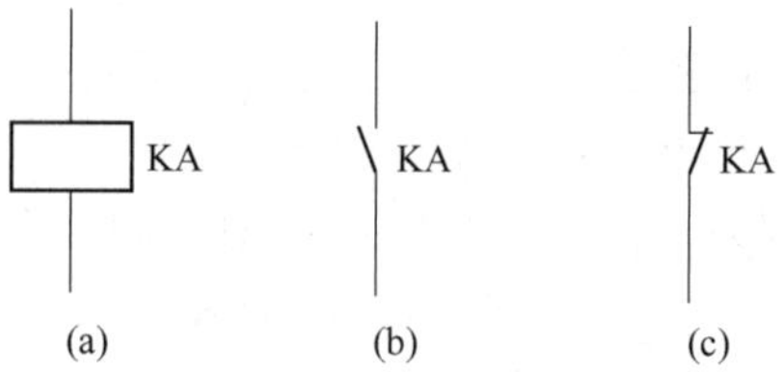

图 1-15　中间继电器的图形符号和文字符号

（a）线圈；（b）常开触头；（c）常闭触头

1.5.3 时间继电器

感应元件在感应外界信号后，经过一段时间才能使执行元件动作的继电器，称为时间继电器，即当吸引线圈通电或断电以后，其触头经过一定延时才动作，以控制电路的接通或分断。时间继电器的种类很多，主要有直流电磁式、空气阻尼式、电动机式、电子式等几大类；延时方式有通电延时和断电延时两种。

1.5.3.1 直流电磁式时间继电器

该类继电器用阻尼的方法来延缓磁通变化的速度，以达到延时的目的。其结构简单，运行可靠，寿命长，允许通电次数多，但仅适用于直流电路，延时时间较短。一般通电延时仅为 $0.1 \sim 0.5s$，而断电延时可达 $0.2 \sim 10s$。因此，直流电磁式时间继电器主要用于断电延时。

1.5.3.2 空气阻尼式时间继电器

该类继电器由电磁机构、工作触头及气室三部分组成，它的延时是靠空气的阻尼作用来实现的。常见的型号有 JS7-A 系列，按其控制原理有通电延时和断电延时两种类型。图 1-16 为 JS7-A 系列空气阻尼式时间继电器的工作原理。

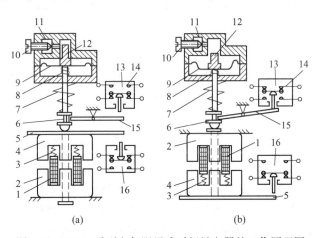

(a)　　　　　　　　(b)

图 1-16　JS7-A 系列空气阻尼式时间继电器的工作原理图

(a) 通电延时型；(b) 断电延时型

1—线圈；2—静铁心；3, 7, 8—弹簧；4—衔铁；5—推板；6—顶杆；9—橡皮膜；
10—螺钉；11—进气孔；12—活塞；13, 16—微动开关；14—延时触头；15—杠杆

当通电延时型时间继电器电磁铁线圈 1 通电后，将衔铁 4 吸下，于是顶杆 6 与衔铁间出现一个空隙，当与顶杆相连的活塞 12 在弹簧 7 作用下由上向下移动时，在橡皮膜 9 上面形成空气稀薄的空间（气室），空气由进气孔 11 逐渐进入气室，活塞因受到空气的阻力，不能迅速下降，在降到一定位置时，杠杆 15 使延时触头 14 动作（常开触头闭合，常闭触头断开）。线圈断电时，弹簧使衔铁和活塞等复位，空气经橡皮膜与顶杆之间推开的气隙迅速排出，触头瞬时复位。

断电延时型时间继电器与通电延时型时间继电器的原理和结构相同，只是将其电磁机构翻转 180° 后再安装。

空气阻尼式时间继电器延时时间有 0.4~180s 和 0.4~60s 两种规格，具有延时范围较宽、结构简单、工作可靠、价格低廉、寿命长等优点，是机床交流控制电路中常用的时间继电器。它的缺点是延时精度较低。

1.5.3.3 电动机式时间继电器

该类继电器由同步电动机、减速齿轮机构、电磁离合系统及执行机构组成，电动机式时间继电器延时时间长（可达数 10h），延时精度高，但结构复杂，体积较大，常用的有 JS10 系列、JS11 系列和 7PR 系列。

1.5.3.4 电子式时间继电器

该类继电器的早期产品多是阻容式，近期开发的产品多为数字式，又称计数式。其是由脉冲发生器、计数器、数字显示器、放大器及执行机构组成，具有延时时间长、调节方便、精度高的优点；有的还带有数字显示，应用很广，可取代空气阻尼式、电动机式等时间继电器。该类时间继电器只有通电延时型，延时触头均为两常开、两常闭，无瞬时动作触头。时间继电器的图形符号和文字符号如图 1-17 所示。

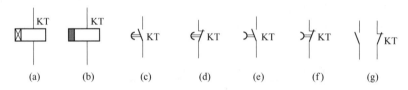

图 1-17 时间继电器的图形符号和文字符号

（a）通电延时线圈；（b）断电延时线圈；（c）通电延时闭合的常开触头；（d）通电延时断开的常闭触头；
（e）断电延时断开的常开触头；（f）断电延时闭合的常闭触头；（g）瞬动常开、常闭触头

1.5.4 热继电器

电动机在实际运行中常遇到过载情况，若电动机过载不大，时间较短，只要电动机绕组不超过允许温升，则这种过载是允许的。但是长时间过载，绕组超过允许温升时，将会加剧绕组绝缘的老化，缩短电动机的使用年限，严重时会将电动机烧毁。因此，应采用热继电器做电动机的过载保护。

1.5.4.1 热继电器的结构与工作原理

热继电器是利用电流通过元件所产生的热效应原理而反时限动作的继电器，专门用来对连续运行的电动机进行过载保护，以防止电动机过热而烧毁，其主要由加热元件、双金属片和触头组成。双金属片是它的测量元件，由两种具有不同线膨胀系数的金属通过机械碾压而制成，线膨胀系数大的称为主动层，小的称为被动层。加热双金属片的方式有直接加热、热元件间接加热、复合式加热和电流互感器加热四种。

图 1-18 是热继电器的外形与结构原理图。热元件 3 串接在电动机定子绕组中，电动机绕组电流即为流过热元件的电流。当电动机正常运行时，热元件产生的热量虽能使双金属片 2 弯曲，但还不足以使继电器动作；当电动机过载时，热元件产生的热量增大，使双金属片弯曲位移增大，经过一定时间后，双金属片弯曲到推动导板 4，并通过补偿双金属片 5 与推杆 14 将触头 9 和 6 分开。触头 9 和 6 为热继电器串于接触器线圈回路的常闭触

头，断开后使接触器失电，接触器的常开触头断开电动机的电源以保护电动机。调节旋钮11是一个偏心轮，它与支撑件12构成一个杠杆，转动偏心轮，改变它的半径，即可改变补偿双金属片5与导板4接触的距离，因而达到调节整定动作电流的目的。此外，靠调节复位螺钉8来改变常开触头7的位置，使热继电器能工作在手动复位和自动复位两种工作状态。手动复位时，在故障排除后要按下按钮10才能使动触头9恢复与静触头6相接触的位置。此外，1为双金属片固定支点，13为压簧。

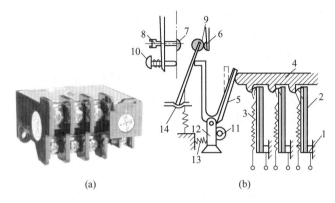

图 1-18　热继电器的外形与结构原理图

（a）外形；（b）结构原理图

1—固定支点；2—双金属片；3—热元件；4—导板；
5—补偿双金属片；6—静触头；7—常开触头；8—复位螺钉；9—动触头；
10—按钮；11—调节旋钮；12—支撑件；13—压簧；14—推杆

1.5.4.2　带断相保护的热继电器

三相电动机的一根接线松开或一相熔丝熔断，是造成三相异步电动机烧坏的主要原因之一。如果热继电器所保护的电动机是星形联结，那么当电路发生一相断电时，另外两相电流增大很多。由于线电流等于相电流，流过电动机绕组的电流和流过热继电器的电流增加比例相同，因此普通的两相或三相热继电器可以对此做出保护。如果电动机是三角形联结，则发生断相时，由于电动机的相电流与线电流不等，流过电动机绕组的电流和流过热继电器的电流增加比例不相同，而热元件又串接在电动机的电源进线中，按电动机的额定电流即线电流来整定，整定值较大。因而当故障线电流达到额定电流时，在电动机绕组内部，电流较大的那一相绕组的故障电流将超过额定相电流，便有过热烧毁的危险。因此，三角形联结必须采用带断相保护的热继电器。带有断相保护的热继电器是在普通热继电器的基础上增加一个差动机构，对三个电流进行比较。带断相保护的热继电器结构如图 1-19 所示。

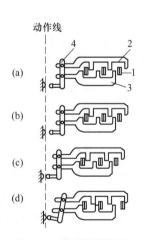

图 1-19　带断相保护的
热继电器结构图

（a）断电；（b）正常运行；
（c）过载；（d）单相断电
1—双金属片剖面；2—上导板；
3—下导板；4—杠杆

当一相（设A相）断路时，A相（右侧）热元件温度由原正常热状态下降，双金属片由弯曲状态伸直，推动导板右移；同时由于B、C相电流较大，推动导板向左移，使杠杆扭转，继电器动作，起到断相保护作用。

热继电器采用热元件，其反时限动作特性能比较准确地模拟电动机的发热过程与电动机温升，确保了电动机的安全。值得一提的是，由于热继电器具有热惯性，不能瞬时动作，故不能用作短路保护。

1.5.4.3　热继电器的主要参数及常用型号

热继电器主要参数有热继电器额定电流、相数、整定电流及调节范围、热元件额定电流等。热继电器的额定电流是指热继电器中，可以安装的热元件的最大整定电流值。热元件的额定电流是指热元件的最大整定电流值。热继电器的整定电流是指能够长期通过热元件而不致引起热继电器动作的最大电流值。

通常热继电器的整定电流是按电动机的额定电流整定的。对于某一热元件的热继电器，可手动调节整定电流旋钮，通过偏心轮机构，调整双金属片与导板的距离，能在一定范围内调节其电流的整定值，使热继电器更好地保护电动机。热继电器的图形符号和文字符号如图 1-20 所示。

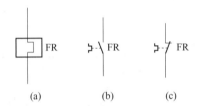

图 1-20　热继电器的图形符号和文字符号

（a）热元件；（b）常开触头；（c）常闭触头

目前，新型热继电器也在不断推广使用。3UA5、3UA6 系列热继电器是引进德国西门子公司技术生产的，适用于交流电压 660V 及以下、电流 0.1~630A 的电路中，而且热元件的整定电流各型号之间重复交叉，便于选用。其中，3UA5 系列热继电器可安装在 3TB 系列接触器上，组成电磁启动器。

LR1-D 系列热继电器是引进法国专有技术生产的，具有体积小、寿命长等特点，适用于交流 50Hz（或 60Hz）、电压 660V 及以下、电流 80A 及以下的电路中，可与 LC 系列接触器插接组合在一起使用。引进德国 BBC 公司技术生产的 T 系列热继电器，适用于交流 50~60Hz、电压 660V 以下、电流 500A 及以下的电力电路中。

1.5.4.4　热继电器的选用

热继电器只能用作电动机的过载保护，而不能作为短路保护使用。热继电器选用是否得当，直接影响对电动机过载保护的可靠性。选用时，应按电动机形式、工作环境、启动情况及负荷情况等几方面综合考虑。

（1）原则上热继电器的额定电流应按电动机的额定电流相当，一般取电动机额定电流的 95%~105%。

（2）在不频繁启动场合，要保证热继电器在电动机的启动过程中不产生误动作。通常电动机启动电流为其额定电流 6 倍，启动时间不超过 6s，且很少连续启动时，可按电动机的额定电流选取热继电器。

（3）当电动机为重复且短时工作制时，要注意确定热继电器的允许操作频率。因为热继电器的操作频率是很有限的，如果用它保护操作频率较高的电动机，效果很不理想，有时甚至不能使用。

对于可逆运行和频繁通断的电动机，不宜采用热继电器保护，必要时可以选用装在电动机内部的温度继电器。

1.5.5 速度继电器

速度继电器又称反接制动继电器，它的主要作用是与接触器配合，实现对电动机的制动。也就是说，在三相交流异步电动机反接制动转速过零时，自动切除反相序电源。图1-21为其结构原理图。

速度继电器主要由转子、圆环（笼型空心绕组）和触头三部分组成。转子由一块永久磁铁制成，与电动机同轴相连，用以接收转动信号。当转子（磁铁）旋转时，笼型绕组切割转子磁场产生感应电动势，形成环内电流。转子转速越高，这一电流就越大。此电流与磁铁磁场相作用，产生电磁转矩，圆环在此力矩的作用下带动摆锤，克服簧片的作用力而顺着转子转动的方向摆动，并拨动触头改变其通断状态（在摆锤左右各设一组切换触头，分别在速度继电器正转和反转时发生作用）。当调节簧片弹性力时，可使速度继电器在不同转速时切换触头，改变通/断状态。

速度继电器的动作速度一般不低于120r/min，复位转速约在100r/min以下，该数值可以调整。工作时，允许的转速高达1000~3600r/min。由速度继电器的正转和反转切换触头的动作，来反映电动机转向和速度的变化。常用的型号有JY1和JFZ0。

速度继电器的图形符号和文字符号如图1-22所示。

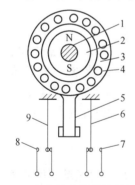

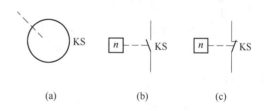

图1-21 速度继电器的结构原理图
1—转轴；2—转子；3—定子；
4—绕组；5—摆锤；6，9—簧片；
7，8—静触头

图1-22 速度继电器的图形符号和文字符号
（a）转子；（b）常开触头；（c）常闭触头

1.6 主令电器

主令电器是用来发布命令、改变控制系统工作状态的电器，它可以直接作用于控制电路，也可以通过电磁式电器的转换对电路实现控制，其主要类型有控制按钮、行程开关、接近开关、万能转换开关、凸轮控制器和主令控制器等。

1.6.1　控制按钮

控制按钮是一种典型的主令电器，其作用通常是用来短时间地接通或断开小电流的控制电路，从而控制电动机或其他电气设备的运行。

1.6.1.1　控制按钮的结构与符号

典型控制按钮如图 1-23 所示，它既有常开触头，也有常闭触头。常态时在复位弹簧的作用下，由桥式动触头将静触头 1、2 闭合，静触头 3、4 断开；当按下按钮时，桥式动触头将 1、2 分断，3、4 闭合。1、2 被称为常闭触头或动断触头，3、4 被称为常开触头或动合触头。控制按钮的图形符号和文字符号如图 1-24 所示。

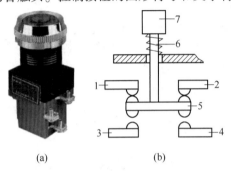

图 1-23　典型控制按钮

（a）外形；（b）结构

1，2—常闭触头；3，4—常开触头；5—桥式触头；
6—复位弹簧；7—按钮帽

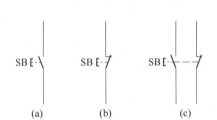

图 1-24　控制按钮的图形符号和文字符号

（a）常开触头；（b）常闭触头；（c）复式触头

1.6.1.2　控制按钮的技术参数和选用

控制按钮的主要技术参数有外观形式及安装孔尺寸、触点数量及触点的电流容量等。选用时根据用途和使用场合，选择合适的形式和种类，形式如钥匙式、紧急式、带灯式等，种类如开启式、防水式等；根据控制电路的需要，选择所需的触点对数、是否需要带指示灯以及颜色等。其额定电压有交流 500V、直流 400V，额定电流为 5A。

1.6.2　行程开关

行程开关又称限位开关或位置开关，是一种利用生产机械某些运动部件的撞击来发出控制信号的小电流（5A 以下）主令电器。它用来限制生产机械运动的位置或行程，使运动的机械按一定位置或行程自动停止、反向运动、变速运动或自动往返运动等。行程开关的种类很多，按头部结构分为直动式、滚轮直动式、杠杆式、单轮式、双轮式、滚轮摆杆可调式、弹簧杆式等；按动作方式分为瞬动型和蠕动型。

直动式行程开关的作用与按钮相同，也是用来接通或断开控制电路的。只是行程开关触点的动作不是靠手动操作，而是利用生产机械某些运动部件的碰撞使触点动作，从而将机械信号转换为电信号，通过控制其他电器来控制运动部件的行程大小、运动方向或进行限位保护。

行程开关由触点或微动开关、操作机构及外壳等部分组成。当生产机械的某些运动部件触动操作机构时，触点动作。为了使触点在生产机械缓慢运动时仍能快速动作，通常将触点设计成跳跃式的瞬动结构,其结构示意图如图1-25所示。触点断开与闭合的速度不取决于推杆的行进速度,而由弹簧的刚度和结构所决定。触点的复位由复位弹簧来完成。

滚轮式行程开关通过滚轮和杠杆的结构,来推动类似于微动开关中的瞬动触点机构而动作。运动的机械部件压动滚轮到一定位置时,使得杠杆平衡点发生转变,从而迅速推动活动触点,实现触点瞬间切换,触点的分合速度不受运动机械移动速度的影响。其他各种结构的行程开关,只是传感部件的机构和工作方式不同,而触点的动作原理都是类似的。

行程开关的文字符号为SQ,图形符号如图1-26所示。

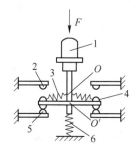

图1-25 行程开关触点的结构示意图
1—推杆;2—常开(动合)静触点;
3—触点弹簧;4—动触点;5—常闭(动断)静触点;
6—复位弹簧

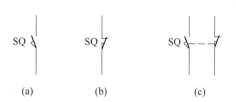

图1-26 行程开关的图形符号
(a)常开触点;(b)常闭触点;(c)复合触点

1.6.3 接近开关

接近开关是一种非接触式的无触点行程开关。当某一物体接近其信号机构时,它就能发出信号,从而进行相应的操作,而且无论所检测的物体是运动的还是静止的,接近开关都会自动地发出物体接近的动作信号。它不像机械行程开关那样需要施加机械力,而是通过感应头与被测物体间介质能量的变化来获取信号。

1.6.3.1 接近开关的作用和工作原理

接近开关不仅能代替有触点行程开关来完成行程控制和限位保护,还可用于高频计数、测速、液面检测、检测零件尺寸、检测金属体的存在等。由于具有无机械磨损、工作稳定可靠、寿命长、重复定位精度高以及能适应恶劣的工作环境等特点,接近开关在航空航天、工业生产、公共服务(如银行、宾馆的自动门等)等领域得到了广泛应用。

接近开关按其工作原理分,有涡流式、电容式、光电式、热释电式、霍尔效应式和超声波式等。涡流式接近开关的工作原理框图如图1-27所示。它是利用导电物体在接近高频振荡器的线圈磁场(感应头)时,使物体内部产生涡流。这个涡流反作用到接近开关,使振荡电路的电阻增大,损耗增加,直至振荡减弱终止。由此识别出有无导电物体移近,进而控制开关的通、断。这种接近开关所能检测的物体必须是导电体。

1.6.3.2 接近开关的选用

在一般的工业生产场所,通常都选用涡流式接近开关和电容式接近开关,因为这两种接近开关对环境的要求条件较低。当被测对象是导电物体或可以固定在一块金属物上时,

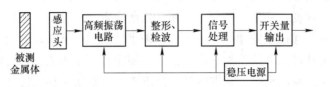

图 1-27　涡流式接近开关的工作原理框图

一般都选用涡流式接近开关，因为它的响应频率高、抗环境干扰性能好、应用范围广、价格较低。若被测对象是非金属（或金属）、液位高度、粉状物高度、塑料、烟草等，则应选用电容式接近开关，因为这种开关的响应频率低，但稳定性好。若被测对象是导磁材料或者为了区别和被测对象一同运动的物体而在其内部埋有磁钢时，应选用霍尔效应式接近开关，因为它的价格最低。

光电式接近开关工作时对被测对象几乎没有任何影响，因此在要求较高的传真机上、在烟草机械上都有使用。在防盗系统中，自动门通常使用热释电式、超声波式、微波式接近开关，有时为了提高识别的可靠性，上述几种接近开关往往被复合使用。

无论选用哪种接近开关，都应注意对工作电压、负载电流、响应频率、检测距离等各项指标的要求。接近开关的文字符号为 SP，图形符号如图 1-28 所示。

1.6.4　万能转换开关

万能转换开关是一种多挡位、多段式、控制多回路的主令电器，当操作手柄转动时，带动开关内部的凸轮转动，从而使触头按规定顺序闭合或断开。万能转换开关一般用于交流 500V、直流 440V、约定发热电流 20A 以下的电路中，作为电气控制电路的转换和配电设备的远距离控制、电气测量仪表的转换，也可用于小容量异步电动机、伺服电动机、微型电动机的直接控制。

图 1-29 为万能转换开关单层结构示意图，它主要由触头座、操作定位机构、凸轮、手柄等部分组成，其操作位置有 0~12 个，触头底座有 1~10 层，每层底座均可装三对触头。每层凸轮均可做成不同形状，当操作手柄带动凸轮转到不同位置时，可使各对触头按设置的规律接通和分断，因而这种开关可以组成数百种电路方案，以适应各种复杂要求，故被称为"万能"转换开关。

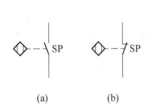

图 1-28　接近开关的图形符号
（a）常开触点；（b）常闭触点

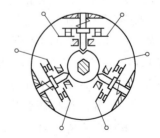

图 1-29　万能转换开关单层结构示意图

1.6.5 凸轮控制器

凸轮控制器是一种大型的手动控制电器，也是多挡位、多触头，利用手动操作，转动凸轮去接通和分断允许通过大电流的触头转换开关，主要用于起重设备，直接控制中、小型绕线转子异步电动机的启动、制动、调速和换向。

凸轮控制器主要由触头、绝缘方轴、凸轮、复位弹簧及触头弹簧等组成，其外形与结构如图 1-30 所示。当手柄转动时，在绝缘方轴上的凸轮随之转动，从而使触头组按顺序接通、分断电路，改变绕线转子异步电动机定子电路的接法和转子电路的电阻值，直接控制电动机的启动、调速、换向及制动。凸轮控制器与万能转换开关虽然都是用凸轮来控制触头的动作，但两者的用途则完全不同。

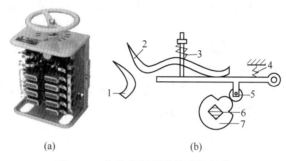

图 1-30 凸轮控制器的外形与结构

（a）外形；（b）结构

1—静触头；2—动触头；3—触头弹簧；4—复位弹簧；5—滚子；6—绝缘方轴；7—凸轮

凸轮控制器的图形符号及触头通断表示方法如图 1-31 所示。它与转换开关、万能转换开关的表示方法相同，操作位置分为零位、向左、向右挡位。具体的型号不同，其触头数目的多少也不同。图中数字 1~4 表示触头号，2、1、0、1、2 表示挡位（即操作位置）。图中虚线表示操作位置，在不同操作位置时，各对触头的通断状态表示于触头的下方或右侧与虚线相交位置，在触头右、下方涂黑圆点，表示在对应操作位置时触头接通，没涂黑的圆点表示触头在该操作位置不接通。

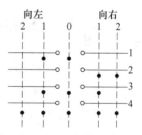

图 1-31 凸轮控制器的图形符号及触头通断表示方法

1.6.6 主令控制器

主令控制器是用以频繁切换复杂的多回路控制电路的主令电器，主要用作起重机、轧钢机及其他生产机械磁力控制盘的主令控制。

主令控制器的结构与工作原理基本上与凸轮控制器相同，也是利用凸轮来控制触头的断合。在方形转轴上安装一串不同形状的凸轮块，就可获得按一定顺序动作的触头。即使在同一层，不同角度及形状的凸块，也能获得当手柄在不同位置时，同一触头接通或断开的效果。再由这些触头去控制接触器，就可获得按一定要求动作的电路了。由于控制电路的容量都不大，主令控制器的触头也是按小电流设计的。

目前生产和使用的主令控制器主要有 LK14、LK15、LK16 型。其主要技术性能为：额定电压为交流 50Hz、380V 以下及直流 220V 以下；额定操作频率为 1200 次/h。

主令控制器的图形符号与凸轮控制器相同。

1.7　技能训练：常用低压电器的选择

低压电器的类型通常按使用条件和场合来选择，然后按所需的功率、电路额定电压选择电器的额定电压和额定电流，针对不同类型，具体选择方法有所不同。

1.7.1　刀开关的选择

刀开关一般根据电流种类、电压等级、电动机容量（电路电流）及控制的极数进行选择。

在用于照明电路时，刀开关的额定电压应大于或等于电路的最大工作电压，其额定电流应大于或等于电路的最大工作电流。

在用于电动机直接启动时，刀开关的额定电压应大于或等于电路的最大工作电压，其额定电流应大于或等于电动机额定电流的 3 倍。

1.7.2　主令电器的选择

主令电器的额定电压可参考控制电路的工作电压。由于控制电路的工作电流一般都小于 5A，所以它们的额定电流一般都选定为 5A。

1.7.3　熔断器的选择

熔断器的选择包括熔断器类型选择、熔体额定电流的选择和熔断器（熔壳）的规格选择。

1.7.3.1　熔断器类型的选择

熔断器的类型应根据负载的保护特性、短路电流的大小及安装条件进行选择。

1.7.3.2　熔体额定电流的选择

熔断器用来进行短路保护时，其熔体根据保护对象来选择。

（1）对于照明回路、信号指示回路以及电阻炉等回路，取熔体的额定电流大于或等于实际负载电流。

（2）对于电动机的短路保护，熔体额定电流与它的台数多少有关。

1）对于单台电动机：

$$I_{NF} = (1.5 \sim 2.5)I_{NM} \qquad (1-4)$$

式中　I_{NF}——熔体额定电流，A；

　　　I_{NM}——是电动机额定电流，A。

当电动机轻载启动或启动时间较短时，式中的系数取 1.5；当电动机重载启动或启动次数较多且时间较长时，式中的系数取 2.5。

2）对于多台电动机：

$$I_{NF} = (1.5 \sim 2.5)I_{Nmmax} + \Sigma I_{NM} \tag{1-5}$$

式中　I_{Nmmax}——容量最大的一台电动机的额定电流，A；

　　　ΣI_{NM}——其余各台电动机的额定电流之和，A。

1.7.3.3　熔断器（熔壳）的规格选择

熔断器（熔壳）的额定电压必须大于等于电路的工作电压，熔断器（熔壳）的额定电流必须大于等于所装熔体的额定电流。

1.7.4　接触器的选择

接触器分为交流接触器和直流接触器两大类，控制交流负载时应选用交流接触器，控制直流负载时应选用直流接触器。

1.7.4.1　使用类别的选择

接触器的使用类别应与负载性质一致。交流接触器按使用类别被划分为 AC1～ AC4 四类，其对应的控制对象分别为：

（1）AC1——无感或微感负荷，如白炽灯、电阻炉等；

（2）AC2——绕线转子异步电动机的启动和停止；

（3）AC3——笼型异步电动机的运转和运行中分断；

（4）AC4——笼型异步电动机的启动、反接制动、反向和点动。

1.7.4.2　额定电压与额定电流的选择

在一般情况下，接触器的选用主要考虑的是接触器主触头的额定电压与额定电流。

主触头的额定电压应大于等于主电路的工作电压。

主触头的额定电流应大于等于主电路的工作电流（负载电流）。

接触器如使用在频繁启动、制动和正反转的场合时，一般其额定电流降一个等级来选用。

1.7.4.3　控制线圈电压种类与额定电压的选择

接触器控制线圈的电压种类（交流或直流电压）与电压等级应根据控制电路要求选用。

1.7.4.4　辅助触头的种类及数量的选择

接触器辅助触头的种类及数量应满足控制需要，当辅助触头的对数不能满足要求时，可用增设中间继电器的方法来解决。

1.7.5　继电器的选择

1.7.5.1　电磁式通用继电器

选用时首先考虑的是交流类型还是直流类型，然后根据控制电路需要，决定采用电压继电器还是电流继电器。作为保护用的继电器应该考虑过电压（或电流）、欠电压（或电流）继电器的动作值和释放值、中间继电器触头的类型和数量以及电磁线圈的额定电压或额定电流。

1.7.5.2　时间继电器

时间继电器应根据下列原则进行选择：

（1）根据系统的延时方式、延时范围、延时精度、触头形式以及工作环境等因素选用适当的类型；

（2）根据控制电路的功能特点选用相应的延时方式；

（3）根据控制电压选择吸引线圈的电压等级。

1.7.5.3 热继电器

热继电器结构形式的选择主要取决于电动机绕组接法以及是否要求断相保护。热继电器热元件的整定电流的计算公式为：

$$I_{NFR} = (0.95 \sim 1.05)I_{NM} \qquad (1\text{-}6)$$

式中　I_{NFR}——热元件整定电流，A；

$\quad\quad I_{NM}$——电动机额定电流，A。

在恶劣的工作环境下，启动频繁的电动机则按下式选取：

$$I_{NFR} = (1.15 \sim 1.5)I_{NM} \qquad (1\text{-}7)$$

对于过载能力差的电动机，热元件的整定电流为电动机额定电流的 60%~80%，对于重复短时工作制的电动机，其过载保护不宜选用热继电器，而应选用电流继电器。

1.7.5.4 速度继电器

根据生产机械设备的实际安装情况以及电动机额定工作转速，选择合适的速度继电器型号。

2 基本电气控制电路

在各行各业广泛使用的电气设备和生产机械中，其自动控制电路大多以各类电动机或其他执行电器为被控对象，以继电器、接触器、按钮、行程开关、保护元件等器件组成的自动控制线路，通常称为电气控制线路。

各种生产机械的电气控制设备有着各种各样的电气控制电路。这些控制电路无论是简单还是复杂，一般是由一些基本控制环节组成，在分析电路原理和判断其故障时，都是从这些基本控制环节入手。因此，掌握基本电气控制线路，对生产机械整个电气控制电路的工作原理分析及电气设备维护有着重要的意义。

学习目标
(1) 掌握电气控制线路的绘制原则、图形符号与文字符号；
(2) 掌握三相笼型异步电动机启动、停止控制线路，正、反转控制线路；
(3) 理解三相笼型异步电动机的顺序联锁控制线路、多地点多条件控制线路；
(4) 熟悉电气控制电路的一般设计法的主要原则。

2.1 电气控制系统图识图及制图标准

电气控制电路是由许多电气元器件按具体要求而组成的一个系统。为了表达生产机械电气控制系统的原理、结构等设计意图，同时也为了方便电气元器件的安装、调整、使用和维修，必须将电气控制系统中各电气元器件的连接用一定的图形表示出来，这种图就是电气控制系统图。为了便于设计、分析、安装和使用控制电路，电气控制系统图必须采用统一规定的符号、文字和标准的画法。

电气控制系统图包括电气原理图、电气安装接线图、电气元器件布置图、互连图和框图等。各种图的图纸尺寸一般选用 297mm×210mm、297mm×420mm、420mm×594mm、594mm×841mm 四种幅面。本节将主要介绍电气原理图、电气元器件布置图和电气安装接线图。

2.1.1 常用电气控制系统图示符号

电气控制线路是用导线将电动机、电器、仪表等电器元件按一定的要求和方式联系起来，并能实现某种功能的电气电路。为表达电气控制电路的组成、工作原理及安装、调试、维修等技术要求，需要用统一的工程语言即用图的形式来表示。在图上用不同的图形符号来表示各种电器元件，用不同的文字符号来进一步说明图形符号所代表的电器元件的基本名称、用途、主要特征及编号等。因此，电气控制线路应根据简学易懂的原则，采用统一规定的图形符号、文字符号和标准画法来进行绘制。

为了便于掌握引进的先进技术和先进设备，便于国际交流，国家颁布了《电气简图用图形符号》（GB/T 4728）、《电气制图国家标准》（GB-T 6988. 1—2008）和《电气技术中的文字符号制订通则》（GB 7159—1987）。规定从 1990 年 1 月 1 日起，电气控制线路中的图形和文字符号必须符合新的国家标准。

电气工程图中的文字符号，分为基本文字符号和辅助文字符号。基本文字符号有单字母符号和双字母符号，单字母符号表示电气设备、装置和元件的大类，如 K 为继电器类元件这一大类；双字母符号由一个表示大类的单字母与另一个表示器件某些特性的字母组成，如 KT 表示继电器类器件中的时间继电器，KM 表示继电器类器件中的接触器。

辅助文字符号用来进一步表示电气设备、装置和元件的功能、状态和特征。常用的电气图形、文字符号见表 2-1。

表 2-1 常用电气图形、文字符号表

名称	图形符号	文字符号	名称	图形符号	文字符号
一般三相电源开关	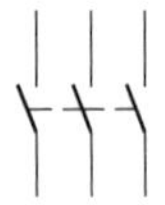	QS	接触器 线圈	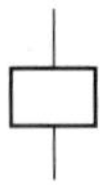	KM
低压断路器	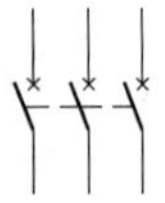	QF	接触器 主触头	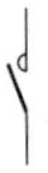	KM
位置开关 常开触头	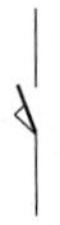	ST	接触器 常开辅助触头	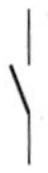	KM
位置开关 常闭触头	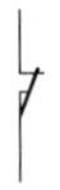	ST	接触器 常闭辅助触头	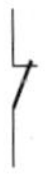	KM
位置开关 复合触头	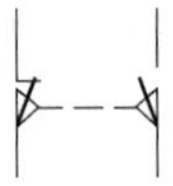	ST	速度继电器 常开触头	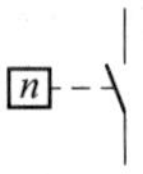	KS
熔断器	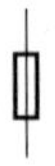	FU	速度继电器 常闭触头	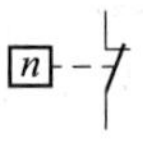	KS
按钮 常开	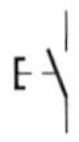	SB	制动电磁铁	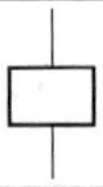	YB
按钮 常闭	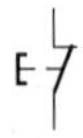	SB	时间继电器 通电延时线圈	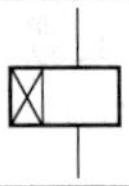	KT
按钮 复式	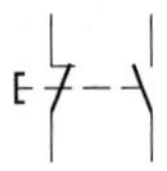	SB	时间继电器 断电延时线圈	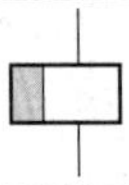	KT
			时间继电器 常开延时闭合触头	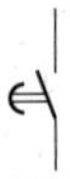	KT

续表 2-1

名　称		图形符号	文字符号	名　称	图形符号	文字符号
时间继电器	常闭延时断开触头		KT	转换开关		SA
	常闭延时闭合触头			电位器		RP
	常开延时断开触头			桥式整流装置		UR
热继电器	热元件		FR	照明灯		EL
	常闭触头			信号灯		HL
				电阻器		R
继电器	中间继电器线圈		KA	接插器		XS
	过电压继电器线圈	$U>$	KV	电磁铁		YA
	欠电压继电器线圈	$U<$		电磁吸盘		YH
	过电流继电器线圈	$I>$	KA	直流串励电动机		M
	欠电流继电器线圈	$I<$		直流并励电动机		
	常开触头		相应继电器符号	直流他励电动机		
	常闭触头			直流复励电动机		

名　称	图形符号	文字符号	名　称	图形符号	文字符号
直流发电机		G	单相变压器		T
三相笼型异步电动机		M	整流变压器		
三相绕线转子异步电动机			照明变压器		TC
三相自耦变压器		T	控制电路电源用变压器		
半导体二极管		VD	PNP 型晶体管		VT
			NPN 型晶体管		

2.1.2　电气原理图

用图形符号和项目代号表示电路各个元器件连接关系和电气工作原理的图称为电气原理图。电气原理图结构简单、层次分明，适于分析、研究电路工作原理等特点，因而广泛应用于设计和生产实际中。图 2-1 为 CW6132 型普通车床电气原理图。

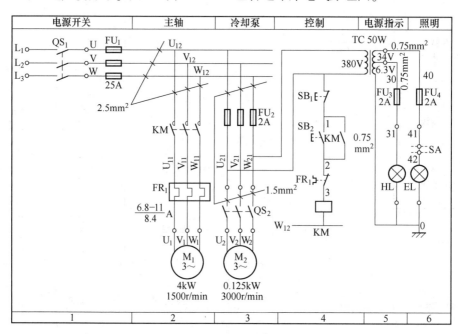

图 2-1　CW6132 型普通车床电气原理图

2.1.2.1　电气原理图绘制原则

（1）电气原理图应采用规定的标准图形符号，按主电路与辅助电路分开，并依据各电气元器件的动作顺序等原则而绘制，其中主电路就是从电源到电动机大电流通过的路径。辅助电路包括控制电路、照明电路、信号电路及保护电路等，由继电器和接触器的线圈、继电器的触头、接触器的辅助触头、按钮、照明灯、信号灯、控制变压器等电气元器件组成。

（2）电器应是未通电时的状态；二进制逻辑元件应是置零时的状态；机械开关应是循环开始前的状态。

（3）控制系统内的全部电动机、电器和其他器械的带电部件，都应在原理图中表示出来。

（4）在电气原理图上方将图分成若干图区，并标明该区电路的用途；在继电器、接触器线圈下方列有触头表，以说明线圈和触头的从属关系。

（5）在电气原理图中应标出各个电源电路的电压值、极性、频率及相数，某些元器件的特性（如电阻、电容、变压器的参数值等），不常用电器（如位置传感器、手动触头等）的操作方式、状态和功能。

（6）动力电路的电源电路绘成水平线，受电部分的主电路和控制保护支路，分别垂直绘制在动力电路下面的左侧和右侧。

（7）在电气原理图中，各个电气元器件在控制电路中的位置，不按实际位置画出，应根据便于阅读的原则安排，但为了表示是同一元器件，元器件的不同部件要用同一文字符号来表示。

（8）电气元器件应按功能布置，并尽可能按工作顺序排列，其布局顺序应该是从上到下，从左到右。

（9）在电气原理图中，有直接联系的交叉导线连接点，要用黑圆点表示；无直接联系的交叉导线连接点，不画黑圆点。

2.1.2.2　图面区域的划分

电气原理图下方的数字（1，2，3，…）是图区编号，是为了便于检索电气线路、方便阅读分析而设置的。图区编号也可以设置在图的上方。图幅大时可以在图纸左侧加入字母（a，b，c，…）图区编号。

图区编号下方的文字表明对应区域下方元器件或电路的功能，使读者能清楚地知道某个元器件或某部分电路的功能，以利于理解整个电路的工作原理。

2.1.2.3　符号位置的索引

符号位置的索引采用图号、页次和图区编号的组合索引法，索引代号的组成如图 2-2 所示。

图 2-2　索引代号的组成

图号是指某设备的电气原理图按功能多册装订时，每册的编号，一般用数字表示。

当某图号仅有一页图样时，只写图号和图区的行、列号；在一个图号有多页图样时，则图号和分隔符可以省略；而元器件的相关触点只出现在一张图样上时，只标出图区号（无行号时，只写列号）。

在电气原理图中，接触器和继电器的线圈与触点的从属关系应用附图表示，即在原理图中相应线圈的下方，给出触点的文字符号，并在其下面注明触点的索引代号，对未使用的触点用"×"表明，也可采用省略的表示方法。

2.1.2.4　电气原理图中技术数据的标注

电气图中各电气元器件的型号，常在电气元器件文字符号下方标注出来。电气元器件的技术数据，除了在电气元器件明细表中标明外，也可用小号字体标注在其图形符号的旁边。

2.1.3　电气元器件布置图

电气元器件布置图所绘内容为原理图中各电气元器件的实际安装位置，可按实际情况分别绘制，如电气控制箱中的电器板、控制面板等。电气元器件布置图是控制设备生产及维护的技术文件，电气元器件的布置应注意以下几个方面。

（1）体积大和较重的电气元器件应安装在电器安装板的下面，而热元件应安装在电器板的上面。

（2）强电、弱电应分开。弱电应屏蔽，防止外界干扰。

（3）需要经常维护、检修、调整的电气元器件安装位置不宜过高或过低。

（4）电气元器件的布置应考虑整齐、美观、对称。外形尺寸与结构类似的电气元器件安装在一起，以利于加工、安装和配线。

（5）电气元器件布置不宜过密，要留有一定间距，如有走线槽，应加大各排元器件间距，以利于布线和维护。

电气元器件布置图根据元器件的外形绘制，并标出各元器件间距尺寸。每个元器件的安装尺寸及其公差范围，应严格按产品手册标准标注，作为底板加工依据，以保证各元器件顺利安装。在电气元器件布置图中，还要选用适当的接线端子板或接插件，按一定顺序标上进出线的接线号。图 2-3 为与图 2-1 对应的电器箱内的电气元器件布置图，图中 FU$_1$ ～ FU$_4$ 为熔断器，KM 为接触器，FR$_1$ 为热继电器，TC 为照明变压器，XT 为接线端子板。

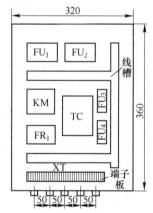

图 2-3　CW6132 型普通车床电气元器件布置图

2.1.4　电气安装接线图

电气安装接线图是电气原理图的具体实现形式，它是用规定的图形符号按各电气元器件相对位置而绘制的实际接线图，因而可以直接用于安装配线。由于电气安装接线图在具体的施工、维修中能够起到电气原理图无法起到的作用，它在生产现场得到了普遍应用。电气安装接线图是根据元器件位置布置最合理、连接导线最经济等原则来安排的。一般来说，绘制电气安装接线图应按照下列原则进行：

（1）电气安装接线图中的各电气元器件的图形符号、文字符号及接线端子的编号应与电气原理图一致，并按电气原理图连接；

（2）各电气元器件均按其在安装底板中的实际安装位置绘出，元器件所占图面按实际尺寸以统一比例绘制；

（3）一个元器件的所有部件绘在一起，并且用点画线框起来，即采用集中表示法，有时将多个电气元器件用点面线框起来，表示它们是安装在同一安装底板上的；

（4）安装底板内外的电气元器件之间的连线通过接线端子板进行连接，安装底板上有几个接至外电路的引线，端子板上就应绘出几个线的接点；

（5）绘制电气安装接线图时，走向相同的相邻导线可以绘成一股线。

图 2-4 是某生产机械电气安装接线图。

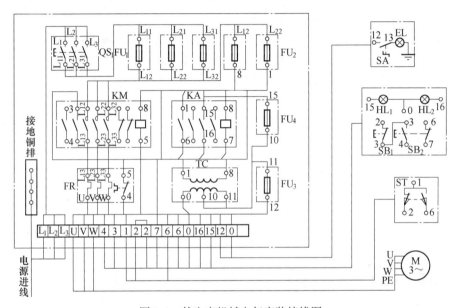

图 2-4　某生产机械电气安装接线图

2.2　三相异步电动机的基本控制电路

三相异步电动机的结构简单，价格便宜，坚固耐用，运行可靠，维修方便。与同容量的直流电动机比较，异步电动机具有体积小、质量小、转动惯量小的特点，因此在各类企业中异步电动机得到了广泛的应用。三相异步电动机的控制电路大多采用接触器、继电器、刀开关、按钮等有触头电器组合而成。本章主要讲解三相笼型异步电动机的启动、停止、正反转、调速、制动等电气控制电路。

2.2.1　三相异步电动机全压启动控制

所谓直接启动，就是利用刀开关或接触器将电动机定子绕组直接接到额定电压的电源上，故又称为全压启动。直接启动的优点是启动设备与操作都比较简单，其缺点是启动电流大。对于较小容量笼型异步电动机，因电动机启动电流相对较小，且惯性小、启动快，一般来说，对电网、对电动机本身都不会造成影响，因此可以直接启动，但必须根据电源的容量来限制直接启动电动机的容量。

2.2.1.1　采用刀开关直接启动控制

用开启式负荷开关、转换开关或封闭式负荷开关控制电动机的启动和停止，是最简单的手动控制方法。

图 2-5 是采用刀开关直接启动电动机的控制电路，其中，M 为被控三相异步电动机，QS 是刀开关，FU 是熔断器。刀开关是电动机的控制电器，熔断器是电动机的保护电器。其原理是：合上刀开关 QS，电动机将通电并旋转；断开 QS，电动机将断电并停转。这种"一按（点）就动、一松（放）就停"的电路称为点动控制电路，因短时工作电路中不设热继电器。冷却泵、小型台钻、砂轮机的电动机一般采用这种启动控制方式。

2.2.1.2　采用接触器直接启动控制

图 2-6 为接触器控制电动机直接启动电路。从图中可见，主电路由刀开关 QS、熔断器 FU_1、接触器 KM 的主触头、热继电器 FR 的热元件和电动机 M 组成。控制电路由熔断器 FU_2、热继电器 FR 的常闭触头、停止按钮 SB_1、启动按钮 SB_2、接触器 KM 的线圈及其辅助常开触头组成。

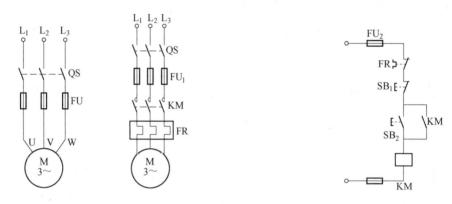

图 2-5　刀开关直接启动电动机的控制电路　　　图 2-6　接触器控制电动机直接启动电路

在主电路中，串接热继电器 FR 的三相热元件；在控制电路中，串接热继电器 FR 的常闭触头。一旦过载，FR 动作，其常闭触头断开，切断控制电路，电动机失电停转。

在启动按钮两端并联有接触器 KM 的辅助常开触头 KM，使该电路具有自锁功能。

电路的工作过程如下：

$$合上QS \longrightarrow 按下SB_2 \longrightarrow KM线圈得电 \begin{cases} \longrightarrow KM自锁触头闭合 \\ \longrightarrow KM主触头闭合 \longrightarrow 电动机M启动运转 \end{cases}$$

电路具有以下保护功能。

（1）短路保护：由熔断器实现主电路、控制电路的短路保护。短路时，熔断器的熔体熔断，切断电路。熔断器可作为电路的短路保护，但达不到过载保护的目的。

（2）过载保护：由热继电器 FR 实现。由于热继电器的热惯性比较大，即使热元件流过几倍电动机额定电流，热继电器也不会立即动作。因此，在电动机启动时间不太长的情况下，热继电器是经得起电动机启动电流冲击而不动作的。只有在电动机长时间过载情况

下，串联在主电路中的热继电器 FR 的
热元件（双金属片）因受热产生变形，能使串联在控制电路中的热继电器 FR 的常闭触头断开，断开控制电路，使接触器 KM 线圈失电，其主触头释放，切断主电路使电动机断电停转，实现对电动机的过载保护。

（3）欠电压和失电压保护：依靠接触器本身的电磁机构来实现。当电源电压由于某种原因而严重下降（欠电压）或消失（失电压）时，接触器的衔铁自行释放，电动机失电停止运转。控制电路具有欠电压和失电压保护，具有以下两个优点：

1）防止电源电压严重下降时，电动机欠电压运行；

2）防止电源电压恢复时，电动机突然自行启动运转造成设备和人身事故。

2.2.2 三相异步电动机减压启动控制

容量较大的电动机来说，由于启动电流大，使电网电压波动很大时，必须采用减压启动的方法，限制启动电流。

减压启动是指启动时降低加在电动机定子绕组上的电压，待电动机转速接近额定转速后再将电压恢复到额定电压下运行。由于定子绕组电流与定子绕组电压成正比，减压启动可以减小启动电流，从而减小电路电压降，也就减小了对电网的影响。

常用的减压启动方法有定子电路串电阻（或电抗）减压启动、星形-三角形（Y-△）减压启动、自耦变压器减压启动等。对减压启动控制的要求为：

（1）不能长时间减压运行；

（2）不能出现全压启动；

（3）在正常运行时应尽量减少工作电器的数量。

2.2.2.1 定子电路串电阻（或电抗）减压启动

电动机启动时，在三相定子电路上串接电阻 R，使定子绕组上的电压降低，启动后再将电阻 R 短路，电动机即可在额定电压下运行。

图 2-7 是时间继电器控制的定子电路串电阻减压启动控制电路。该电路是根据启动过程中时间的变化，利用时间继电器延时动作来控制各电气元器件的先后顺序动作，时间继电器的延时时间按启动过程所需时间整定。其工作原理如下：当合上刀开关 QS，按下启动按钮 SB$_2$ 时，KM$_1$ 立即通电吸合，使电动机在串接定子电阻 R 的情况下启动，与此同

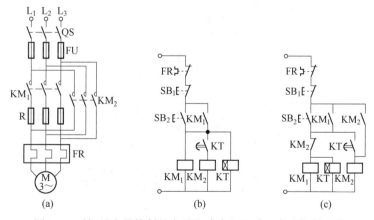

图 2-7 时间继电器控制的定子电路串电阻减压启动控制电路

时，时间继电器 KT 通电开始计时，当达到时间继电器的整定值时，其延时闭合的常开触头闭合，使 KM$_2$ 通电吸合，KM$_2$ 的主触头闭合，将启动电阻 R 短接，电动机在额定电压下进入稳定正常运转。

分析图 2-7(b)可知，在启动结束后，接触器 KM$_1$ 和 KM$_2$、时间继电器 KT 线圈均处于长时间通电状态。其实只要电动机全压运行一开始，KM$_1$ 和 KT 线圈的通电就是多余的了。因为这不仅使能耗增加，同时也会缩短接触器、继电器的使用寿命。其解决方法为：在接触器 KM$_1$ 和时间继电器 KT 的线圈电路中串入 KM$_2$ 的常闭触头，KM$_2$ 要有自锁，如图 2-7(c)所示。这样当 KM$_2$ 线圈通电时，其常闭触头断开使 KM$_1$、KT 线圈断电。

电路的工作过程如下：

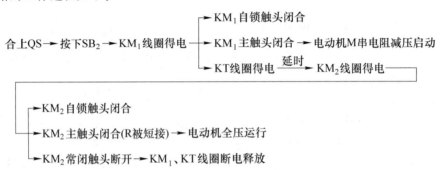

定子所串电阻一般采用 ZX1、ZX2 系列的铸铁电阻。铸铁电阻功率大，允许通过的电流较大，应注意三相所串电阻应相等。

定子串电阻减压启动的方法不受定子绕组接线形式的限制，启动过程平滑，设备简单，但能量损耗大，故此种方法适用于启动要求平稳、电动机轻载或空载及启动不频繁的场合。

2.2.2.2　星型-三角形（Y-△）减压启动

三相笼型异步电动机的星形-三角形减压启动是指：当电动机启动时，将定子绕组接成星形联结；启动完毕后，再将定子绕组换接成三角形联结。星形联结时，加在每相定子绕组上的启动电压只有三角形联结的 $1/\sqrt{3}$，启动电流为三角形联结的 $1/3$，启动转矩也只有三角形联结的 $1/3$。星形-三角形（Y-△）减压启动控制电路如图 2-8 所示。

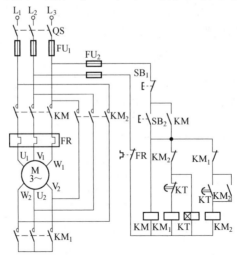

图 2-8　星形-三角形（Y-△）减压启动控制电路

电路的工作过程如下：

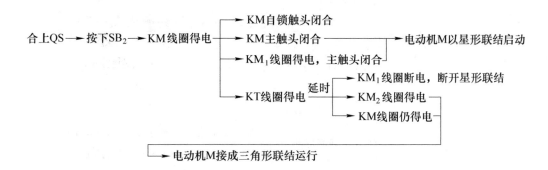

星形-三角形（Y-△）减压启动方式，设备简单经济，启动过程中没有电能损耗，但启动转矩较小，只能空载或轻载启动，只适用于正常运转时为三角形联结的电动机。我国设计的Y系列电动机，4kW及以上的电动机的额定电压都用三角形联结接380V，就是为了适用星形-三角形（Y-△）减压启动而设计的。

2.2.2.3 自耦变压器减压启动

这种减压启动方式是利用自耦变压器来降低加在电动机定子绕组上的启动电压的。启动时，变压器的绕组接成星形联结，其一次侧接电网，二次侧接电动机定子绕组。改变自耦变压器抽头的位置可以获得不同的启动电压，在实际应用中，自耦变压器一般有65%、85%等抽头。启动完毕，将自耦变压器切除，电动机直接接电源，进入全压运行。其控制电路如图2-9所示。

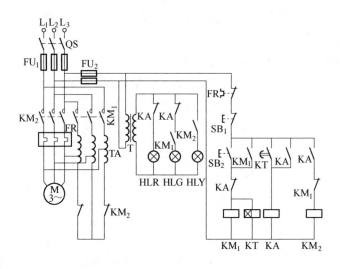

图2-9 自耦变压器减压启动控制电路

电路的工作过程如下：

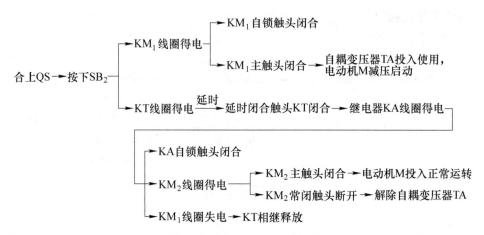

在本电路中，设有信号指示灯，由电源变压器 T 提供工作电压。电路通电后，红灯 HLR 亮；启动后，由于 KM_1 常开辅助触头的闭合，绿灯 HLG 亮；运转后，由于 KA 吸合，KA 的常闭触头断开，HLR、HLG 均熄灭，黄色指示灯 HLY 亮。按下停止按钮 SB_1，电动机 M 停机，由于 KA 恢复常闭状态，HLR 亮。

自耦变压器减压启动适用于电动机容量较大、正常工作时接成星形或三角形的电动机。通常自耦变压器可用调节抽头电压比的方法改变启动电流和启动转矩的大小，以适应不同的需要。它比串接电阻减压启动效果要好，但自耦变压器设备较大，成本较高，而且不允许频繁启动。

2.2.3 三相异步电动机正反转控制电路

在生产实际中，常常要求生产机械实现正反两个方向的运动，如工作台的前进、后退，起重机吊钩的上升、下降等，这就要求电动机能够实现正反转。由电动机原理可知，改变电动机三相电源的相序，就能改变电动机的转向。

2.2.3.1 按钮控制的电动机正反转控制电路

图 2-10 为两个按钮分别控制两个接触器来改变电动机相序，实现电动机正反转的控制电路。KM_1 为正向接触器，KM_2 为反向接触器。

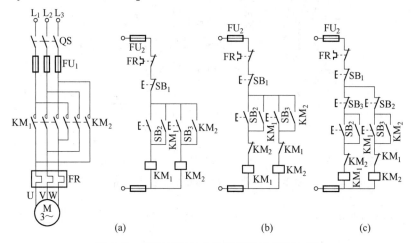

图 2-10 按钮控制的电动机正反转控制电路

图 2-10(a)电路的工作过程如下：

（1）正转：

合上QS━▶按下正转按钮SB$_2$━▶KM1线圈得电━┳━▶KM$_1$自锁触头闭合

┗━▶KM$_1$主触头闭合━▶电动机M正转

（2）反转：

合上QS━▶按下反转按钮SB$_3$━▶KM$_2$线圈得电━┳━▶KM$_2$自锁触头闭合

┗━▶KM$_2$主触头闭合━▶电动机M反转

（3）停止：

按下SB$_1$━▶KM$_1$(KM$_2$)线圈断电，主触头释放━▶电动机M断电停止

不难看出，如果同时按下 SB$_2$ 和 SB$_3$，KM$_1$ 和 KM$_2$ 线圈就会同时通电，其主触头闭合造成电源两相短路，因此，这种电路不能采用。图 2-10(b)是在图 2-10(a)基础上扩展而成，将 KM$_1$、KM$_2$ 常闭辅助触头串接在对方线圈电路中，形成相互制约的控制，称为互锁或联锁控制。这种利用接触器（或继电器）常闭触头的互锁又称为电气互锁。该电路欲使电动机由正转到反转，或由反转到正转必须先按下停止按钮，而后再反向启动。

图 2-10(b)的电路只能实现"正-停-反"或者"反-停-正"控制，这对需要频繁改变电动机运转方向的机械设备来说，是很不方便的。对于要求频繁实现正反转的电动机，可用图 2-10(c)电路控制，它是在图 2-10(b)电路基础上将正转启动按钮 SB$_2$ 与反转启动按钮 SB$_3$ 的常闭触头串接在对方线圈电路中，利用按钮的常开、常闭触头的机械连接，在电路中形成互相制约的接法，称为机械互锁。这种具有电气、机械双重互锁的控制电路是常用的、可靠的电动机正反转控制电路，它既可实现"正-停-反-停"控制，又可实现"正-反-停"控制。

2.2.3.2 行程开关控制的电动机往返控制电路

机械设备中如龙门刨工作台、高炉的加料设备等均需自动往返运行，而自动往返的可逆运行通常是利用行程开关来检测往返运动的相对位置，进而控制电动机的正反转来实现生产机械的往返运动。

图 2-11 为机床工作台往返运动的示意图。图中行程开关 ST$_1$、ST$_2$ 分别固定安装在床身上，反映加工终点与原位。撞块 A、B 固定在工作台上，随着运动部件的移动分别压下行程开关 ST$_1$、ST$_2$，进而实现往返运动。

图 2-11　机床工作台往返运动示意图

图 2-12 为往返自动循环的控制电路。图中 ST$_1$、ST$_2$ 为工作台后退与前进限位开关；ST$_3$、ST$_4$ 为正反向极限保护用行程开关，用于防止 ST$_1$、ST$_2$ 失灵时造成工作台从床身上

冲出去的事故。这种利用行程开关，根据机械运动位置变化所进行的控制，称为行程控制。

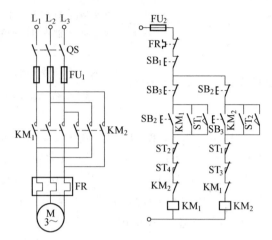

图 2-12　往返自动循环的控制电路

电路的工作过程如下：

合上QS → 按下SB₂ → KM₁线圈得电 ┬ KM₁自锁触头闭合
　　　　　　　　　　　　　　　　　└ KM₁主触头闭合 → 电动机M正转，拖动工作台前进 →

工作台前进到预定位置，压下ST₂ ┬ ST₂常闭触头断开 → KM₁线圈得电 → 电动机M断电，工作台停止前进
　　　　　　　　　　　　　　　　└ ST₂常开触头闭合 → KM₂线圈得电 ┬ KM₂自锁触头闭合
　　　　　　　　　　　　　　　　　　　　　　　　　　　　　　　└ KM₂主触头闭合 →

电动机M改变电源相序而反转，工作台后退 → 工作台退到设定位置，压下ST₁ ┐
┌ ST₁常闭触头断开 → KM₂线圈断电 → 电动机M停止后退
└ ST₁常开触头闭合 → KM₁线圈得电 → 电动机M又正转，工作台又前进 →

　　如此往返循环，直至按下停止按钮SB₁ → KM₁(或KM₂)线圈断电 → 电动机M停止运转

　　由上述控制情况可以看出，运动部件每经过一个自动往复循环，电动机要进行两次反接制动，会出现较大的反接制动电流和机械冲击。因此，这种电路只适用于电动机容量较小，循环周期较长，电动机转轴具有足够刚性的拖动系统中。另外，在选择接触器容量时，应比一般情况下选择的容量大一些。

　　在图 2-12 中，行程开关 ST₃ 和 ST₄ 安装在工作台往返运动的极限位置上，防止行程开关 ST₁ 和 ST₂ 失灵，工作台继续运动不停止而造成事故，起到极限保护的作用。

　　机械式行程开关容易损坏，现在多用接近开关或光电开关来取代行程开关实现行程控制。

2.2.4　三相异步电动机制动控制电路

　　三相异步电动机切断电源后，由于惯性，总要经过一段时间才能完全停止。有些生产机械要求迅速停车,有些生产机械要求准确停车(如铣床、卧式镗床、电梯等),所以常常需要采用一些使电动机在切断电源后就迅速停车的措施,这种措施称为电动机的制动。制动方法一般有机械制动和电气制动两大类。

机械制动是采用机械装置强迫电动机断开电源后迅速停转的制动方法,主要采用电磁抱闸、电磁离合器等制动。两者都是利用电磁线圈通电后产生磁场,使静铁心产生足够大的吸力吸合衔铁或动铁心(电磁离合器的动铁心被吸合,动、静摩擦片分开),克服弹簧的拉力而满足现场的工作要求。电磁抱闸是靠闸瓦的摩擦制动闸,电磁离合器是利用动、静摩擦片之间足够大的摩擦力使电动机断电后立即停车的。

电气制动是电动机在切断电源的同时给电动机一个和实际转向相反的电磁转矩(制动转矩)迫使电动机迅速停车的制动方法。常用的电气制动方法有反接制动和能耗制动。

2.2.4.1 能耗制动控制电路

能耗制动是在电动机脱离三相交流电源后,给定子绕组加一直流电源,产生静止磁场,从而产生一个与电动机原转矩方向相反的电磁转矩以实现制动。

图 2-13 为按速度原则控制的可逆运行能耗制动控制电路,用速度继电器取代了时间继电器。当电动机脱离交流电源后,其惯性转速仍很高,速度继电器的常开触头仍闭合,使 KM_3 得电通入直流电进行能耗制动。速度继电器 KS 与电动机用虚线相连表示同轴。两对常开触头 KS_1 和 KS_2 分别对应于被控电动机的正、反转运行。

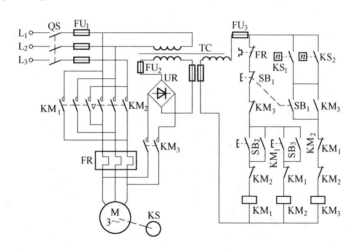

图 2-13 按速度原则控制的可逆运行能耗制动控制电路

电路的工作过程如下:
(1)启动:

合上QS → 按下SB₂(正)或SB₃(反) → KM₁(正)或KM₂(反)通电并自锁 → 电动机M正(反)向运行,此时速度继电器相应触头KS₁或KS₂闭合,为停车时接通KM₃,实现能耗制动做准备

(2)制动停车:

```
                              ┌─→ KM₁(正)或KM₂(反) ──→ 电动机M断电，惯性运转，
                              │   主触头断开          KS₁或KS₂常开触头继续闭合
按下SB₁ ─→ KM₁(正)或KM₂(反) ──┤
           线圈断电             │
                              └─→ KM₁(正)或KM₂(反) ──→ KM₃线圈得电并自锁 ──┐
                                  互锁触头闭合                              │
┌──────────────────────────────────────────────────────────────────────────┘
└─→ 直流电通入电动机M定子绕组，进行能耗制动

当电动机M转速n≈0时，
KS₁或KS₂常开触头复位 ──→ KM₃线圈断电释放 ──→ 切断电动机M直流
                                            电源，制动结束
```

　　能耗制动的优点是制动准确、平稳，且能量损耗小，但需附加直流电源装置，设备费用较高，制动转矩相对较小，特别是到低速阶段，制动转矩更小。因此，能耗制动一般只适用于制动要求平稳准确的场合，如磨床、立式铣床等设备的控制电路中。

2.2.4.2　反接制动控制电路

　　反接制动是将运动中的电动机电源反接（即将任意两根相线接法交换）以改变电动机定子绕组中的电源相序，从而使定子绕组的旋转磁场反向，转子受到与原旋转方向相反的制动转矩而迅速停止转动。

　　在反接制动过程中，当制动到转子转速接近零值时，若不及时切断电源，则电动机将会反向旋转。为此，必须在反接制动中，采取一定的措施，保证当电动机的转速被制动到接近零值时迅速切断电源，防止反向旋转。在一般的反接制动控制电路中常利用速度继电器进行自动控制。

　　反接制动控制电路如图 2-14 所示。它的主电路和正反转控制的主电路基本相同，只是增加了三个限流电阻 R。图中 KM₁ 为正转运行接触器，KM₂ 为反接制动接触器。

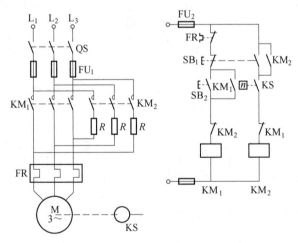

图 2-14　单向运行反接制动控制电路

电路的工作过程如下：

（1）启动：

```
                                    ┌─→ KM₁自锁触头闭合
合上QS ─→ 按下SB₂ ─→ KM₁线圈得电 ──┼─→ KM₁主触头闭合 ─→ 电动机M启动运行 ─→ KS常开触头闭合
                                    └─→ KM₁辅助常闭触头断开 ─→ KM₂线圈不能得电
```

（2）制动停车：

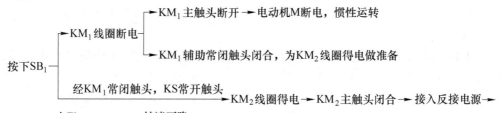

由于反接制动时，旋转磁场与转子的相对速度很高，感应电动势很大，所以转子电流比直接启动的电流还大。反接制动电流一般为电动机额定电流的 10 倍左右，故在主电路中串接电阻 R 以限制反接制动电流。

反接制动的优点是制动转矩大、制动快，缺点是制动准确性差、制动过程中冲击强烈、易损坏传动零件。此外，在反接制动时，电动机既吸取机械能又吸取电能，并将这两部分能量消耗于电动机绕组和制动电阻上，因此能量消耗大，所以反接制动一般只适用于系统惯量较大、制动要求迅速且不频繁的场合。

2.2.5　三相异步电动机调速控制电路

在很多领域中，要求三相笼型异步电动机的速度为无级调节，其目的是实现自动控制、节能，以提高产品质量和生产效率。电动机调速方法很多，如定子绕组极对数的变极调速和变频调速方式等。变极调速控制最简单，价格便宜，但不能实现无级调速。变频调速控制最复杂，但性能最好，随着其成本日益降低，目前已广泛应用于工业自动控制领域。

根据异步电动机的基本原理可知，交流电动机转速公式为：

$$n = \frac{60f(1 - s)}{p} \qquad (2\text{-}1)$$

式中　n——电动机转速；

　　　p——电动机磁极对数；

　　　f——供电电源频率；

　　　s——转差率。

由式(2-1)分析，通过改变定子电源频率 f、磁极对数 p 以及转差率 s 都可以实现交流异步电动机的速度调节，具体可以归纳为变频调速、变极调速和变转差率调速三大类。下面主要介绍变极调速。

2.2.5.1　电动机磁极对数的产生与变化

当电网频率固定以后，三相异步电动机的同步转速与它的磁极对数成反比，因此只要改变电动机定子绕组磁极对数，就能改变它的同步转速，从而改变转子转速。在改变定子极数时，转子极数也必须同时改变。为了避免在转子方面进行变极改接，变极电动机常用笼型转子，因为笼型转子本身没有固定的极数，它的极数由定子磁场极数确定，不用改接。

磁极对数的改变可用两种方法：一种是在定子上装设两个独立的绕组，各自具有不同的极数；第二种方法是在一个绕组上，通过改变绕组的连接来改变极数，或者说改变定子绕组每相的电流方向，由于构造的复杂，通常速度改变的比值为 2∶1。如果希望获得更多的速度等级（如四速电动机），可同时采用上述两种方法，即在定子上装设两个绕组，每一个都能改变极数。

图 2-15 为 4/2 极双速电动机定子绕组接线示意图。电动机定子绕组有六个接线端，分别为 U_1、V_1、W_1、U_2、V_2、W_2。图 2-15(a) 是将电动机定子绕组的 U_1、V_1、W_1 三个接线端接三相交流电源，而将电动机定子绕组的 U_2、V_2、W_2 三个接线端悬空，三相定子绕组按三角形接线，此时每个绕组中的线圈①和线圈②相互串联，电流方向如箭头所示，电动机的极数为 4 极；如果将电动机定子绕组的 U_2、V_2、W_2 三个接线端子接到三相电源上，而将 U_1、V_1、W_1 三个接线端子短接，则原来三相定子绕组的三角形联结变成双星形联结，此时每相绕组中的线圈①和线圈②相互并联，电流方向如图 2-15(b) 中箭头所示，于是电动机的极数变为 2 极。注意观察两种情况下各绕组的电流方向。

必须注意：绕组改极后，其相序方向和原来相序相反，所以在变极时，必须把电动机任意两个出线端对调，以保持高速和低速时的转向相同。例如，在图 2-15 中，当电动机绕组为三角形联结时，将 U_1、V_1、W_1 分别接到三相电源 L_1、L_2、L_3 上；当电动机的定子绕组为双星形联结，即由 4 极变到 2 极时，为了保持电动机转向不变，应将 W_2、V_2、U_2 分别接到三相电源 L_1、L_2、L_3 上。当然，也可以将其他任意两相对调。

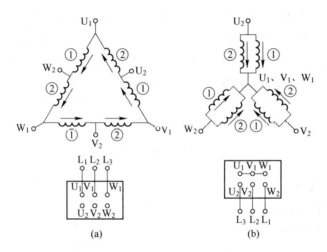

图 2-15　4/2 极双速电动机定子绕组接线示意图
（a）三角形联结（低速）；（b）双星形联结（高速）

2.2.5.2　双速电动机控制电路

图 2-16 为 4/2 极双速异步电动机的控制电路，图中用了三个接触器控制电动机定子绕组的连接方式。当接触器 KM_1 的主触头闭合，KM_2、KM_3 的主触头断开时，电动机定子绕组为三角形联结，对应"低速"挡；当接触器 KM_1 主触头断开，KM_2、KM_3 主触头闭合时，电动机定子绕组为双星形联结，对应"高速"挡。为了避免"高速"挡启动电流对电网的冲击，本电路在"高速"挡时，先以"低速"启动，待启动电流过去后，再自动切换到"高速"运行。

SA 是一个具有三个挡位的转换开关。当扳到中间位置时，为"停止"位，电动机不

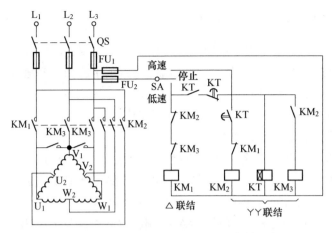

图 2-16　4/2 极双速异步电动机的控制电路

工作；当扳到"低速"挡时，接触器 KM_1 线圈得电动作，其主触头闭合，电动机定子绕组的三个出线端 U_1、V_1、W_1 与电源相接，定子绕组接成三角形，低速运转。当扳到"高速"挡时，时间继电器 KT 线圈首先得电动作，其瞬动常开触头闭合，接触器 KM_1 线圈得电动作，电动机定子绕组接成三角形低速启动。经过延时，KT 延时断开的常闭触头断开，KM_1 线圈断电释放，KT 延时闭合的常开触头闭合，接触器 KM_2 线圈得电动作。紧接着 KM_3 线圈也得电动作，电动机定子绕组被 KM_2、KM_3 的主触头换接成双星形，以高速运行。

电路的工作过程如下：

（1）转换开关 SA 位于"低速"位置：

合上 QS→SA 扳到"低速"→KM_1 线圈得电→KM_1 主触头闭合→电动机定子绕组三角形联结，电动机低速运转

（2）转换开关 SA 位于"高速"位置：

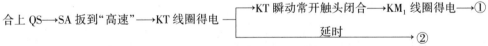

合上 QS——SA 扳到"高速"——KT 线圈得电 ——→KT 瞬动常开触头闭合——→KM_1 线圈得电——→① ／ 延时 ——→②

①——→KM_1 主触头闭合——→电动机定子绕组三角形联结，电动机低速运转

②——→KT 延时断开的常闭触头断开——→KM_1 线圈断电释放——→KM_1 常闭辅助触头闭合 ／ ——→KT 延时闭合的常开触头闭合——————→KM_2 线圈得电

——→KM_2 主触头闭合——————→电动机定子绕组以双星形联结，电动机高速运转 ／ ——→KM_2 辅助触头闭合——→KM_3 线圈得电——→KM_3 主触头闭合

（3）转换开关 SA 位于"停止"位置 KM1、KM2、KM3、KT 线圈全部失电，电动机断电，停止运转。

双速电动机调速的优点是可以适应不同负载性质的要求。当需要恒功率时，可采用三角形-双星形接法；当需要恒转矩调速时，用星形-双星形接法。双速电动机调速电路简单、维修方便，缺点是其调速方式为有级调速。变极调速通常要与机械变速配合使用，以扩大其调速范围。

2.2.6 其他典型三相异步电动机控制电路

在实际工作中，电动机除了有启动、正反转、制动、调速等控制要求外，还有其他一些控制要求，如机床调整时的点动、多电动机的先后顺序控制、多地点多条件控制、联锁控制、步进控制以及自动循环控制等。在控制电路中，为满足机械设备的正常工作要求，需要采用多种基本控制电路组合起来完成所要求的控制功能。

2.2.6.1 多地点与多条件控制

在一些大型机械设备中，为了操作方便，常要求在多个地点进行控制；在某些设备上，为了保证操作安全，需要多个条件满足，设备才能开始工作，这样的要求可通过在控制电路中串联或并联电器的常闭触头和常开触头来实现。

图 2-17 为多地点控制电路。接触器 KM 线圈的得电条件为按钮 SB_2、SB_4、SB_6 中的任一常开触头闭合，KM 辅助常开触头构成自锁，这里的常开触头并联构成逻辑或的关系，任一条件满足，就能接通电路；KM 线圈失电条件为按钮 SB_1、SB_3、SB_5 中任一常闭触头断开，常闭触头串联构成逻辑与的关系，其中任一条件满足，即可切断电路。

图 2-18 为多条件控制电路。接触器 KM 线圈得电条件为按钮 SB_4、SB_5、SB_6 的常开触头全部闭合，KM 的辅助常开触头构成自锁，即常开触头串联成逻辑与的关系，全部条件满足，才能接通电路；KM 线圈失电条件是按钮 SB_1、SB_2、SB_3 的常闭触头全部打开，即常闭触头并联构成逻辑或的关系，全部条件满足，切断电路。

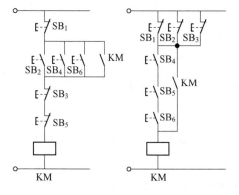

图 2-17 多地点控制电路

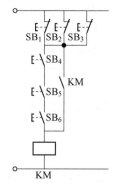

图 2-18 多条件控制电路

2.2.6.2 顺序控制

在机床的控制电路中，常常要求电动机的启停有一定的顺序，例如磨床要求先启动润滑油泵，然后再启动主电动机；龙门刨床在工作台移动前，导轨润滑油泵要先启动；铣床的主轴旋转后，工作台方可移动等。顺序工作控制电路有顺序启动、同时停止控制电路，有顺序启动、顺序停止控制电路，还有顺序启动、逆序停止控制电路。图 2-19 为两台电动机的顺序控制电路。

图 2-19(a) 是顺序启动、同时停止控制电路。在这个电路中，只有 KM_1 线圈通电后，其串入 KM_2 线圈电路中的常开触头 KM_1 闭合，才使 KM_2 线圈有通电的可能。按下 SB_1 按钮，两台电动机同时停止。

图 2-19(b)是顺序启动、逆序停止控制电路。停车时，必须先按下 SB_3 按钮，断开 KM_2 线圈电路，使并联在按钮 SB_1 下的常开触头 KM_2 断开后，再按下 SB_1 才能使 KM_1 线圈断电。

通过上面的分析可知，要实现顺序动作，可将控制电动机先启动的接触器的常开触头串联在控制后启动电动机的接触器线圈电路中，用若干个停止按钮控制电动机的停止顺序，或者将先停的接触器的常开触头与后停的停止按钮并联即可。

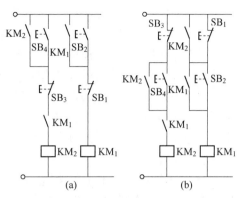

图 2-19　两台电动机的顺序控制电路

(a) 顺序启动、同时停止；(b) 顺序启动、逆序停止

2.2.6.3　联锁控制

联锁控制也称互锁控制，是保证设备正常运行的重要控制环节，常用于制约不能同时出现的电路接通状态。

图 2-20 的电路是控制两台电动机不准同时接通工作的控制电路，图中接触器 KM_1 和 KM_2 分别控制电动机 M_1 和 M_2，其常闭触头构成互锁即联锁关系。当 KM_1 动作时，其常闭触头打开，使 KM_2 线圈不能得电；同样，KM_2 动作时，KM_1 线圈无法得电工作，从而保证任何时候，只有一台电动机通电运行。

由接触器常闭触头构成的联锁控制也常用于具有两种电源接线的电动机控制电路中，如前述电动机正反转控制电路，构成正转接线的接触器与构成反转接线的接触器，其常闭触头在控制电路中构成联锁控制，使正转接线与反转接线不能同时接通，防止电源相间短路。除了用接触器常闭触头构成联锁关系外，在运动复杂的设备上，为防止不同运动之间的干涉，常设置用操作手柄和行程开关组合构成的联锁控制。这里以某机床工作台进给运动控制为例，说明这种联锁关系，其联锁控制电路如图 2-21 所示。

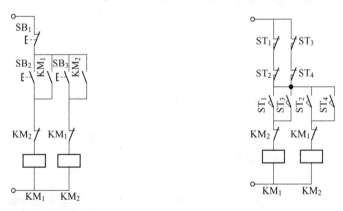

图 2-20　两台电动机联锁控制电路　　　图 2-21　机床工作台进给联锁控制电路

机床工作台由一台电动机驱动，通过机械传动链传动，可完成纵向（左右两方向）和横向（前后方向）的进给移动。工作时，工作台只允许沿一个方向进给移动，因此各方向的进给运动之间必须联锁。工作台由纵向手柄和行程开关 ST_1、ST_2 操作纵向进

给，横向手柄和行程开关 ST_3、ST_4 操作横向进给，实际上两操作手柄各自都只能扳在一种工作位置，存在左右运动之间或前后运动之间的制约，只要两操作手柄不同时扳在工作位置，即可达到联锁的目的。操作手柄有两个工作位和一个中间不工作位，正常工作时，只有一个手柄扳在工作位，当由于误动作等意外事故使两手柄都被扳到工作位时，联锁电路将立即切断进给控制电路，进给电动机停转，工作台进给停止，防止运动干涉损坏机床的事故发生。图 2-21 是工作台的联锁控制电路，KM_1、KM_2 为进给电动机正转和反转控制接触器，纵向控制行程开关 ST_1、ST_2 常闭触头串联构成的支路与横向控制行程开关 ST_3、ST_4 常闭触头串联构成的支路并联起来组成联锁控制电路。当纵向操作手柄扳在工作位，将会压动行程开关 ST_1（或 ST_2），切断一条支路，另一支路由横向手柄控制的支路因横向手柄不在工作位而仍然正常通电，此时 ST_1（或 ST_2）的常开触头闭合，使接触器 KM_1（或 KM_2）线圈得电，电动机转动，工作台在给定的方向进给移动。当工作台纵向移动时，若横向手柄也被扳到工作位，行程开关 ST_3 或 ST_4 受压，切断联锁电路，使接触器线圈失电，电动机立即停转，工作台进给运动自动停止，从而实现进给运动的联锁保护。

2.3　电气控制电路的设计方法

电气控制电路设计是电气控制系统设计的重要内容之一。电气控制电路的设计方法有一般设计法（经验设计法）和逻辑设计法两种。在熟练掌握电气控制电路基本环节并能对一般生产机械电气控制电路进行分析的基础上，可以对简单的控制电路进行设计。对于简单的电气控制系统，由于成本问题，目前还在使用继电器-接触器控制系统，而稍微复杂的电气控制系统，目前大多采用 PLC 控制。本节将概括介绍电气控制电路的一般设计法。

2.3.1　电气控制电路设计的基本内容

（1）拟定电气设计任务书。
（2）确定电力拖动方案和控制方案。
（3）设计电气原理图。
（4）选择电动机、电气元器件，并制定电气元器件明细表。
（5）设计操作台、电气柜及非标准电气元器件。
（6）设计电气设备布置总图、电气安装图以及电气接线图。
（7）编写电气说明书和使用操作说明书。

以上电气设计各项内容，必须以有关国家标准为纲领。根据总体技术要求和控制电路的复杂程度不同，内容可增可减，某些图样和技术文件可适当合并或增删。

2.3.2　一般设计法的主要原则

一般设计法从满足生产工艺的要求出发，利用各种典型控制电路环节，直接设计出控制电路。这种设计方法比较简单，但要求设计人员必须熟悉大量的控制电路，掌握多种典型电路的设计资料，同时具有丰富的设计经验。该方法由于依靠经验进行设计，故灵活性很大。对于比较复杂的电路，可能要经过多次反复修改、试验，才能得到符合要求的控制电路。另外，设计的电路可能有多种，这就要加以分析，反复修改简化。即使这样，设计出来的电路可能不是最简单的，所用电器及触点不一定最少，设计方案也不一定是最佳方案。

设计电气控制电路时必须遵循以下几个原则：

（1）最大限度地实现生产机械和工艺对电气控制电路的要求；

（2）在满足生产要求的前提下，控制电路力求简单、经济、安全可靠，尽量选用标准的、常用的或经过实际考验过的电路和环节；

（3）电路图中的图形符号及文字符号一律按国家标准绘制。

2.3.3　一般设计法中应注意的问题

（1）尽量缩小连接导线的数量和长度。设计控制电路时，应合理安排各电气元件的实际接线。如图 2-22 所示，启动按钮 SB$_1$ 和停止按钮 SB$_2$ 装在操作台上，接触器 KM 装在电气柜内。图 2-22(a) 的接线不合理，若按照改图接线就需要由电气柜引出四根导线到操作台的按钮上。改为图 2-22(b) 的接线后，启动按钮和停止按钮直接连接，两个按钮之间的距离最小，所需连接导线最短，且只要从电气柜内引出三根导线到操作台上，减少了一根引出线。

（2）正确连接触点，并尽量减少不必要的触点以简化电路。在控制电路中，尽量将所有的触点接在线圈的左端或上端，线圈的右端或下端直接接到电源的另一根母线上（左右端和上下端是针对控制电路水平绘制或垂直绘制而言的），这样可以减少电路内产生虚假回路的可能性，还可以简化电气柜的出线。

（3）正确连接电器的线圈。交流电器的线圈不能串联使用，即使两个线圈额定电压之和等于外加电压，也不允许串联使用。图 2-23(a) 电路为错误的接法，因为每个线圈上所分配到的电压与线圈阻抗成正比，两个电器动作总是有先有后，不可能同时吸合。当其中一个接触器先动作后，该接触器的阻抗要比未吸合的接触器的阻抗大。因此，未吸合的接触器可能会因线圈电压达不到其额定电压而不吸合，同时电路电流将增加，引起线圈烧毁。因此，若需要两个电器同时动作，其线圈应该并联连接，如图 2-23(b) 所示。

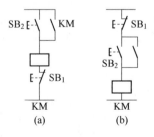

图 2-22　电器连接图
(a) 不合理；(b) 合理

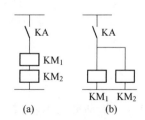

图 2-23　两个接触器线圈的接线图
(a) 错误；(b) 正确

另外，若控制电路中采用小容量继电器的触点来断开或接通大容量接触器的线圈，要注意计算继电器触点断开或接通容量是否足够，不够时必须加小容量的接触器或中间继电器，否则工作不可靠。

2.4　技能训练：三相异步电动机正反转控制电路装调

2.4.1　任务目的

（1）能分析交流电动机正反转控制电路的控制原理。
（2）能正确识读电路图、装配图。
（3）会按照工艺要求正确安装交流电动机正反转控制电路。
（4）能根据故障现象检修交流电动机正反转控制电路。

2.4.2　任务内容

有一台三相交流异步电动机（Y112M-4，4kW，额定电压380V，额定电流8.8A，△联结，1440r/min），现需要对它进行正反转控制，并进行安装与调试，原理图如图2-24所示。

2.4.3　训练准备

2.4.3.1　工具、仪表及器材

（1）工具：测电笔、螺钉旋具、尖嘴钳、斜口钳、剥线钳、电工刀、校验灯等。
（2）仪表：5050型绝缘电阻表、T301-A型钳形电流表、MF47型万用表。
（3）器材：接触器正反转控制电路板一块。导线规格：动力电路采用BV 1.5mm² 和BVR 1.5mm²（黑色）塑铜线；控制电路采用BVR 1mm²塑铜线（红色），接地线采用BVR（黄绿双色）塑铜线（截面积至少1.5mm²）。紧固体及编码套管等的数量按需要而定。

2.4.3.2　选择电气元器件

按照三相异步电动机型号，给电路中的开关、熔断器（熔体）、热继电器、接触器、按钮等选配型号。

选用热继电器要注意下列两点：
（1）由电动机的额定电流选热继电器的型号和电流等级；
（2）根据热继电器与电动机的安装条件和环境不同，将热元件电流做适当调整（放大1.15~1.5倍）。

2.4.4　训练步骤

2.4.4.1　绘制电气原理图

三相异步电动机正反转控制电路如图2-24所示。

2.4.4.2　绘制安装接线图

根据图2-24三相异步电动机正反转控制电路绘制安装接线图，注意线号在电气原理图和安装接线图中要一致。电气元器件布置图及接线图如图2-25和图2-26所示。

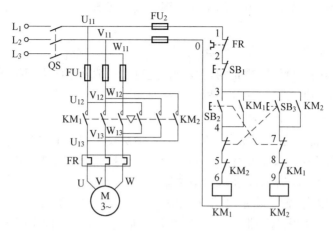

图 2-24 三相异步电动机正反转控制电路

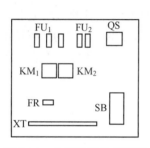

图 2-25 电气元器件布置图

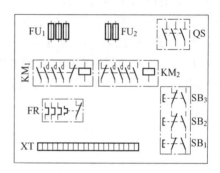

图 2-26 接线图

2.4.4.3 绘制电气元器件明细表

三相异步电动机正反转控制电路电气元器件明细表见表 2-2。

表 2-2 三相异步电动机正反转控制电路电气元器件明细表

序号	名称	型号与规格	数量	备注
M	三相异步电动机	Y112M-4、4kW、380V、△联结、8.8A、1440r/min	1	
QS	刀开关	HZ10-25/3、三极、25A	1	
FU_1	熔断器	RL1-60/25、500V、60A、配熔体25A	3	
FU_2	熔断器	RL1-15/2、500V、15A、配熔体2A	2	
KM_1、KM_2	交流接触器	CJ10-20、20A、线圈电压380V	2	
FR	热继电器	JR16-20/3、三极、20A、整定电流8.8A	1	
$SB_1 \sim SB_3$	按钮	LA10-3H、保护式、380V、5A、按钮数3	3	
XT	端子板	JX2-1015、380V、10A、15节	1	

2.4.4.4 检查、布置、固定电气元器件

安装接线前应对所使用的电气元器件逐个进行检查，先检查再使用，避免安装、接线

后发现问题再拆换，提高制作电路的工作效率。电气元器件检查完成后，在控制板上对其进行合理布置并固定。

2.4.4.5　依照安装接线图进行接线

接线时，必须按照接线图规定的走线方位进行。一般从电源端起按线号顺序接线，先接主电路，然后接辅助电路。接线过程中注意对照图样核对，防止接错。

2.4.4.6　检查电路和试车

试车前应做好准备工作，包括：清点工具；清除安装底板上的线头杂物；装好接触器的灭弧罩；检查各组熔断器的熔体；分断各开关，使按钮处于未操作前的状态；检查三相电源是否对称等。然后按下述的步骤通电试车。

（1）空操作试验：先切除主电路（一般可断开主电路熔断器），装好辅助电路熔断器，接通三相电源，使电路不带负荷（电动机）通电操作，以检查辅助电路工作是否正常；操作各按钮检查它们对接触器、继电器的控制作用，检查接触器的自锁、联锁等控制作用；还要观察各电器操作动作的灵活性，注意有无卡住或阻滞等不正常现象，细听电器动作时有无过大的振动噪声，检查有无线圈过热等现象。

（2）带负荷试车：控制电路经过数次空操作试验动作无误，即可切断电源，接通主电路，带负荷试车；电动机启动前应先做好停车准备，启动后要注意它的运行情况；如果发现电动机启动困难、发出噪声及线圈过热等异常现象，应立即停车，切断电源后进行检查。

试车运转正常后，可投入正常运行。

3 认识 S7-1200 PLC

德国西门子（SIEMENS）公司是欧洲最大的电子和电气设备制造商，20世纪90年代推出 S7 系列产品。在 S7 系列 PLC 中，分为 S7-200、S7-300、S7-400 等几类。随着技术的不断发展与进步，西门子提供了多种满足自动化控制需求的 PLC 产品，新一代的 SIMATIC PLC 产品系列丰富，包括基础系列（SIMATIC S7-1200 PLC）、高级系列（SIMATIC S7-1500 PLC）和软控制器系列等。

S7-1200 控制器使用灵活、功能强大，可用于控制各种各样的设备以满足用户的自动化需求。S7-1200 设计紧凑、组态灵活且具有功能强大的指令集，这些特点的组合使它成为控制各种应用的完美解决方案。CPU 将微处理器、集成电源、输入和输出电路、内置 PROFINET、高速运动控制 I/O 以及板载模拟量输入组合到一个设计紧凑的外壳中来形成功能强大的控制器。CPU 将包含监控应用中的设备所需的逻辑，CPU 根据用户程序逻辑监视输入并更改输出，用户程序可以包含布尔逻辑、计数、定时、复杂数学运算、运动控制以及与其他智能设备的通信。本章主要介绍 S7-200 PLC 的各项技术指标及应用知识。

学习目标
（1）掌握 PLC 的基本结构和工作原理；
（2）熟悉 S7-1200 系列 PLC 的各硬件功能。

3.1 PLC 概述

3.1.1 PLC 的产生及定义

在 PLC 问世之前，工业控制领域中继电器控制占主导地位。但继电器控制系统有着十分明显的缺点：体积大、耗电多、可靠性差、寿命短、运行速度慢、适应性差，尤其当生产工艺发生变化时，必须重新设计、重新安装，造成时间和资金的严重浪费。1968年，美国最大的汽车制造商通用汽车公司（GM）为了适应汽车型号不断更新的需求，使公司能在竞争激烈的汽车工业中占有优势，提出研制一种新型的工业控制装置来取代继电器控制装置，为此，GM 公司拟定了 10 项公开招标的技术要求：
（1）编程简单方便，可在现场修改程序；
（2）硬件维护方便，最好是插件式结构；
（3）可靠性高于继电器控制装置；
（4）体积小于继电器控制装置；
（5）可将数据直接送入管理计算机；
（6）成本上可与继电器控制装置竞争；

（7）输入可以为市电；

（8）输出为市电，输出电流在 2A 以上，能直接驱动电磁阀、接触器等；

（9）扩展时，原有系统只需做很小的改动；

（10）用户程序存储器容量至少可以扩展到 4KB。

1969 年，根据招标要求，美国数字设备公司（DEC）研制出世界上第一台 PLC，并在通用汽车公司自动装配线上试用成功，开创了工业控制新时期。从此，PLC 这一新的控制技术迅速发展起来，特别是在工业发达国家发展得很快。

PLC 诞生不久即显示了其在工业控制中的重要地位，日本、德国、法国等国家相继研制出各自的 PLC。PLC 技术随着计算机和微电子技术的发展而迅速发展，由最初的 1 位机发展为 8 位机，并随着微处理器 CPU 和微型计算机技术在 PLC 中的应用，形成了现代意义上的 PLC。目前，PLC 产品已使用 16 位、32 位高性能微处理器，而且实现了多处理器的多通道处理。通信技术使 PLC 产品的应用进一步发展，如今，PLC 技术已非常成熟。

目前，世界上有 200 多个厂家生产可编程控制器产品，比较著名的厂家有美国的 AB、通用（GE）、莫迪康（MODICON）；日本的三菱（MITSUBISHI）、欧姆龙（OMRON）、富士电机（FUJI）、松下电工；德国的西门子（SIEMENS）；法国的 TE、施耐德（SCHNEIDER）；韩国的三星（SAMSUNG）、LG 等。我国从 1974 年开始研制 PLC，1977 年应用于工业。

国际电工委员会（IEC）对可编程序控制器所下的定义是："可编程序控制器是一种数字运算操作的电子系统，是专为在工业环境下应用设计的。它采用可编程序的存储器，用来在内部存储执行逻辑运算、顺序控制、定时、计数和算术运算等操作的指令，并采用数字式、模拟式的输入和输出，控制各种类型的机械或生产过程。可编程序控制器及其有关设备，都应按易于与工业控制系统连成一个整体、易于扩充其功能的原则设计。"

由上述定义可见，PLC 是工业专用计算机，它不仅能执行逻辑控制、顺序控制、定时及计数控制，还具备算术运算、数据处理、通信等功能，具有处理分支、中断、自诊断能力，使 PLC 从开关量的逻辑控制扩展到数字控制及生产过程控制领域，真正成为一种电子计算机工业控制装置。因此，有人将 PLC、机器人和计算机辅助设计/制造（CAD/CAM）并称为工业生产自动化的三大支柱。

3.1.2 PLC 的特点与分类

3.1.2.1 PLC 的特点

PLC 技术之所以高速发展，除了工业自动化的客观需要外，主要是因为它具有许多独特的优点，较好地解决了工业领域中普遍关心的可靠、安全、灵活、方便、经济等问题。PLC 主要有以下特点。

（1）可靠性高，抗干扰能力强。可靠性高、抗干扰能力强是 PLC 最重要的特点之一。PLC 的平均无故障时间可达几十万小时，之所以有这么高的可靠性，是由于它采用了一系列的硬件和软件的抗干扰措施。

1）硬件方面：所有的 I/O 接口电路均采用光电隔离，有效地抑制了外部干扰源对 PLC 的影响；供电电源及线路采用多种形式的滤波，从而消除或抑制了高频干扰；CPU 等重要部件采用良好的导电、导磁材料进行屏蔽，以减少空间电磁干扰；有些模块设置了联锁保护、自诊断电路等。

2) 软件方面：PLC 采用扫描工作方式，减少了由于外界环境干扰引起的故障；PLC 系统程序中设有故障检测和自诊断程序，能对系统硬件电路等故障实现检测和判断；当由外界干扰引起故障时，能立即将当前重要信息加以封存，禁止任何不稳定的读/写操作，一旦外界环境正常后，便可恢复到故障发生前的状态，继续原来的工作。

对于大型 PLC 系统，还可以采用由双 CPU 构成冗余系统或由三 CPU 构成表决系统，使系统的可靠性进一步提高。

（2）控制系统结构简单、通用性强。为了适应各种工业控制的需要，除单元式的小型 PLC 以外，绝大多数 PLC 均采用模块化结构。PLC 的各个部件（包括 CPU、电源、I/O等均采用模块化设计），由机架及电缆将各模块连接起来，系统的规模和功能可根据用户的需要自行组合。用户在硬件设计方面，只是确定 PLC 的硬件配置和 I/O 通道的外部接线。在 PLC 构成的控制系统中，只需在 PLC 的端子上接入相应的输入、输出信号即可，不需要诸如继电器之类的物理电子器件和大量繁杂的硬件接线线路。PLC 的输入/输出可直接与交流 220V、直流 24V 等负载相连，并具有较强的带负载能力。

（3）丰富的 I/O 接口模块。PLC 针对不同的工业现场信号（如交流或直流、开关量或模拟量、电压或电流、脉冲或电位、强电或弱电等），都能选择到相应的 I/O 模块与之匹配。对于工业现场的元器件或设备（如按钮、行程开关、接近开关、传感器及变送器、电磁线圈、控制阀等），都能选择到相应的 I/O 模块与之相连接。

另外，为了提高操作性能，它还有多种人-机对话的接口模块；为了组成工业局部网络，它还有多种通信联网的接口模块等。

（4）编程简单、使用方便。目前，大多数 PLC 采用的编程语言是梯形图语言，它是一种面向生产、面向用户的编程语言。梯形图与电气控制电路图相似，形象、直观，很容易让广大工程技术人员掌握。当生产流程需要改变时，可以现场改变程序，使用方便、灵活。同时，PLC 编程软件的操作和使用也很简单，这也是 PLC 获得普及和推广的主要原因之一。许多 PLC 还针对具体问题，设计了各种专用编程指令及编程方法，进一步简化了编程。

（5）设计安装简单、维修方便。由于 PLC 用软件代替了传统电气控制系统的硬件，控制柜的设计、安装接线工作量大为减少。PLC 的用户程序大部分可在实验室进行模拟调试，缩短了应用设计和调试周期。在维修方面，PLC 的故障率极低，维修工作量很小；而且 PLC 具有很强的自诊断功能，如果出现故障，可根据 PLC 上指示或编程器上提供的故障信息，迅速查明原因，维修方便。

（6）体积小、质量小、能耗低。由于 PLC 采用了半导体集成电路，其结构紧凑、体积小、能耗低，而且设计结构紧凑，易于装入机械设备内部。对于复杂的控制系统，使用 PLC 后，可以减少大量的中间继电器和时间继电器，小型 PLC 的体积仅相当于几个继电器的大小，因此可将开关柜的体积缩小到原来的 1/10~1/2，因而是实现机电一体化的理想控制设备。

（7）功能完善、适应面广、性价比高。PLC 有丰富的指令系统、I/O 接口、通信接口和可靠的自身监控系统，不仅能完成逻辑运算、计数、定时和算术运算功能，配合特殊功能模块还可实现定位控制、过程控制和数字控制等功能。PLC 既可以控制一台单机、一条生产线，也可以控制多个机群、多条生产线；可以现场控制，也可以远距离控制。在大系统控制中，PLC 可以作为下位机与上位机或同级的 PLC 之间进行通信，完成数据处理和信息交换，实现对整个生产过程的信息控制和管理。与相同功能的继电器-接触器控制系统相比，具有很高的性价比。

总之，PLC 是专为工业环境应用而设计制造的控制器，具有丰富的输入、输出接口，并且具有较强的驱动能力。但 PLC 产品并不针对某一具体工业应用，在实际应用时，其硬件需根据实际需要进行选用配置，其软件需根据控制要求进行设计编程。

3.1.2.2 PLC 的分类

PLC 产品种类繁多，其规格和性能也各不相同。PLC 通常根据其结构形式的不同、功能的差异和 I/O 点数的多少等进行大致分类。

A 按结构形式分类

目前按 PLC 的硬件结构形式，可将 PLC 分为四种基本形式：整体式、模块式、叠装式以及分布式。

（1）整体式 PLC。整体式 PLC 是一种整体结构、I/O 点数固定的小型 PLC（也称微型 PLC），如图 3-1 所示。其处理器、存储器、电源、输入/输出接口、通信接口等都安装在基本单元上，I/O 点数不能改变，且无 I/O 扩展模块接口。它的主要特点是结构紧凑、体积小、安装简单，适用于 I/O 控制要求固定、点数较少（10 ~ 30 点）的机电一体化设备或仪器的控制，特别是在产品批量较大时，可以降低生产成本，提高性价比。

图 3-1 整体式 PLC

作为功能的扩展，此类 PLC 一般可以安装少量的通信接口、显示单元、模拟量输入等微型功能选件，以增加必要的功能。整体式 PLC 品种、规格较少，比较常用的有德国西门子公司的 LOGO 8、日本三菱公司的 FXLS-10/14/20/30 系列等。

（2）模块式 PLC。模块式 PLC 是将 PLC 各组成部分，分别做成若干个单独的模块，如 CPU 模块、I/O 模块、电源模块（有的含在 CPU 模块中）以及各种功能模块，如图 3-2 所示。模块式 PLC 由机架（或基板）和各种模块组成，模块装在机架（或基板）的插座上。这种 PLC 的特点是配置灵活，可根据需要选配不同规模的系统，而且装配方便，便于扩展和维修。大、中型 PLC 一般采用模块式结构。

B 按功能分类

根据 PLC 所具有的功能不同，可将 PLC 分为低挡、中挡和高挡三类。

（1）低挡 PLC。低挡 PLC 具有逻辑运算、定时、计数、移位以及自诊断、监控等基本功能，还可有少量模拟量输入/输出、算术运算、数据传送和比较、通信等功能，主要用于逻辑控制、顺序控制或少量模拟量控制的单机控制系统。

（2）中挡 PLC。除具有低挡 PLC 的功能外，中挡 PLC 还具有较强的模拟量输入/输出、算术运算、数据传送和比较、数制转换、远程 I/O、子程序、通信联网等功能，有些还可增设中断控制、PID 控制等功能，适用于复杂控制系统。

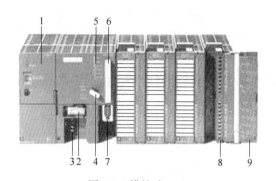

图 3-2　模块式 PLC

1—电源模块；2—电池；3—电源连接端；4—工作模式选择开关；5—状态指示灯；
6—存储器卡；7—接口；8—连接器；9—盖板

（3）高挡 PLC：除具有中挡 PLC 的功能外，高挡 PLC 还增加了带符号算术运算、矩阵运算、位逻辑运算、二次方根运算及其他特殊功能函数的运算、制表及表格传送功能等。高挡 PLC 具有更强的通信联网功能，可用于大规模过程控制或构成分布式网络控制系统，实现工厂自动化。

C　按 I/O 点数分类

根据 PLC 的 I/O 点数的多少，可将 PLC 分为小型、中型和大型三类。

（1）小型 PLC。I/O 点数在 256 点以下的为小型 PLC，内存容量为 1~3.6KB。其中，I/O 点数小于 64 点的为超小型或微型 PLC，内存容量为 256~1000B。小型或超小型 PLC 常用于小型设备的开关量控制。

（2）中型 PLC。I/O 点数在 256~2048 点之间的为中型 PLC，内存容量为 3.6~3KB，增加了数据处理能力，适用于小规模的综合控制系统。

（3）大型 PLC。I/O 点数在 2048 点以上的为大型 PLC，内存容量为 13KB 以上。其中，I/O 点数超过 8192 点的为超大型 PLC，多用于大规模的过程控制、集散式控制和工厂自动化控制。

在实际中，一般 PLC 功能的强弱与其 I/O 点数的多少是相互关联的，即 PLC 的功能越强，其可配置的 I/O 点数越多。因此，通常所说的小型、中型、大型 PLC，除指其 I/O 点数不同外，同时也表示其对应功能为低挡、中挡、高挡。

D　按生产厂家分类

PLC 的生产厂家有很多，遍布国内外，其点数、容量和功能各有差异，自成系列，其中影响力较大的厂家及产品如下：

（1）德国西门子（SIEMENS）公司的 S7 系列 PLC；

（2）美国 Rockwell Allen-Bradley（AB）自动化公司的 Micro800 系列、MicroLogix 系列和 CompactLogix 系列 PLC；

（3）日本三菱（MITSUBISHI）公司的 F、F1、F2、FX2 系列 PLC；

（4）美国通用电气（GE）公司的 GE 系列 PLC；

（5）日本欧姆龙（OMRON）公司的 C 系列 PLC；

（6）日本松下（Panasonic）电工公司的 FP1 系列 PLC；

（7）日本日立（Hitachi Limited）公司的箱体式的 E 系列和模块式的 EM 系列 PLC；

（8）法国施耐德（SCHNEIDER）公司的 TM218、TWD、TM2、BMX、M340/258/238 系列 PLC；

（9）其他 PLC 主要有我国台湾地区的台达、永宏、丰炜，以及北京和利时、无锡信捷、上海正航、南大傲拓 PLC 等。

3.2　PLC 的组成及工作原理

可编程序控制器是建立在计算机基础上的工业控制装置，它的构成和工作原理与计算机系统基本相同，但其接口电路和编程语言更适合工业控制的要求。

3.2.1　PLC 的基本结构

可编程序控制器内部电路的基本结构与普通微机是类似的，特别是与单片机结构极其相似。可编程序控制器实施控制的基本原理是按一定算法实现输入、输出变换，并加以物理实现。这种输入、输出变换就是信息处理。当今工业控制中信息处理最常用的方式是采用微处理技术，PLC 也是利用微处理技术并将其应用于工业生产现场，较普通微机而言，PLC 的特长是物理实现，既要考虑数据、信息处理能力和通信功能，又要考虑实际控制能力及其实现问题。因此，PLC 在硬件设计时更注重 I/O 接口技术和抗干扰等问题的解决。其基本结构如图 3-3 所示。

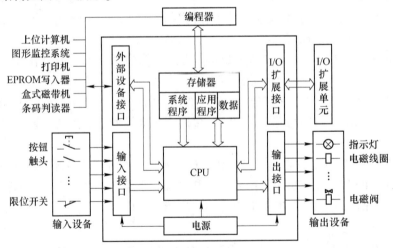

图 3-3　PLC 的基本结构

由图 3-3 可以看出，PLC 采用了典型的计算机结构，主要包括中央处理单元（CPU）、存储器（RAM 和 ROM）、输入/输出接口电路、编程器、电源、I/O 扩展接口、外部设备接口等，其内部采用总线结构进行数据和指令的传输。PLC 系统由PLC、输入设备、输出设备组成。外部的各种开关信号、模拟信号以及传感器检测的各种信号均作为 PLC 的输入变量，它们经 PLC 外部输入端子输入到内部寄存器中，经 PLC 内部逻辑运算或其他各种运算处理后送到输出端子，作为 PLC 的输出变量对外围设备进行各种控制。

3.2.2 PLC 的工作原理

PLC 被认为是一个用于工业控制的数字运算操作装置。利用 PLC 制作控制系统时，控制任务所要求的控制逻辑是通过用户编制的控制程序来描述的，执行时 PLC 根据输入设备状态，结合控制程序描述的逻辑，运算得到向外部执行元件发出的控制指令，以此来实现控制。

3.2.2.1 循环扫描工作方式

PLC 以 CPU 为核心，故具有微机的许多特点，但它的工作方式却与微机有很大不同。微机一般采用等待命令的工作方式，而 PLC 则采用循环扫描的工作方式。

在 PLC 中用户程序按先后顺序存放，CPU 从第一条指令开始，按指令步序号做周期性的循环扫描，如果无跳转指令，则从第一条指令开始逐条顺序执行用户程序，直至遇到结束符后又返回第一条指令，周而复始不断循环，因此称为循环扫描工作方式。一个完整的工作过程主要分为三个阶段［见图 3-4(a)］。

（1）输入采样阶段。CPU 扫描所有的输入端子，读取其状态并写入输入映像寄存器。完成输入端子采样后，关闭输入端子，转入程序执行阶段。在程序执行期间无论输入端子状态如何变化，输入映像寄存器的内容不会改变，直到下一个扫描周期。

（2）程序执行阶段。在程序执行阶段，根据用户输入的程序，从第一条开始逐条执行，并将相应的逻辑运算结果存入对应的内部辅助寄存器和输出映像寄存器。当最后一条控制程序执行完毕后，即转入输出刷新阶段。

（3）输出刷新阶段。在所有指令执行完毕后，将输出映像寄存器中的内容依次送到输出锁存电路，通过一定方式输出，驱动外部负载，形成 PLC 的实际输出。

输入采样、程序执行和输出刷新是 PLC 循环执行的过程，完成一次上述过程所需的时间称为 PLC 的扫描周期，如图 3-4(b)所示。

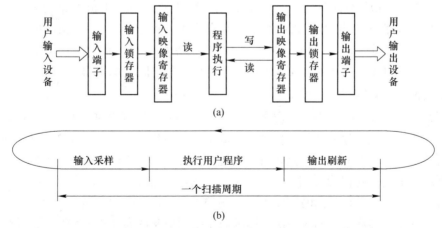

图 3-4 PLC 的循环扫描工作过程
(a) 工作过程；(b) 扫描周期

扫描周期的长短主要取决于以下三个因素：一是 CPU 执行指令的速度；二是执行每条指令占用的时间；三是程序中指令条数的多少。

3.2.2.2　PLC 的工作过程

图 3-5 举例给出了 PLC 的工作过程示意图，以下进行简要的说明。

分析 PLC 工作原理时，常用到继电器的概念，但在 PLC 内部没有传统的实体继电器，仅是一个逻辑概念，因此被称为"软继电器"。这些"软继电器"实质上是由程序的软件功能实现的存储器，它有"1"和"0"两种状态，对应于实体继电器线圈的"ON"（接通）和"OFF"（断开）状态。在编程时，"软继电器"可向 PLC 提供无数常开（动合）触点和常闭（动断）触点。

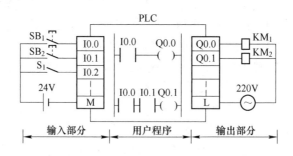

图 3-5　PLC 的工作过程示意图

PLC 进入工作状态后，首先通过其输入端子，将外部输入设备的状态收集并存入对应的输入继电器，如图中的 I0.0 就是对应于按钮 SB$_1$ 的输入继电器，当按钮被按下时，I0.0 被写入"1"，当按钮被松开时，I0.0 被写入"0"，并由此时写入的值来决定程序中 I0.0 触点的状态。

输入信号采集后，CPU 会结合输入的状态，根据语句排序逐步进行逻辑运算，产生确定的输出信息，再将其送到输出部分，从而控制执行元件动作。

以图 3-5 中所给的程序为例，若 SB$_1$ 按下，SB$_2$ 未被压动，则 I0.0 被写入"1"，I0.1 被写入"0"，则程序中出现的 I0.0 的常开触点合上，而 I0.1 的常开触点仍然是断开状态。由此在进行程序运算时，输出继电器 Q0.0 运算得"1"，而 Q0.1 运算得"0"。最终，外部执行元件中，接触器线圈 KM 得电，而接触器线圈 KM$_2$ 不得电。

3.2.2.3　输入/输出滞后

由于每一个扫描周期只进行一次 I/O 刷新，即每一个扫描周期 PLC 只对输入、输出映像寄存器更新一次，故使系统存在输入、输出滞后现象。这在一定程度上降低了系统的响应速度，但对于一般的开关量控制系统来说是允许的，这不但不会造成不利影响，反而可以增强系统的抗干扰能力，因为输入采样只在输入刷新阶段进行，PLC 在一个工作周期的大部分时间是与外设隔离的。而工业现场的干扰常常是脉冲式的、短时的，由于系统响应慢，要几个扫描周期才响应一次，因瞬时干扰而引起的误动作就会减少，从而提高了它的抗干扰能力。但是对一些快速响应系统则不利，就要求精心编制程序，必要时采用一些特殊功能，以减少因扫描周期造成的响应滞后。

总之，PLC 采用的循环扫描工作方式是区别于微机和其他控制设备的最大特点，使用者对此应给予足够的重视。

3.3 S7-1200 PLC 硬件组成

3.3.1 S7-1200 PLC 概述

西门子提供了满足多种自动化控制需求的 PLC 产品，新一代的 SIMATIC PLC 产品系列丰富，包括基础系列（SIMATIC S7-1200 PLC）、高级系列（SIMATIC S7-1500PLC）和软控制器系列等，其体系如图 3-6 所示。

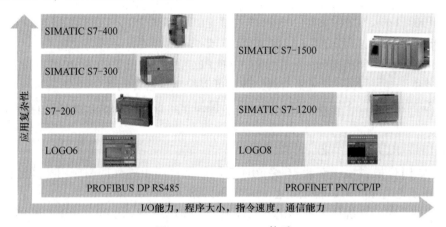

图 3-6　SIMATIC PLC 体系

S7-1200 PLC 是一款紧凑型、模块化的可编程序控制器，它集成的 PROFINET 接口具有功能强大和扩展灵活等特点，为各种控制工艺任务提供了丰富的通信协议和有效的解决方案，能满足各种完全不同的自动化应用需求。

S7-1200 PLC 除了具有传统的逻辑控制功能，还具有通信、高速计数、运动控制、PID 控制、追踪、程序仿真和 Web 服务器功能。

3.3.1.1　通信功能

（1）集成的 PROFINET 接口的通信功能。S7-1200 PLC 集成的自动交叉网线功能的 PROFINET 接口支持 100 Mbit/s 的数据传输速率，具有程序下载、HMI（人机界面）通信和 PLC 通信等功能，支持 Modbus TCP/IP 协议、开放式以太网协议和 S7 协议等。

S7-1200 PLC 集成的 PROFINET 接口通信连接资源说明如下：

1）三个连接用于 HMI 与 PLC 的通信；

2）一个连接用于编程设备（PG）与 PLC 的通信；

3）八个连接用于 OpenIE（TCP，ISO-on-TCP）的编程通信；

4）三个连接用于 S7 协议的服务器端的通信；

5）八个连接用于 S7 协议的客户端的通信。

（2）支持的扩展通信方式。S7-1200 PLC 通过增加通信模块或者通信板，可以实现 PROFIBUS、USS、Modbus RTU、IO-Link、AS-i 和 CANopen 等通信。

3.3.1.2　高速计数功能

S7-1200 PLC 提供了最多 6 路的高速计数器，高速计数器独立于 PLC 的扫描周期进行计数。CPU 1217C 可以测量的最高脉冲频率为 1 MHz，其他型号的 CPU 可以测量的最高单相脉冲频率为 100 kHz、A/B 相脉冲频率为 80 kHz。使用信号板可以测量的最高单相脉冲频率为 200 kHz、A/B 相脉冲频率为 160 kHz。

S7-1200 PLC 从硬件版本 V4.2 起新增了高速计数器的门功能、同步功能、捕获功能和比较功能等。

3.3.1.3 运动控制功能

根据连接驱动的方法的不同，S7-1200 PLC 集成的运动控制功能分为以下三种控制方式。

（1）PROFIdrive 方式。S7-1200 PLC 通过 PROFIBUS/PROFINET 网络与驱动器连接，利用 PROFIdrive 报文与驱动器进行数据交换，最多可以控制八台驱动器。

（2）PTO（脉冲串输出）方式。S7-1200 PLC 通过发送 PTO 的方式（脉冲+方向、A/B 相正交和正/反脉冲）控制驱动器，最多可以控制四台驱动器。

（3）模拟量方式。S7-1200 PLC 通过输出模拟量来控制驱动器，最多可以控制八台驱动器。

3.3.1.4 PID 控制功能

S7-1200 PLC 最多可以支持 16 路 PID 控制回路，用于过程控制应用。通过博途软件提供的 PID 工艺对象，可以轻松组态 PID 控制回路。

PID 调试控制面板提供了图形化的趋势视图，通过应用 PID 的自动调整功能，可以自动计算比例时间、积分时间和微分时间的最佳调整值。

3.3.1.5 追踪功能

S7-1200 PLC 支持追踪功能，可用于追踪和记录变量，也可以在博途软件里以图形化的方式显示追踪记录，并对其分析，以查找和解决故障。

3.3.1.6 程序仿真功能

S7-1200 PLC 通过使用 PLCSIM 软件进行程序仿真，以便于测试 PLC 程序的逻辑与部分通信功能。

3.3.2 S7-1200 PLC 硬件介绍

PLC 控制系统包括 CPU 模块、输入模块、输出模块和通信模块等。CPU 模块采集输入模块输入的信号进行处理，并将处理结果通过输出模块输出，同时，通过通信模块将数据上传到 HMI 或者其他软件系统，实现对数据显示、报警和数据记录的管理。S7-1200 PLC 的硬件组成如图 3-7 所示。

3.3.2.1 CPU 模块

A 概述

S7-1200 的 CPU 模块将微处理器、电源、数字量输入/输出（I/O）电路、模拟量输入/输出（I/O）电路、存储区和 PROFINET 接口集成在一个设计紧凑的外壳中。S7-1200 的 CPU 模块如图 3-8 所示。

S7-1200 有五种不同的 CPU 模块，分别为 CPU 1211C、CPU 1212C、CPU 1214C、CPU 1215C 和 CPU 1217C。通过在任何 CPU 模块的前面板加装一块信号板或通信板，可

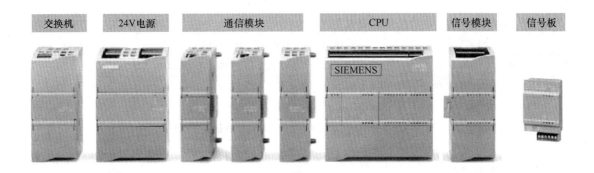

图 3-7 S7-1200 PLC 的硬件组成

以扩展数字量 I/O 信号、模拟量 I/O 信号和通信接口，同时不影响控制器的实际尺寸。在 CPU 模块的左侧可扩展 3 个通信模块，以实现通信功能的扩展。在 CPU 模块的右侧可扩展信号模块，因此可进一步扩展数字量 I/O 信号或模拟量 I/O 信号。

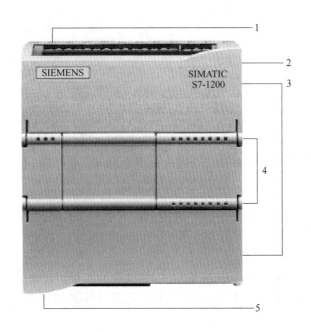

图 3-8 S7-1200 的 CPU 模块
1—电源接口；2—存储卡插槽；3—可拆卸用户接线连接器；
4—板载 IO 的状态 LED；5—PROFINET 连接器

CPU 1211C 不能扩展信号模块，CPU 1212C 可扩展两个信号模块，CPU 1214C、CPU 1215C 和 CPU 1217C 可扩展八个信号模块。

B 技术规范

目前，西门子提供了五种型号的 CPU，其技术规范见表 3-1。

表 3-1   S7-1200 CPU 技术规范

CPU 种类	CPU 1211C	CPU 1212C	CPU 1214C	CPU 1215C	CPU 1217C
3 CPUs	DC/DC/DC、AC/DC/RLY、DC/DC/RLY				DC/DC/DC
工作内存（集成）/KB	50	75	100	125	150
装载内存（集成）/KB	1		4		
保持内存（集成）/KB	10				
存储卡	SIMATIC 存储卡（可选）				
集成数字量 I/O 信号/路	6/4	8/6	14/10		
集成模拟量 I/O 信号/路	2 输入		2/2		
过程映像区 I/O	1024B/1024B				
信号板扩展	最多 1 个				
信号模块扩展	无	最多 2 个	最多 8 个		
最大本地数字量 I/O 信号/路	14	82	284		
最大本地模拟量 I/O 信号/路	3	19	67	69	
高速计数器/路	3	4	6		
高速脉冲输出	最多 4 路				
输入脉冲捕捉/路	6	8	14		
循环中断	总共 4 个（1 ms 精度）				
沿中断	6 上升沿，6 下降沿	8 上升沿，8 下降沿	12 上升沿，12 下降沿		
实时时钟精度	±60s/月				
实时时钟的保存时间	典型值为 20 天，最小值为 12 天（在 40℃ 下靠超级电容保持）				

C　接线图

以 CPU 1214C DC/DC/DC 的接线图为例来介绍接线图，其电源电压、输入回路电压和输出回路电压均为 24VDC，如图 3-9 所示。

3.3.2.2　信号模块

信号模块（SM，Signal Model）安装在 CPU 模块的右侧。使用信号模块，可以增加数字量 I/O 信号和模拟量 I/O 信号的点数，从而实现对外部信号的采集和对外部对象的控制。

A　数字量信号模块

a　概述

数字量信号模块分为数字量输入模块和数字量输出模块。数字量输入模块用于采集各种控制信号，如按钮、开关、时间继电器、过电流继电器，以及其他传感器等信号。数字量输出模块用于输出数字量控制信号，如接触器、继电器及电磁阀等器件的工作信号。

b　技术规范

不同的数字量信号模块有不同的技术规范。其中，SM1221 DI 8 数字量输入模块技术规范见表 3-2，SM1222 DQ 8 数字量输出模块技术规范见表 3-3。

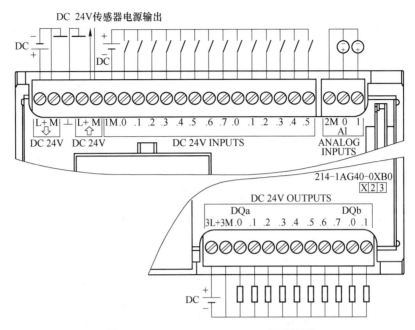

图 3-9 CPU 1214C DC/DC/DC 的接线图

表 3-2 SM1221 DI 8 数字量输入模块技术规范

型 号	SM1221 DC DI 8×24V
订货号	6ES7 221-1BF32-0XB0
输入点数	8
类型	漏型/源型（IEC1 类漏型）
额定电压	当电流为 4mA 时为 DC 24V
允许的连续电压	DC 30V（最大值）
浪涌电压	DC 35V（持续 0.5s）
逻辑 1 信号（最小）	当电流为 2.5mA 时为 DC 15V
逻辑 0 信号（最大）	当电流为 1mA 时为 DC 5V
隔离（现场侧与逻辑侧）	DC 707V（型式测试）
隔离组	2
同时接通的输入数	8
尺寸 $W \times H \times D$	45mm×100mm×75mm

表 3-3 SM1222 DQ 8 数字量输出模块技术规范

型 号	SM1222 DQ 8	
订货号	6ES7 222-1BF32-0XB0	6ES7 222-1HF32-0XB0
输出点数	8	
类型	晶体管	继电器，干触点
电压范围	DC 20.4~28.8V	DC 5~30V 或 AC 5~250V

最大电流时的逻辑 1 信号	20V 最小	—
具有 10kΩ 负载时的逻辑 0 信号	0.1V 最大	—
电流（最大）	0.5A	2.0A
灯负载	5W	DC 30W/AC 200W
通态触点电阻	最大值为 0.60Ω	新设备最大值为 0.2Ω
每点的漏电流	10μA	—
浪涌电流	8A（最长持续时间为 100ms）	触点闭合时为 7A
隔离（现场侧与逻辑侧）	AC 1500V（线圈与触点），无（线圈与逻辑侧）	DC 707V
开关延迟	从断开到接通最长延迟为 50μs，从接通到断开最长延迟为 200μs	最长延迟为 10ms
尺寸 W×H×D	45mm×100mm×75mm	

B　模拟量信号模块

a　概述

模拟量信号模块分为模拟量输入模块和模拟量输出模块。模拟量输入模块用于采集各种控制信号，如压力、温度等变送器的标准信号。模拟量输出模块用于输出模拟量控制信号，如变频器、电动阀和温度调节器等器件的工作信号。

b　技术规范

不同的模拟量信号模块有不同的技术规范。其中，SM1231 AI 4 模拟量输入模块技术规范见表 3-4，SM1232 AQ 4 模拟量输出模块技术规范见表 3-5。

表 3-4　SM1231 AI 4 模拟量输入模块技术规范

型　号	SM1231 AI 4
订货号	6ES7 231-4HD32-0XB0
输入点数	4
类型	电流或电压：2 个一组
电流功耗（SM）	80mA
范围	−10~10V、−5~5V、−2.5~2.5V、0~20mA、4~20mA
满量程范围	电压：−27 648~27 648；电流：0~27 648
分辨率	12 位±符号位
最大耐压/耐流	±35V/±40mA
平滑化	无、弱、中或强
噪声抑制/Hz	400、60、50 或 10
输入阻抗	≥9MΩ（电压）/280Ω（电流）
精度（25/−20~60℃）	满量程的±0.1%/±0.2%
共模抑制比	40dB
尺寸 W×H×D	45mm×100mm×75mm

表 3-5　SM1232 AQ 4 模拟量输出模块技术规范

型　号		SM1232 AQ 4
订货号		6ES7 232-4HD32-0XB0
输出点数		4
类型		电压或电流
电流功耗（SM）		80mA
范围		−10~10V，0~20mA 或 4~20mA
满量程范围		电压：−27 648~27 648；电流：0~27 648
分辨率	电压	14 位
	电流	13 位
精度（25/−20~60℃）		满量程的±0.3%/±0.6%
稳定时间（新值的 95%）		电压：300μs（R），760μs（1μF）； 电流：600μs（1mH），2ms（10mH）
负载阻抗		电压：≥1000Ω；电流：≤600Ω
最大输出短路电流		电压：≤24mA；电流：≥38.5mA
尺寸 *W×H×D*		45mm×100mm×75mm

3.3.2.3　信号板

信号板（SB，Signal Board）直接安装在 CPU 模块的正面插槽中，不会增加安装的空间。使用信号板可以增加 PLC 的数字量 I/O 信号和模拟量 I/O 信号的点数。每个 CPU 模块只能安装一块信号板，信号板型号见表 3-6。

表 3-6　信号板型号

型　号	具　体　内　容
SB 1221	4 DI，DC 5V，最高 200kHz HSC（High Speed Counter，高速计数器）
	4DI，DC 24V，最高 200kHz HSC
SB 1222	4DQ，DC 5V，0.1A，最高 200kHz PWM/PTO
	4DQ，DC 24V，0.1A，最高 200kHz PWM/PTO
SB 1223	2DI，DC 5V，最高 200kHz HSC；2DQ，DC 5V，0.1A，最高 200kHz PWM/PTO
	2DI，DC 24V，最高 200kHz HSC；2DQ，DC 24V，0.1A，最高 200kHz PWM/PTO
	2DI，DC 24V；2DQ，DC 24V，0.1A
SB 1231 AI	1 AI，DC±10V（12bit）或者 0~20mA
SB 1231 RTD	1 AI，RTD、PT 100 或 PT 1000（热敏电阻）
SB 1231 TC	1 AI，J 或 K 型（热电偶）
SB 1231 AQ	1 AQ，DC±10V（12bit）或 0~20mA（11bit）

70

信号板有可拆卸的端子，可以很容易地更换。信号板的安装如图 3-10 所示。

图 3-10　信号板的安装

3.3.2.4　通信模块

通信模块（CM，Communication Model）安装在 CPU 模块的左侧，S7-1200 PLC 最多可以安装三个通信模块。用户可以使用点对点（Point-to-Point）通信模块、PROFI BUS 通信模块、工业远程通信 GPRS 模块、AS-i 接口模块和 IO-Link 模块等，通过博途软件提供的相关通信指令，实现与外部设备的数据交互。S7-1200 PLC 通信模块的通信网络如图 3-11 所示。

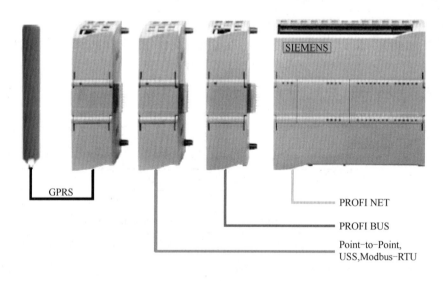

图 3-11　S7-1200 PLC 通信模块的通信网络

3.3.2.5　通信板

S7-1200 PLC 的通信板直接安装在 CPU 模块的正面插槽中，只有 CB1241 RS485 一种型号，支持 Modbus RTU 和点对点等通信连接。通信板外观如图 3-12 所示。

3.3.2.6　附件

A　存储卡

S7-1200 PLC 的 SIMATIC 存储卡是一种由西门子预先格式化的 SD 存储卡，用于 PLC 的用户程序存储、程序传送和固件更新等，该存储卡兼容 Windows 操作系统。存储卡的安装如图 3-13 所示。

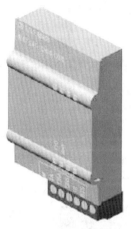

图 3-12　通信板外观

图 3-13　存储卡的安装

存储卡可以设置为程序卡、传送卡和固件更新卡三种类型。如果需要设置存储卡的类型，则需要将存储卡插入编程计算机的读卡器中，然后在博途软件界面的项目树中选择"读卡器/USB 存储器"（Card reader/USB memory）文件夹，在所选存储卡的属性中设置存储卡的类型。

如果丢失了用户程序的密码，则可使用空的传送卡删除 CPU 模块中受密码保护的程序，然后将新的用户程序下载到 CPU 模块中。

B　电池板

电池板用于在 PLC 断电后长期保存实时时钟。只有将电池板安装在 S7-1200 PLC 的 CPU 模块的正面插槽中，并在设备组态中添加电池板，电池板才能正常使用。电池板中不包括标准钮扣电池 CR1025，需要单独采购。电池板外观如图 3-14 所示。

C　模块扩展电缆

S7-1200 PLC 提供了一根长度为 2m 的模块扩展电缆，用于连接安装在扩展机架上的 I/O 模块。一个 S7-1200PLC 最多使用一根扩展电缆。扩展电缆外观如图 3-15 所示。

D　电源模块

PM1207 电源模块是专门为 S7-1200 PLC 设计的，它为 S7-1200 PLC 提供稳定电源：输入 120/230V AC，输出 24V DC/2.5A。PM1207 电源模块外观如图 3-16 所示。

E　紧凑型交换机模块

CSM 1277 紧凑型交换机模块是一款应用于 S7-1200 PLC 的工业以太网交换机，它采用模块化设计，结构紧凑，具有四个 RJ45 接口，能够增加 S7-1200 PLC 以太网接口，以便与 HMI、编程设备和其他控制器等进行通信。CSM 1277 紧凑型交换机模块不需要进行组态配置，相比于使用外部网络组件，节省了装配成本和安装空间。CSM 1277 紧凑型交换机模块外观如图 3-17 所示。

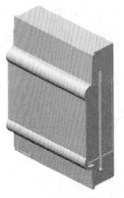

图 3-14　电池板外观

图 3-15　扩展电缆外观

图 3-16　PM1207 电源模块外观

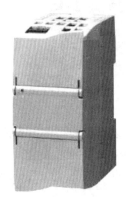

图 3-17　CSM 1277 紧凑型交换机模块外观

3.4　技能训练：撰写 PLC 市场调查报告

3.4.1　任务目的

(1) 了解市场中的主流 PLC。
(2) 了解国产 PLC 的优势和不足。
(3) 了解各品牌 PLC 常用的编程软件。

3.4.2　任务内容

市场调查报告内容主要包括：
(1) PLC 市场发展现状分析；
(2) PLC 应用状况分析；
(3) 国际主流 PLC 主要性能和应用；
(4) 国产 PLC 的主要产品及其特点；
(5) 列举各品牌 PLC 常用的编程软件。

4 博途 STEP 7 软件安装及操作方法

博途软件是全集成自动化博途（Totally Integrated Automation Portal）的简称，是业内首个采用集工程组态、软件编程和项目环境配置于一体的全集成自动化软件，几乎涵盖了所有自动化控制编程任务。借助该全新的工程技术软件平台，用户能够快速、直观地开发和调试自动化控制系统。

博途软件与传统自动化软件相比，无须花费大量时间集成各个软件包，它采用全新的、统一的软件框架，可在同一开发环境中组态西门子所有的 PLC、HMI 和驱动装置，实现统一的数据和通信管理，可大大降低连接和组态成本。本章主要介绍博途 STEP 7 软件的安装与基本操作。

学习目标
（1）了解博途软件的基本组成；
（2）熟悉 STEP 7 的安装及基本界面操作。

4.1 博途软件的组成

博途软件主要包括 STEP 7、WinCC 和 StartDrive 三个软件，当前最高的博途软件版本为 V15.1。博途软件各产品所具有的功能和覆盖的产品范围如图 4-1 所示。

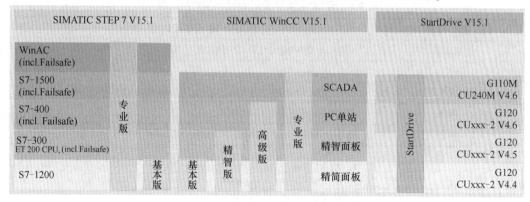

图 4-1 博途软件各产品所具有的功能和覆盖的产品范围

4.1.1 博途 STEP 7 的介绍

博途 STEP 7 是用于组态 SIMATIC S7-1200 PLC、S7-1500 PLC、S7-300/400 PLC 和 WinAC（软件控制器）系列的工程组态软件。

博途 STEP 7 有基本版和专业版两种版本：

（1）博途 STEP 7 基本版，用于组态 S7-1200 PLC；

（2）博途 STEP 7 专业版，用于组态 S7-1200 PLC、S7-1500 PLC、S7-300/400 PLC 和 WinAC。

4.1.2　博途 Win CC 的介绍

博途 WinCC 是组态 SIMATIC 面板、WinCC Runtime 和 SCADA 系统的可视化软件，它还可以组态 SIMATIC 工业 PC（个人计算机）和标准 PC。

博途 WinCC 有以下四种版本：

（1）博途 WinCC 基本版：用于组态精简面板，博途 WinCC 基本版已经被包含在每款博途 STEP 7 基本版和专业版产品中；

（2）博途 WinCC 精智版：用于组态所有面板，包括精简面板、精智面板和移动面板；

（3）博途 WinCC 高级版：用于组态所有面板，运行 WinCC Runtime 高级版的 PC；

（4）博途 WinCC 专业版：用于组态所有面板，运行 WinCC Runtime 高级版和专业版的 PC。

4.2　博途 STEP 7 软件的安装

本节所使用的软件版本为博途专业版 V15.1。

4.2.1　计算机硬件和操作系统的配置要求

安装博途 STEP 7 对计算机硬件和操作系统有一定的要求，其建议使用的硬件和软件配置见表 4-1。

表 4-1　STEP 7 建议使用的硬件和软件配置

硬件/软件	建 议 配 置
处理器	Intel Core i5-6440EQ（最高主频为 3.4GHz）
内存	8GB 或更高
硬盘	SSD，至少 50GB 的可用空间
网络	100 Mbit/s 或更高
屏幕	15.6″全高清显示屏（1920ppix 1080ppi 或更高）
操作系统	Windows 7（64 位）： 1. MS Windows 7 Professional SP1； 2. MS Windows 7 Enterprise SPI； 3. MS Windows 7 Ultimate SP1 Windows 10（64 位）： 1. Windows 10 Professional Version 1703； 2. Windows 10 Enterprise Version 1703； 3. Windows 10 Enterprise 2016 LTSB； 4. Windows 10 IoT Enterprise 2015 LTSB； 5. Windows 10 IoT Enterprise 2016 LTSB Windows Server（64 位）： 1. Windows Server 2012 R2 StDE（完全安装）； 2. Windows Server 2016 Standard（完全安装）

4.2.2 博途 STEP 7 的安装步骤

本节所用的计算机的操作系统是 Windows 10 专业版。安装博途软件之前，建议关闭杀毒软件。

第一步：启动安装软件。将安装介质插入计算机的光驱中，安装程序将自动启动。如果安装程序没有自动启动，则可通过双击"Start.exe"文件手动启动。

第二步：选择安装语言。首先在"安装语言"界面选择"安装语言：中文"单选按钮，如图 4-2 所示，然后单击"下一步"按钮。

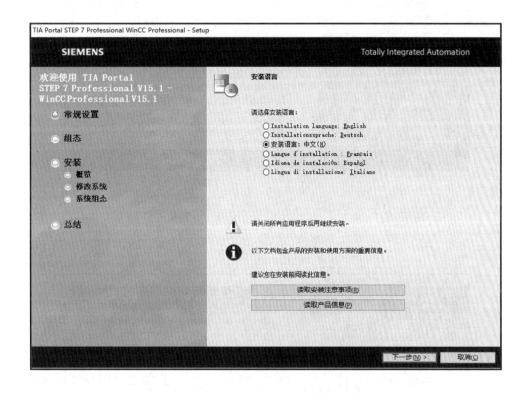

图 4-2　"安装语言"界面

第三步：选择程序界面语言。在"产品语言"界面中选择"中文"复选框，如图 4-3 所示。

第四步：选择要安装的产品。单击图 4-3 中的"下一步"按钮，进入如图 4-4 所示的界面，在该界面选择安装的产品配置（可以选择的配置有"最小""典型""用户自定义"），以及安装路径。本节选择"典型"配置安装。

第五步：接受所有许可证条款。单击图 4-4 中的"下一步"按钮，进入如图 4-5 所示界面，接受所有许可证条款。

第六步：安装信息概览。单击图 4-5 中的"下一步"按钮，进入"概览"界面，如图 4-6 所示。

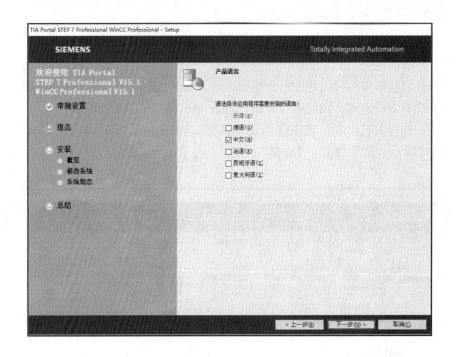

图 4-3　"产品语言"界面

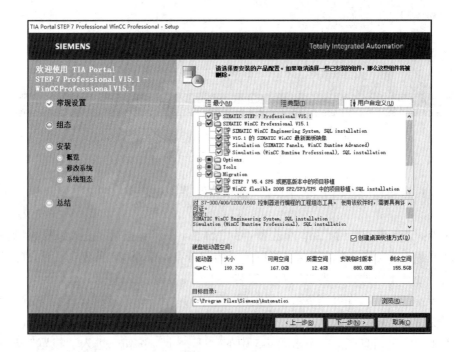

图 4-4　选择安装的产品配置

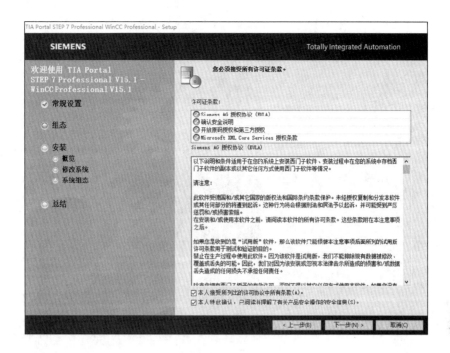

图4-5　许可证条款

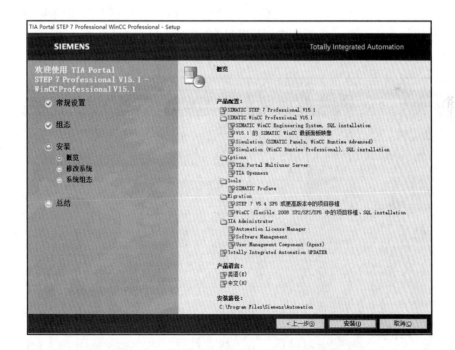

图4-6　"概览"界面

第七步：开始安装。单击图4-6中的"安装"按钮，进入如图4-7所示界面，然后单击"安装"按钮，开始安装。

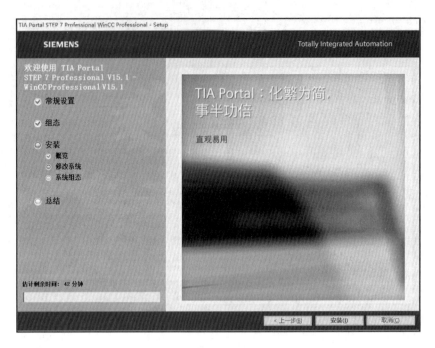

图 4-7　单击"安装"按钮

　　第八步：许可证传送。当安装完成后，会进入"许可证传送"界面（见图 4-8），在该界面中对软件进行许可证密钥授权。如果没有软件许可证，则单击"跳过许可证传送"按钮。

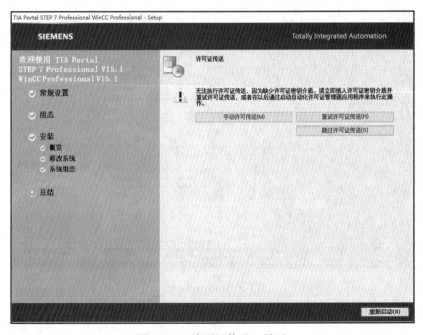

图 4-8　"许可证传送"界面

第九步：安装成功。在跳过许可证传送后，将出现如图 4-9 的界面，单击"重新启动"按钮即可。

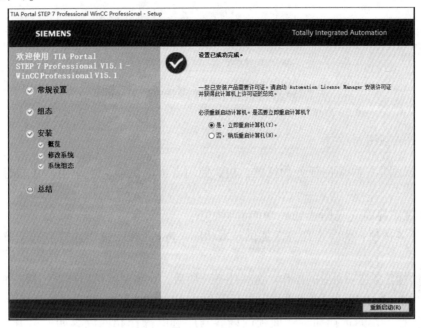

图 4-9 单击"重新启动"按钮

第十步：启动软件。如果没有软件许可证，那么在首次使用博途 STEP 7 软件添加新设备时，将会出现如图 4-10 所示的对话框，此时选中列表框中的"SETP 7 Professional"选项，然后单击"激活"按钮。激活试用许可证后，可获得 21 天试用期。

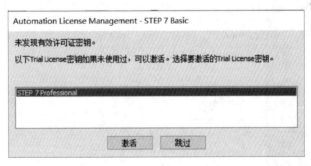

图 4-10 激活试用许可证密钥

也可以用 Automation License Manager 软件传递授权，该软件界面如图 4-11 所示，授权后软件可正常使用。

4.3 博途 STEP 7 软件的操作界面介绍

博途软件提供了两种优化的视图，即 Portal 视图和项目视图。Portal 视图是面向任务的视图，项目视图是项目各组件、相关工作区和编辑器的视图。

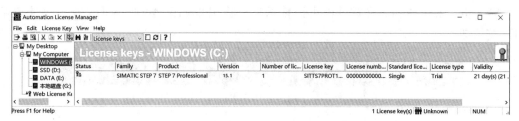

图 4-11　Automation License Manager 软件界面

4.3.1　Portal 视图

Portal 视图是一种面向任务的视图，初次使用者可以快速上手使用，并进行具体的任务选择。

Portal 视图界面（见图 4-12）功能说明如下。

（1）任务选项：为各个任务区提供基本功能，Portal 视图提供的任务选项取决于所安装的产品。

（2）所选任务选项对应的操作：选择任务选项后，在该区域可以选择相对应的操作。例如，选择"启动"选项后，可以进行"打开现有项目""创建新项目""移植项目"等操作。

（3）所选操作的选择面板：面板的内容与所选的操作相匹配，如"打开现有项目"面板显示的是最近使用的任务，可以从中打开任意一项任务。

（4）"项目视图"链接：可以使用"项目视图"链接切换到项目视图。

（5）当前打开项目的路径：可查看当前打开项目的路径。

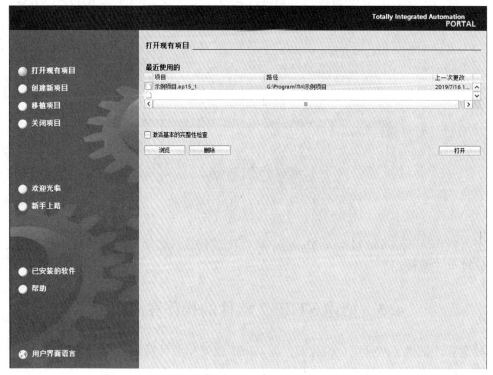

图 4-12　Portal 视图界面

4.3.2 项目视图

项目视图（见图4-13）是有项目组件的结构化视图，使用者可以在项目视图中直接访问所有编辑器、参数及数据，并进行高效的组态和编程。

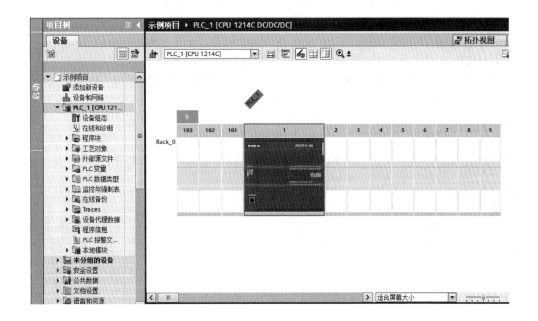

图 4-13　项目视图

项目视图界面功能说明如下。

（1）标题栏：显示当前打开项目的名称。

（2）菜单栏：软件使用的所有命令。

（3）工具栏：包括常用命令或工具的快捷按钮，如新建、打开项目、保存项目和编译等。

（4）项目树：通过项目树可以访问所有设备和项目数据，也可以在项目树中执行任务，如添加新组件、编辑已存在的组件、打开编辑器和处理项目数据等。

（5）详细视图：用于显示项目树中已选择的内容。

（6）工作区：在工作区中可以打开不同的编辑器，并对项目数据进行处理。

（7）巡视窗格：用来显示工作区中已选择对象或执行操作的附加信息。"属性"选项卡用于显示已选择的属性，并可对属性进行设置；"信息"选项卡用于显示已选择的附加信息及操作过程中的报警信息等；"诊断"选项卡提供了系统诊断事件和已配置的报警事件。

（8）"Portal 视图"链接：单击左下角的"Portal 视图"链接，可以从当前视图切换到 Portal 视图。

（9）编辑器栏：显示所有打开的编辑器，帮助用户更快速和高效地工作。要在打开的编辑器之间进行切换，只需单击不同的编辑器即可。

（10）任务卡：根据已编辑或已选择的对象，在编辑器中可以得到一些任务卡并允许执行一些附加操作。例如，从库中或硬件目录中选择对象，将对象拖拽到预定的工作区。

（11）状态栏：显示当前运行过程的进度。

4.4　技能训练：博途软件的操作方法应用实例

4.4.1　任务目的

通过实例，完成包括新建项目、组态 CPU、PLC 变量表使用、程序编写等一系列操作，已熟悉博途软件的操作方法。

4.4.2　任务内容

使用博途编程软件，按照电动机"启-保-停"控制程序设计与调用。

4.4.3　训练准备

工具、仪表及器材：

（1）S7-1200 PLC（CPU1214C DC/DC/DC）一台，订货号为 6ES7 214-1AG40-0XB0；

（2）编程计算机一台，已安装博途专业版 V15.1 软件。

4.4.4　训练步骤

4.4.4.1　通过 Portal 视图创建一个项目

步骤一：单击"启动"──→"创建新项目"，如图 4-14 所示。

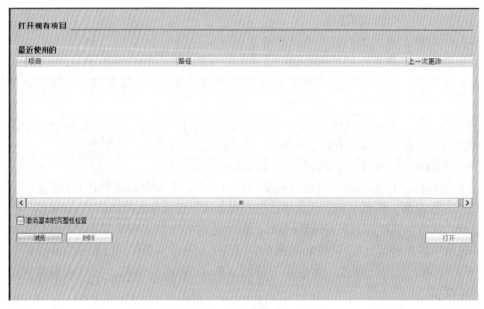

图 4-14　"创建新项目"界面

步骤二：录入项目名称"RW7"，单击"创建"，如图4-15所示。

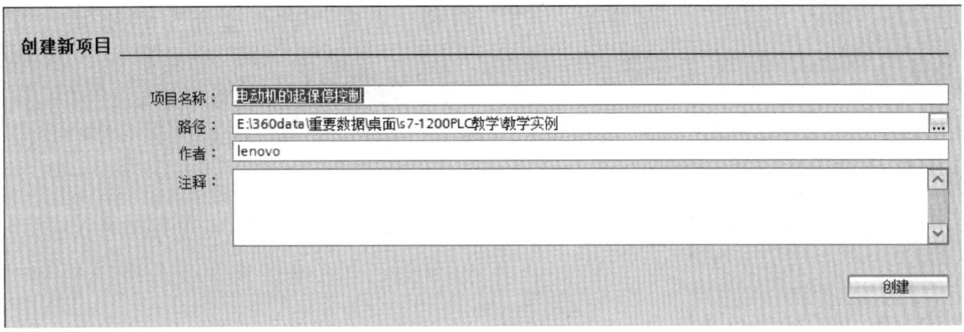

图 4-15　录入项目名称

4.4.4.2　组态硬件设备

在图4-16中单击"设备和网络"，开始对S7-1200 PLC的硬件进行组态，选择"添加新设备"项，显示"添加新设备"界面，单击"控制器"按钮组态PLC硬件，PLC ——→ SIMAT ——→IC S7-1200 ——→CPU 1214C，版本V4.2，选择对应订货号的CPU，在目录树的右侧将显示选中设备的产品介绍及性能，如果勾选了"打开设备视图"项，单击"添加"按钮，则进入"设备视图"界面。

图 4-16　硬件组态

4.4.4.3 PLC 编程

单击左下角的"项目视图"，切换到"项目视图"。

单击项目树中"PLC_1"左侧的"▶"符号，单击"PLC 变量"左侧的"▶"符号，双击"添加新变量表"，如图 4-17 所示。双击"变量表_1"，创建如图 4-18 所示的变量表。

图 4-17 项目树

PLC 变量		
	名称	数据类型
1	start	Bool
2	stop	Bool
3	motor	Bool

图 4-18 变量表

单击项目树中"PLC_1"左侧的"▶"符号，单击"程序块"左侧的"▶"符号，双击"Main［OB1］"，如图 4-19 所示。录入如图 4-20 所示的程序。

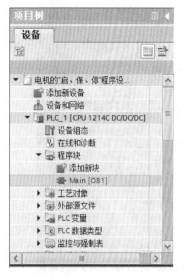

图 4-19 项目树

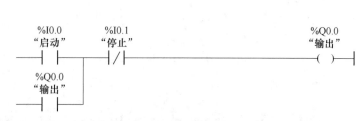

图 4-20 程序

4.4.4.4 应用经验总结

（1）在安装不同版本的博途软件产品时，需要使用相同版本的服务包和更新版本进行安装。

（2）解决软件反复需要重启计算机的问题，需要删除计算机系统注册表中的"HKEY_LOCAL_MACHINE \ System \ CurrentControlSet \ Control \ Session Manager \"的值"PengdingFileRenameOprations"。

5 S7-1200 PLC 编程基础知识

PLC 内部与计算机内部具有类似性，都是通过对数据的处理实现功能，只有对数据知识有一定的掌握，才能对 PLC 内部有比较详尽的认识。数据知识主要包括数制知识、数据类型知识、数据存储区知识、指令系统及其应用知识，在 PLC 系统工作时，在 PLC 内部所有程序的运行都是数据通过数据交互实现的。所以在学习 S7-1200 PLC 编程时，也需要对数据知识相关知识有一定的掌握才能进行 PLC 的数据调用和数据设置。

学习目标
(1) 了解西门子 S7-1200 PLC 的硬件工作原理和程序结构；
(2) 了解西门子 S7-1200 PLC 的存储器；
(3) 了解西门子 S7-1200 PLC 的数据类型和地址格式。

5.1 S7-1200 PLC 工作原理

5.1.1 过程映像区的概念

当用户程序访问 PLC 的输入（I）信号和输出（Q）信号时，通常不是直接读取输入/输出模块信号的，而是通过位于 PLC 中的一个存储区域对输入/输出模块进行访问的这个存储区域就是过程映像区。过程映像区分为过程映像输入区和过程映像输出区。

对于需要在每个扫描周期进行更新的 I/O，CPU 将在每个扫描周期期间执行以下任务。

(1) CPU 将过程映像输出区中的输出值写入到物理输出。

(2) CPU 仅在用户程序执行前读取物理输入，并将输入值存储在过程映像输入区。这样一来，这些值便将在整个用户指令执行过程中保持一致。

(3) CPU 执行用户指令逻辑，并更新过程映像输出区中的输出值，而不是写入实际的物理输出。

这一过程通过在给定周期内执行用户指令而提供一致的逻辑，并防止物理输出点可能在过程映像输出区中多次改变状态而出现抖动。为控制在每个扫描周期或在事件触发时是否自动更新 I/O 点，S7-1200 提供了五个过程映像分区。第一个过程映像分区 PIP0 指定用于每个扫描周期都自动更新的 I/O，此为默认分配。其余四个分区 PIP1、PIP2、PIP3 和 PIP4 可用于将 I/O 过程映像更新分配给不同的中断事件。

采用过程映像区处理输入/输出信号的好处是：在一个 PLC 扫描周期中，过程映像区可以向用户程序提供一个始终一致的过程信号。在一个扫描周期中，如果输入模块的信号状态发生变化，那么过程映像区中的信号状态在当前扫描周期将保持不变，直到下一 PLC

扫描周期过程映像区才更新，这样就保证了 PLC 在执行用户程序的过程中，过程映像区数据的一致性。

S7-1200 PLC 的数字量模块和模拟量模块的过程映像区的访问方式相同，输入都是以关键字符"%I"开头（%表示绝对地址寻址）的，如%I0.5、%IW20；输出都是以关键字符"%Q"开头的，如%Q0.5、%QW20。

5.1.2 S7-1200 PLC 的工作模式

5.1.2.1 工作模式

S7-1200 PLC 有 STOP（停止）模式、STARTUP（启动）模式和 RUN（运行）模式三种工作模式。CPU 的状态 LED 指示当前工作模式。

在 STOP 模式下，CPU 处理所有通信请求（如果有的话）并执行自诊断，但不执行用户程序，过程映像也不会自动更新。只有在 CPU 处于 STOP 模式时，才能下载项目。

在 STARTUP 模式下，执行一次启动组织块（如果存在的话）。在 RUN 模式的启动阶段，不处理任何中断事件。

在 RUN 模式下，重复执行扫描周期，即重复执行程序循环组织块 OB。中断事件可能会在程序循环阶段的任何点发生并进行处理。处于 RUN 模式下时，无法下载任何项目。

CPU 支持通过暖启动进入 RUN 模式。在暖启动时，所有非保持性系统及用户数据都将被复位为来自装载存储器的初始值，保留保持性用户数据。

可以使用编程软件在项目视图项目树中 CPU 下的"设备配置"属性对话框的"启动"项内指定 CPU 的上电模式及重启动方法等，如图 5-1 所示。通电后，CPU 将执行一系列上电诊断检查和系统初始化操作，然后进入适当的上电模式。检测到的某些错误将阻止 CPU 进入 RUN 模式。

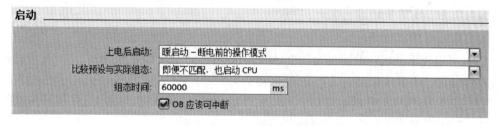

图 5-1 设置 CPU 启动模式

CPU 支持以下启动模式：

（1）不重新启动模式：CPU 保持在停止模式；

（2）暖启动-RUN 模式：CPU 暖启动后进入运行模式；

（3）暖启动-断电前的工作模式：CPU 暖启动后进入断电前的模式。

S7-1200 PLC 的运行任务示意图如图 5-2 所示。

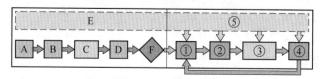

图 5-2 S7-1200 PLC 运行任务示意图

启动过程中，CPU 依次执行以下步骤：A 清除输入映像存储器，B 使用上一个值或替换值对输出执行初始化，C 执行启动 OB，D 将物理输入的状态复制到输入映像存储器，F 启用将输出映像存储器的值写入到物理输出，同时 E 将所有中断事件存储到要在 RUN 模式下处理的队列中。

运行时，依次执行以下步骤：

(1) 将输出映像存储器写入物理输出；

(2) 将物理输入的状态复制到输入映像存储器；

(3) 执行程序循环 OB；

(4) 执行自检诊断。

注意：运行时在扫描周期的任何阶段都可以处理中断和通信。

5.1.2.2　程序扫描模式

PLC 在 RUN 模式下，将按照以下机制循环工作：

(1) 将输入模块的信号读到过程映像输入区；

(2) 执行用户程序，进行逻辑运算，并更新过程映像输出区中的输出值；

(3) 将过程映像输出区中的输出值写入输出模块。

上述三个步骤是 S7-1200 PLC 的软件处理过程，即程序扫描周期。只要 PLC 处于运行状态，上述步骤就会周而复始地执行。

在程序扫描期间，若有中断请求发生，那么 PLC 将调用中断 OB 块。

5.1.3　S7-1200 PLC 存储器

PLC 的操作系统使 PLC 具有基本的智能，能够完成 PLC 设计者规定的各种工作。用户程序由用户设计，它使 PLC 能完成用户要求的特定功能。

5.1.3.1　物理存储器

A　随机存取存储器

CPU 可以读出随机存取存储器（RAM）中的数据，也可以将数据写入 RAM。它是易失性的存储器，电源中断后，存储的信息将会丢失。RAM 的工作速度高，价格便宜，改写方便。在关断 PLC 的外部电源后，可以用锂电池保存 RAM 中的用户程序和某些数据。

B　只读存储器

只读存储器（ROM）的内容只能读出，不能写入。它是非易失的，电源消失后，仍能保存存储的内容，ROM 一般用来存放 PLC 的操作系统。

C　快闪存储器和可电擦除可编程只读存储器

快闪存储器（Flash EPROM）简称 FEPROM，可电擦除可编程的只读存储器简称 EE-PROM。它们是非易失性的，可以用编程装置对它们编程，兼有 ROM 的非易失性和 RAM 的随机存取优点，但是将数据写入它们所需的时间比 RAM 长得多。它们用来存放用户程序和断电时需要保存的重要数据。

5.1.3.2　装载存储器与工作存储器

A　装载存储器

装载存储器用于非易失性地存储用户程序、数据和组态。项目被下载到 CPU 后，首先存储在装载存储器中。每个 CPU 都具有内部装载存储器，该内部装载存储器的大小取决于所使用的 CPU。该内部装载存储器可以用外部存储卡来替代。如果未插入存储卡，CPU 将使用内部装载存储器；如果插入了存储卡，CPU 将使用该存储卡作为装载存储器。但是，可使用的外部装载存储器的大小不能超过内部装载存储器的大小，即使插入的存储卡有更多空闲空间。该非易失性存储区能够在断电后继续保持。

B 工作存储器

工作存储器是集成在 CPU 中的高速存取的 RAM，是易失性存储器。为了提高运行速度，CPU 将用户程序中的代码块和数据块保存在工作存储器。CPU 会将一些项目内容从装载存储器复制到工作存储器中。该易失性存储区将在断电后丢失，而在恢复供电时由 CPU 恢复。

5.1.3.3 系统存储器

系统存储器是 CPU 为用户程序提供的存储器组件，被划分为若干个地址区域。使用指令可以在相应的地址区内对数据直接进行寻址。系统存储器用于存放用户程序的操作数据，例如过程映像输入/输出、位存储器、数据块、局部数据、I/O 输入输出区域和诊断缓冲区等。

S7-1200 PLC 的 CPU 的系统存储器分为表 5-1 所示的地址区。在用户程序中使用相应的指令可以在相应的地址区直接对数据进行寻址。

表 5-1 系统存储器的地址区

地址区	说　明
输入过程映像 I	输入映像区的每一位对应一个数字量输入点，在每个扫描周期的开始阶段，CPU 对输入点进行采样，并将采样值存于输入映像寄存器中。CPU 在本周期接下来的各阶段不再改变输入过程快相寄存器中的值，直到下一个扫描周期的输入处理阶段进行更新
输出过程映像 Q	输出映像区的每一位对应一个数字量输出点，在扫描周期最开始，CPU 将输出映像寄存器的数据传送给输出模块，再由后者驱动外部负载
位存储区 M	用来保存控制继电器的中间操作状态或其他控制信息
数据块 DB	在程序执行的过程中存放中间结果，或用来保存与工序或任务有关的其他数据。可以对其进行定义以便所有程序块都可以访问它们（全局数据块），也可将其分配给特定的 FB 或 SFB（背景数据块）
局部数据 L	可以作为暂时存储器或给予程序传递参数，局部变量只在本单元有效
I/O 输入区域	I/O 输入区域允许自接访问集中式和分布式输入模块
I/O 输出区域	I/O 输出区域允许直接访问集中式和分布式输出模块

表 5-1 中，通过外设 I/O 存储区域，可以不经过过程映像输入和过程映像输出直接访问输入模块和输出模块。注意不能以位（bit）为单位访问外设 I/O 存储区，只能以字节、字和双字为单位访问。临时存储器即局域数据（L 堆栈），用来存储程序块被调用时的临时数据。访问局域数据比访问数据块中的数据更快。用户生成块时，可以声明临时变量（TEMP），它们只在执行该块时有效，执行完后就被覆盖了。

另外，还可以组态保持性存储器，用于非易失性地存储限量的工作存储器值。保持性存储区用于在断电时存储所选用户存储单元的值。发生掉电时，CPU 留出了足够的缓冲时间来保存几个有限的指定单元的值，这些保持性值随后在上电时进行恢复。

S7-1200 PLC 存储器的保持性见表 5-2。

表 5-2　S7-1200 PLC 存储器的保持性

存储器	说　明	强制	保持性
I 过程映像输入	在扫描周期开始时从物理输入复制	否	否
I_:P 物理输入	立即读取 CPU, SB 和 SM 上的物理输入点	是	否
I 过程映像输出	在扫描周期开始时复制到物理输出	无	否
I_:P 物理输出	立即写入 CPU, SB 和 SM 的物理输出点	是	否
M 位存储器	控制和数据存储器	否	是
L 临时存储器	存储块的临时数据,这些数据仅在该块的本地范围内有效	否	否
DB 数据库	数据存储器,同时也是 FB 的参数存储器	否	是

5.2　S7-1200 PLC 程序结构

　　S7 编程采用块的概念,即将程序分解为独立的、自成体系的各个部件,块类似于子程序的功能,但类型更多,功能更强大。在工业控制中,程序往往是非常庞大和复杂的,采用块的概念便于大规模程序的设计和理解,还可以设计标准化的块程序进行重复调用,使程序结构清晰明了、修改方便、调试简单。采用块结构显著地增加了 PLC 程序的组织透明性、可理解性和易维护性。

　　S7 程序提供了多种不同类型的块,添加新块弹出对话框如图 5-3 所示;S7 程序有四种不同类型的块,见表 5-3。

图 5-3　添加新块对话框

表 5-3 用户程序中的块

块	简 要 描 述
组织块（OB）	操作系统与用户程序的接口，决定用户程序的结构
函数块（FB）	用户编写的包含经常使用的功能的子程序，有专用的背景数据块
函数（FC）	用户编写的包含经常使用的功能的子程序，没有专用的背景数据块
背景数据块（DB）	用于保存 FB 的输入、输出参数和静态变量，其数据在编译时自动生成
全局数据块（DB）	存储用户数据的数据区域，供所有的代码块共享

5.2.1 组织块

组织块（OB）为程序提供结构，它们充当操作系统和用户程序之间的接口。OB 是由事件驱动的，事件（如诊断中断或时间间隔）会使 CPU 执行 OB。某些 OB 预定义了起始事件和行为。

程序循环 OB 包含用户主程序，用户程序中可包含多个程序循环 OB。RUN 模式期间，程序循环 OB 以最低优先级等级执行，可被其他事件类型中断。启动 OB 不会中断程序循环 OB，因为 CPU 在进入 RUN 模式之前将先执行启动 OB。

完成程序循环 OB 的处理后，CPU 会立即重新执行程序循环 OB。该循环处理是用于可编程逻辑控制器的"正常"处理类型。对于许多应用来说，整个用户程序位于一个程序循环 OB 中。

可创建其他 OB 以执行特定的功能，如用于处理中断和错误或用于以特定的时间间隔执行特定程序代码。这些 OB 会中断程序循环 OB 的执行。

5.2.2 函数

函数（FC）是通常用于对一组输入值执行特定运算的代码块。FC 将此运算结果存储在存储器位置。例如，可使用 FC 执行标准运算和可重复使用的运算（例如数学计算）或者执行工艺功能（如使用位逻辑运算执行独立的控制）。FC 也可以在程序中的不同位置多次调用。此重复使用简化了对经常重复发生的任务的编程。

FC 不具有相关的背景数据块（DB）。对于用于计算该运算的临时数据，FC 采用了局部数据堆栈，不保存临时数据。要长期存储数据，可将输出值赋给全局存储器位置，如 M 存储器或全局 DB。

5.2.3 函数块

函数块（FB）是使用背景数据块保存其参数和静态数据的代码块。FB 具有位于数据块（DB）或背景 DB 中的变量存储器。背景 DB 提供与 FB 的实例（或调用）关联的一块存储区并在 FB 完成后存储数据，可将不同的背景 DB 与 FB 的不同调用进行关联。通过背景 DB 可使用一个通用 FB 控制多个设备。通过使一个代码块对 FB 和背景 DB 进行调用，来构建程序。然后，CPU 执行该 FB 中的程序代码，并将块参数和静态局部数据存储在背景 DB 中。FB 执行完成后，CPU 会返回到调用该 FB 的代码块中。背景 DB 保留该 FB 实例的值，随后在同一扫描周期或其他扫描周期中调用该功能块时可使用这些值。

5.2.3.1 可使用的代码块和关联的存储区

用户通常使用 FB 控制在一个扫描周期内未完成其运行的任务或设备的运行。要存储运行参数以便从一个扫描快速访问到下一个扫描，用户程序中的每一个 FB 都具有一个或多个背景 DB。调用 FB 时，也需要指定包含块参数以及用于该调用或 FB "实例" 的静态局部数据的背景 DB。FB 完成执行后，背景 DB 将保留这些值。

通过设计用于通用控制任务的 FB，可对多个设备重复使用 FB，其方法是为 FB 的不同调用选择不同的背景 DB。FB 将 Input、Output 和 InOut 以及静态参数存储在背景数据块中。

5.2.3.2 背景数据块中分配起始值

背景数据块存储每个参数的默认值和起始值。起始值提供在执行 FB 时使用的值。然后可在用户程序执行期间修改起始值。

FB 接口还提供一个 "默认值"（default value）列，能够在编写程序代码时为参数分配新的起始值。然后将 FB 中的这个默认值传给关联背景数据块中的起始值。如果不在 FB 接口中为参数分配新的起始值，则将背景数据块中的默认值复制到起始值。

5.2.3.3 用带多个 DB 的单个 FB

图 5-4 显示了三次调用同一个 FB 的 OB，方法是针对每次调用使用一个不同的数据块。该结构使一个通用 FB 可以控制多个相似的设备（如电机），方法是在每次调用时为各设备分配不同的背景数据块。每个背景 DB 存储单个设备的数据（如速度、加速时间和总运行时间）。

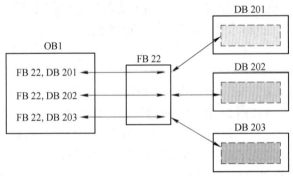

图 5-4   FB 块的调用

在此实例中，FB22 控制三个独立的设备、其中 DB 201 用于存储第一个设备的运行数据，DB 202 用于存储第二个设备的运行数据，DB 203 用于存储第三个设备的运行数据。

5.2.4 数据块（DB）

在用户程序中创建数据块（DB）以存储代码块的数据。用户程序中的所有程序块都可访问全局 DB 中的数据，而背景 DB 仅存储特定功能块（FB）的数据。

相关代码块执行完成后，DB 中存储的数据不会被删除，有两种类型的 DB。

全局 DB 存储程序中代码块的数据。任何 OB、FB 或 FC 都可访问全局 DB 中的数据。

背景 DB 存储特定 FB 的数据。背景 DB 中数据的结构反映了 FB 的参数（Input、Output 和 InOut）和静态数据（FB 的临时存储器不存储在背景 DB 中）。

5.3　S7-1200 PLC 数据类型

数据类型用于指定数据元素的大小，以及如何解释数据。在定义变量时，需要设置变量的数据类型，每个指令参数至少支持一种数据类型，有些参数支持多种数据类型。

S7-1200 CPU 分为基本数据类型、复杂数据类型、PLC 数据类型和指针数据类型等。

5.3.1　基本数据类型

基本数据类型见表5-4。

表 5-4　基本数据类型

数据 类型	长度 /位	数值范围	常数示例	地址示例
Bool	1	0 或 1	1	I1.0, Q0.1, M50.7, DB1.DBX2.3
Byte	8	2#0 到 2#1111_1111	2#1000_1001	IB2, MB 10, DB1.DBB4, Tag_name
Word	16	2#0 到 2#1111_1111_1111_1111	2#1101_0010_1001_0_110	MW10, DB1.DBW2, Tag_name
USInt	8	0 到 255	78, 2#01001110	MB0, DB1.DBB4, Tag_name
SInt	8	−128 到 127	+50, 16#50	MB0, DB1.DBB4, Tag_name
UInt	16	0 到 65 535	65295, 0	MW2, DB1.DBW2, Tag_name
Int	16	−32 768 到 32 767	−30 000, +30 000	MW2, DB1.DBW2, Tag_name
UDInt	32	0 到 4 294 967 295	4 042 322 160	MD6, DB1.DBD8, Tag_name
DInt	32	−2 147 483 648 到 2 147 483 647	−2 131 754 992	MD6, DB1.DBD8, Tag_name
Real	32	−3.402 823e+38 到 −1.175 495e−38, 0, +1.175 495e−38 到 +3.402 823e+38	123.456, −3.4, 1.0e−5	MD100, DB1.DBD8, Tag_name
LReal	64	−1.7 976 931 348 623 158e+308 到 −2.2 250 738 585 072 014e−308, 0 +2.2 250 738 585 072 014e−308 到 +1.7 976 931 348 623 158e+308	12 345.123 456 789e+40, 1.2e+40	DB_name, var_name

续表 5-4

数据类型	长度/位	数值范围	常数示例	地址示例
TIME	32	T#-24d_20h_31m_23s_648ms 到 T#-24d_20h_31m_23s_647ms	T#5m_30s T#1d_2h_15m_30s_45ms TIME#10d20h30m20s630ms	—
DATE	16	D#1990-1-1 到 D#2168-12-31	D#2009-12-31 DATE#2009-12-31 2009-12-31	—
Time_of_Day	32	TOD#0：0：0.0 到 TOD#23：59：59.999	TOD#10：20：30.400 TIME_OF_DAY #10：20：30.400	—
Char	8	16#00~16#FF	'A'，'@'，'a'，'Σ'	MB0, DB1.DBB4, Tag_name
WChar	16	16#0000~16#FFFF	'A'，'@'，'a'，'Σ'， 亚洲字符，西里尔字 符及其他字符	

5.3.1.1　整数的存储

在计算机系统中，所有数据都是以二进制数的形式存储的，整数一律用补码来表示和存储，并且正整数的补码为原码，负整数的补码为绝对值的反码加 1。USInt、UInt、UDInt 为无符号整型数；SInt、Int、DInt 为有符号整型数，其最高位为符号位，符号位为"0"表示正整数，符号位为"1"表示负整数。

示例：计算短整型数（SInt）78 和−78 对应的二进制值存储值。

（1）正整数的存储。短整型数（SInt）78 将被转换成二进制数 0100 1110 进行存储，该二进制数即正整数 78 的补码（也是原码），其转换方式如图 5-5 所示。

$b7$	$b6$	$b5$	$b4$	$b3$	$b2$	$b1$	$b0$
0	1	0	0	1	1	1	0

$$78=0\times2^7+1\times2^6+0\times2^5+0\times2^4+1\times2^3+1\times2^2+1\times2^1+0\times2^0$$

图 5-5　短整型数（SInt）78 的转换方式

（2）负整数的存储。短整型数（SInt）−78 将被转换成二进制数 1011 0010 进行存储，其转换过程如图 5-6 所示、存储结果如图 5-7 所示。

```
|−78|=78的原码：0100  1110
        反码：1011  0001
        补码：1011  0010
```

图 5-6　短整型数（SInt）−78 的转换过程

b7	b6	b5	b4	b3	b2	b1	b0
1	0	1	1	0	0	1	0

图 5-7　短整型数（SInt）－78 的存储结果

5.3.1.2　浮点数的存储

在计算机系统中，浮点数分为 Real（32 位）和 LReal（64 位）两种，不一样的存储长度，其记录的数据值的精度也不一样。浮点数的最高位为符号位，符号位为“0”表示正实数，符号位为“1”表示负实数。

示例：浮点数的存储，计算浮点数（Real）23.5 对应的二进制值存储值。

对于 Real 型浮点数，其数据存储方式和计算公式如图 5-8 所示。

2^7 2^6 2^0 2^{-1} 2^{-2} 2^{-22} 2^{-23}
b31 b30 b29 b23 b22 b21 b1 b0
1位
8位
23位
符号 (s)
指数(E)
尾数(M)
$V=\frac{(-1)^s\cdot(1+M)\cdot 2^E}{2^{127}}$

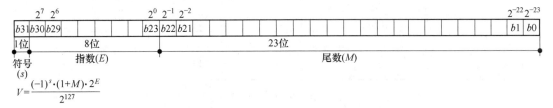

图 5-8　Real 型浮点数的储存方式和计算公式

浮点数（Real）23.5 转换成二进制数的计算过程如图 5-9 所示。

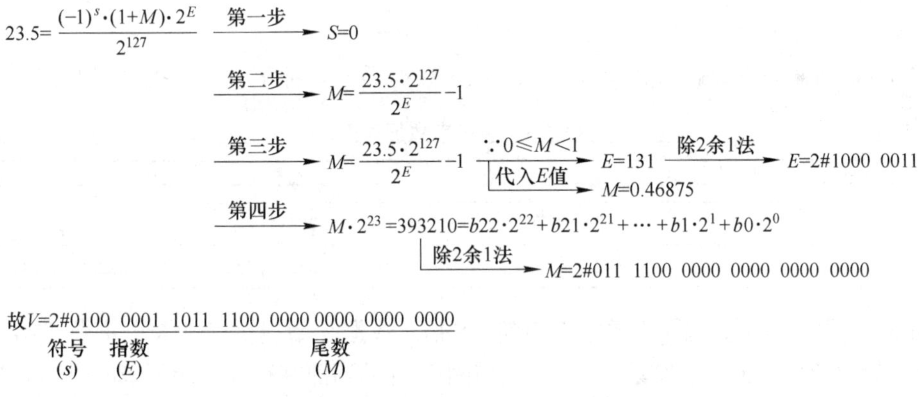

$23.5=\frac{(-1)^s\cdot(1+M)\cdot 2^E}{2^{127}}$
第一步
S=0
第二步
$M=\frac{23.5\cdot 2^{127}}{2^E}-1$
第三步
$M=\frac{23.5\cdot 2^{127}}{2^E}-1$
∵0≤M<1
代入E值
E=131
除2余1法
E=2#1000 0011
M=0.46875
第四步
$M\cdot 2^{23}=393210=b22\cdot 2^{22}+b21\cdot 2^{21}+\cdots+b1\cdot 2^1+b0\cdot 2^0$
除2余1法
M=2#011 1100 0000 0000 0000 0000
故V=2#0100 0001 1011 1100 0000 0000 0000 0000
符号 (s)
指数 (E)
尾数 (M)

图 5-9　浮点数（Real）23.5 转换成二进制数的计算过程

5.3.1.3　字符的存储

在计算机系统中，字符的存储采用的是 ASCII 编码方式。ASCII（American Standard Code for Information Interchange，美国信息互换标准代码）是基于拉丁字母的一套计算机编码系统。ASCII 主要用于显示现代英语和其他西欧语言。ASCII 是现今最通用的单字节编码系统，等同于国际标准 ISO/IEC 646，包含所有的大小写字母、数字（0~9）、标点符号等。7 位的 ASCII 表如图 5-10 所示。

示例：字符的存储，计算字符“A”对应的二进制值存储值。

通过 7 位的 ASCII 表可知，字符 "A" 对应的二进制数为 0100 0001。

L	H							
	0000	0001	0010	0011	0100	0101	0110	0111
0000	NUL	DLE	SP	0	@	P	'	p
0001	SOH	DC1	!	1	A	Q	a	q
0010	STX	DC2	"	2	B	R	b	r
0011	ETX	DC3	#	3	C	S	c	s
0100	EOT	DC4	$	4	D	T	d	t
0101	ENQ	NAK	%	5	E	U	e	u
0110	ACK	SYN	&	6	F	V	f	v
0111	BEL	ETB	,	7	G	W	g	w
1000	BS	CAN	)	8	H	X	h	x
1001	HT	EM	(	9	I	Y	i	y
1010	LF	SUB	*	:	J	Z	j	z
1011	VT	ESC	+	;	K	[	k	{
1100	FF	FS	,	<	L	\	l	|
1101	CR	GS	–	=	M	]	m	}
1110	SO	RS	.	>	N	^	n	~
1111	SI	US	/	?	O	_	o	DEL

图 5-10　7 位的 ASCII 表

5.3.2　复杂数据类型

复杂数据类型主要包括字符串、长日期时间、数组类型、结构类型。

5.3.2.1　字符串

S7-1200 PLC 有 String 数据类型和 WString 数据类型两种字符串数据类型见表 5-5。

表 5-5　字符串数据类型

数据类型	长度	范围	常量输入示例
String	(n+2) 字节	n=（0~254 字节）	'ABC'
WString	(n+2) 个字	n=（0~65534 个字）	'a123@ XYZ. COM'

String 数据类型可存储一串单字节字符。String 数据类型提供了 256 个字节，第一个字节用于存储字符串中最大字符数，第二个字节用于存储当前字符数，接下来的字节最多可存储 254 个字节的字符。String 数据类型中的每个字节都可以是从 16#00 到 16#FF 的任意值。

WString 数据类型可存储单字节/双字节较长的字符串。第一个字节用于存储字符串中最大字符数，第二个字节用于存储当前字符数，接下来的字节最多可存储 65534 个字节的字符。WString 数据类型中的每个字节都可以是 16#0000 到 16#FFFF 的任意值。

示例 1：String 数据类型和 WString 数据类型在博途软件中的定义方法示例。字符串可以在 DB 块、OB/FC/FB 块的接口区和 PLC 数据类型中定义，String 数据类型和 WString 数据类型在 DB 块中的定义方法如图 5-11 所示。

示例 2：字符串的传送方法示例。

用 MOVE 指令和 S_MOVE 指令介绍字符串的传送方法，如图 5-12 所示。

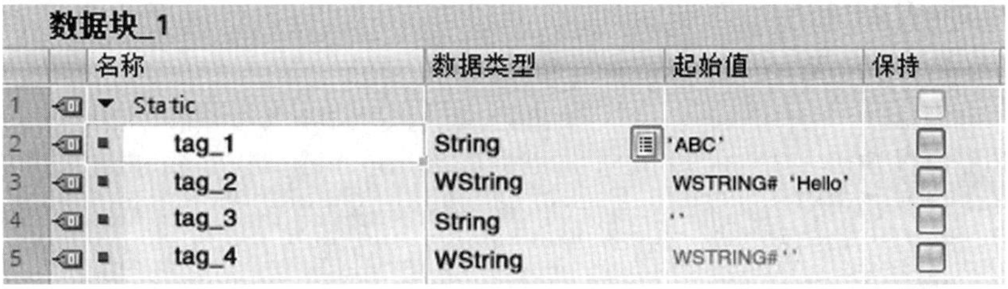

		名称	数据类型	起始值	保持
1		▼ Static			☐
2		■ tag_1	String	'ABC'	☐
3		■ tag_2	WString	WSTRING# 'Hello'	☐
4		■ tag_3	String	''	☐
5		■ tag_4	WString	WSTRING# ''	☐

数据块_1

图 5-11　String 数据类型和 WString 数据类型在 DB 块中的定义方法

（1）MOVE 指令只能完成单字符的传送。

（2）S_MOVE 指令能完成字符串的传送。

图 5-12　字符串的传送方法

5.3.2.2　长日期时间

长日期时间（DTL）数据类型是使用 12 个字节的结构保存日期和时间信息的，可以在 DB 块中定义长日期时间数据类型。长日期时间数据类型及其结构元素分别见表 5-6 和表 5-7。

表 5-6　长日期时间数据类型

数据类型	长度/字节	范围	常量输入示例
DTL	12	最小：DTL#1970-01-01-00：00：00.0 最大：DTL#2554-12-31-23：59：59.999999999	DTL#2008-12-16-20：30：20.250

表 5-7　长日期时间数据类型的结构元素

字节	组件	数据类型	值范围
1	年	UInt	1 970~2 554
2	月	USInt	1~12
3	日	USInt	1~31
4	工作日	USInt	1（星期日）~7（星期六）
5	小时	USInt	0~23
6	分	USInt	0~59
7	秒	USInt	0~59
8	纳秒	UDInt	0~999 999 999

示例：在博途软件中定义长日期时间。

长日期时间可以在 DB 块、OB/FC/FB 块的接口区和 PLC 数据类型中定义，在 DB 块中的定义方法如图 5-13 所示。

数据块_2

	名称	数据类型	起始值	保持
1	▼ Static			
2	▼ DATE	DTL	DTL#1970-01-01-	
3	YEAR	UInt	1970	
4	MONTH	USInt	1	
5	DAY	USInt	1	
6	WEEKDAY	USInt	5	
7	HOUR	USInt	0	
8	MINUTE	USInt	0	
9	SECOND	USInt	0	
10	NANOSECOND	UDInt	0	

图 5-13 长日期时间在 DB 块中的定义方法

5.3.2.3 数组类型

数组类型是由数目固定且数据类型相同的元素组成的数据结构，数组可以在 DB 块和 OB/FC/FB 块的接口编辑器中定义，但在 PLC 变量编辑器中无法定义数组。

在定义数组时，需要为数组命名并选择数据类型“Array［lo..hi］of type”，根据如下说明编辑“lo”“hi”“type”。

（1）lo：数组的起始（最低）下标。

（2）hi：数组的结束（最高）下标。

（3）type：数据类型选择，如 Bool、SInt 和 UDInt 等。

示例 1：在博途软件中定义数组变量，如图 5-14 所示。

数据块_3

	名称	数据类型	起始值	保持
1	▼ Static			
2	▼ Array_1	Array[0..3] of Byte		
3	Array_1[0]	Byte	16#0	
4	Array_1[1]	Byte	16#0	
5	Array_1[2]	Byte	16#0	
6	Array_1[3]	Byte	16#0	
7	▼ Array_2	Array_2[0..3] of Byte		
8	Array_2[0]	Byte	16#0	
9	Array_2[1]	Byte	16#0	
10	Array_2[2]	Byte	16#0	
11	Array_2[3]	Byte	16#0	

图 5-14 定义数组变量

示例 2：数组元素的传送。

在图 5-15 中，MOVE 指令将数组“数据块_3”. Array_1［0］的数据移动到数组“数据块_3”. Array_2［0］的地址中。

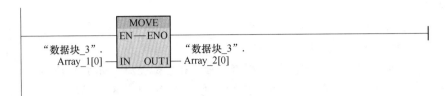

图 5-15 数组的寻址方法

5.3.2.4 结构类型

结构（struct）类型是一种由多个不同数据类型元素组成的数据结构，其元素可以是基本数据类型，也可以是数组等复杂数据类型或者 PLC 数据类型等。结构类型嵌套结构类型的深度限制为 8 级。结构类型的变量在程序中可以作为一个变量整体，也可以作为组成该结构的元素单独使用。结构类型可以在 DB 块、OB/FC/FB 块的接口区、PLC 数据类型中定义。

示例：在 DB 块中定义一个电机变量的结构数据类型，它包含电机启动按钮、电机停止按钮、电机复位按钮、电机急停按钮、电机运行状态、电机故障状态、电机运行电流、电机运行频率和电机设定频率。结构变量定义如图 5-16 所示。

		名称	数据类型	起始值	保持
1		▼ Static			☐
2		▪ ▼ Static	Struct		☐
3		▪ 电机启动按钮	Bool	false	☐
4		▪ 电机停止按钮	Bool	false	☐
5		▪ 电机复位按钮	Bool	false	☐
6		▪ 电机急停按钮	Bool	false	☐
7		▪ 电机运行状态	Bool	false	☐
8		▪ 电机故障状态	Bool	false	☐
9		▪ 电机运行电流	Real	0.0	☐
10		▪ 电机运行频率	Real	0.0	☐
11		▪ 电机设定频率	Real	0.0	☐

数据块_4

图 5-16 结构变量定义

5.3.3 PLC 的数据类型

PLC 数据类型（UDT，User Data Type）是一种由多个不同数据类型元素组成的数据结构，元素可以是基本数据类型，也可以是结构和数组等复杂数据类型及其他 PLC 数据类型等。PLC 数据类型嵌套 PLC 数据类型的深度限制为 8 级。

PLC 数据类型可以在 DB 块和 OB/FC/FB 块的接口区中定义。

PLC 数据类型可以在程序中被统一更改和重复使用，一旦某 PLC 数据类型被修改，那么在执行程序编译后，将自动更新所有使用该数据类型的变量。

示例：定义一个电机变量的 PLC 数据类型，它包含电机启动按钮、电机停止按钮、电机复位按钮、电机急停按钮、电机运行状态、电机故障状态、电机运行电流、电机运行频率和电机设定频率。

第一步：新建 PLC 数据。在"项目树"窗格中，选择"PLC 数据类型"选项，双击"添加新数据类型"选项，弹出"用户数据类型 1"编辑框。

第二步：添加变量。在工作区中，添加变量名和数据类型，如图 5-17 所示。

第三步：使用 PLC 数据类型。在 DB 块中使用新添加的 PLC 数据类型，如图 5-18 所示。

		名称	数据类型	默认值
		用户数据类型_1		
1		电机启动按钮	Bool	false
2		电机停止按钮	Bool	false
3		电机复位按钮	Bool	false
4		电机急停按钮	Bool	false
5		电机运行状态	Bool	false
6		电机故障状态	Bool	false
7		电机运行电流	Real	0.0
8		电机运行频率	Real	0.0
9		电机设定频率	Real	0.0

图 5-17　添加变量名和数据类型

		名称	数据类型	起始值	保持
		数据块_5			
1		▼ Static			
2		▼ 1#电机控制点表	"用户数据类型_1"		
3		电机启动按钮	Bool	false	
4		电机停止按钮	Bool	false	
5		电机复位按钮	Bool	false	
6		电机急停按钮	Bool	false	
7		电机运行状态	Bool	false	
8		电机故障状态	Bool	false	
9		电机运行电流	Real	0.0	
10		电机运行频率	Real	0.0	
11		电机设定频率	Real	0.0	

图 5-18　PLC 数据类型的使用

5.3.4　指针数据类型

VARIANT 类型的参数是一个可以指向不同数据类型变量（而不是实例）的指针。VARIANT 指针可以是基本数据类型（如 Int、Real）的对象，也可以是 String、长日期时间、结构类型的 Array，或者 PLC 数据类型的 Array。VARIANT 指针可以识别结构，并指向各个结构元素。VARIANT 类型的操作数不占用背景数据块或工作存储器空间，但是占用 CPU 存储空间。

VARIANT 类型的变量不是一个对象，而是对另一个对象的引用。在函数块的块接口中的 VAR_IN、VAR_IN_OUT 和 VAR_TEMP 中，VARIANT 类型的单个元素只能声明为形参。因此，不能在数据块或函数块的块接口静态部分中声明。表 5-8 列出了 VARIANT 指针的属性。

表 5-8 VARIANT 指针的属性

长度/字节	表示方法	格 式	示例输入
0	符号	操作数	MyTag
	绝对	数据块名称 . 操作数名称 . 元素	"MyDB" . Struct1. pressure
		操作数	%MW10
		数据块编号 . 操作数 类型长度 （仅对可标准访问的块有效）	P#DB10. DBX10. 0 INT 12

5.4 S7-1200 PLC 地址区及寻址方法

博途 STEP 7 软件支持符号寻址和绝对地址寻址。为了更好地理解 PLC 的存储区结构及其寻址方式，本节对 PLC 变量引用的绝对寻址进行说明。

5.4.1 地址区

S7-1200 CPU 地址区包括过程映像输入（I）区、过程映像输出（Q）区、位存储（M）区和数据块（DB）区等地址区，地址区的说明见表 5-9。

表 5-9 地址区的说明

地址区	可以访问的地址单位	符号	说 明
过程映像输入（I）区	输入位	I	CPU 在循环开始时从输入模块读取输入值并将这些值保存在过程映像输入表中
	输入字节	IB	
	输入字	IW	
	输入双字	ID	
过程映像输入（Q）区	输出位	Q	CPU 在循环开始时将过程映像输出表中的值写入输出模块
	输出字节	QB	
	输出字	QW	
	输出双字	QD	
位存储（M）区	位存储区位	M	此区域用于存储程序中计算出的中间结果
	存储区字节	MB	
	存储区字	MW	
	存储区双字	MD	
数据块（DB）区	数据位	DBX	数据块存储程序信息，可以对数据块进行定义以便所有代码块都可以对其进行访问，也可将其分配给特定的 FB 函数块
	数据字节	DBB	
	数据字	DBW	
	数据双字	DBD	
局部数据	局部数据位	L	此区域包含块处理过程中块的临时数据
	局部数据字节	LB	
	局部数据字	LW	
	局部数据双字	LD	

地址区	可以访问的地址单位	符号	说　明
I/O 输入区域	I/O 输入位	<变量>：P	两区域均允许直接访问 I/O 模块
	I/O 输入字节		
	I/O 输入字		
	I/O 输入双字		
I/O 输出区域	I/O 输出位		
	I/O 输出字节		
	I/O 输出字		
	I/O 输出双字		

5.4.2 寻址方法

5.4.2.1 寻址规则

每个存储单元都有唯一的地址。用户程序利用这些地址访问存储单元中的信息。绝对地址由以下元素组成。

（1）地址区助记符，如 I、Q 或 M。

（2）要访问数据的单位，如 B 表示 Byte，W 表示 Word，D 表示 DWord。

（3）数据地址，如 Byte 3、Word 3。

当访问地址中的位时，不需要输入要访问数据的单位，仅输入数据的地址区助记符、字节位置和位置（如 10.0、Q0.1 或 M3.4）即可。

M3.4 寻址方式举例，如图 5-19 所示。

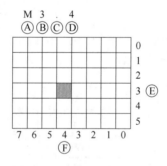

图 5-19 M3.4 寻址方式举例

Ⓐ—存储器标识符；Ⓑ—字节地址；Ⓒ—分隔符；Ⓓ—位在字节中的位置；
Ⓔ—存储区的字节；Ⓕ—字节中的位

5.4.2.2 I 区寻址方法

I 区（过程映像输入区）：CPU 仅在每个扫描周期的循环 OB 块执行之前对外围（物理）输入点进行采样，并将这些值写入 I 区。可以按位、字节、字或双字访问 I 区。I 区通常为只读状态。I 区寻址方法见表 5-10。

表 5-10 I 区寻址方法

数据大小	表示方法	示 例
位	I［字节地址］.［位地址］	I0.1
字节、字或双字	I［大小］［起始字节地址］	IB4，IW5 或 ID12

5.4.2.3　Q 区寻址方法

Q 区（过程映像输出区）：CPU 将存储在输出过程映像区中的值复制到物理输出区。可以按位、字节、字或双字访问 Q 区。Q 区允许读访问和写访问。Q 区寻址方法见表 5-11。

表 5-11 Q 区寻址方法

数据大小	表示方法	示 例
位	Q［字节地址］.［位地址］	Q0.1
字节、字或双字	Q［大小］［起始字节地址］	QB4，QW5 或 QD12

5.4.2.4　M 区寻址方法

M 区（位存储区）：用于存储操作的中间状态或其他控制信息。可以按位、字节、字或双字访问 M 区。M 区允许读访问和写访问。M 区寻址方法见表 5-12。

表 5-12 M 区寻址方法

数据大小	表示方法	示 例
位	M［字节地址］.［位地址］	M0.1
字节、字或双字	M［大小］［起始字节地址］	MB4，MW5 或 MD12

5.4.2.5　DB 区寻址方法

DB 区（数据块区）：DB 区用于存储各种类型的数据，其中包括存储操作的中间状态或 FB 块的背景信息参数等。可以按位、字节、字或双字访问 DB 区。DB 区一般允许读访问和写访问。DB 区寻址方法见表 5-13。

表 5-13 DB 区寻址方法

数据大小	表示方法	示 例
位	DBX［字节地址］.［位地址］	DB1.DBX 2.3
字节、字或双字	DB［大小］［起始字节地址］	DB1.DBB4，DB10.DBW2，DB20.DBD8

5.5　技能训练：三相异步电动机连续运行的 PLC 控制

5.5.1　任务目的

通过 PLC 控制完成电动机的启停。

5.5.2　任务内容

（1）根据 PLC 循环扫描工作过程，在电动机控制中，当按下启动按钮时，电动机启动并连续运行；

（2）当按下停止按钮或热继电器动作时，电动机停止。

5.5.3　训练准备

工具、仪表及器材：

（1）S7-1200 PLC（CPU1214C DC/DC/DC）一台，订货号为 6ES7 214-1AG40-0XB0；

（2）编程计算机一台，已安装博途专业版 V15.1 软件；

（3）启动按钮 SB_1，停止按钮 SB_2，热继电器 FR，接触器线圈 KM。

5.5.4　训练步骤

5.5.4.1　分配 I/O 地址

根据电动机直接启动的控制要求可知：输入信号有启动按钮 SB_2、停止按钮 SB_1 和热继电器的触点 FR；输出信号有接触器的线圈 KM。确定它们与 PLC 中的输入继电器和输出继电器的对应关系，可得 PLC 控制系统的 I/O 端口地址分配如下：

（1）输入信号：启动按钮 SB_1——I0.0；

（2）停止按钮 SB_2——I0.1；

（3）热继电器 FR——I0.2。

（4）输出信号：接触器线圈 KM——Q0.0。

根据 PLC 的 I/O 分配，可以设计出电动机自锁控制的 I/O 接线图如图 5-20 所示。

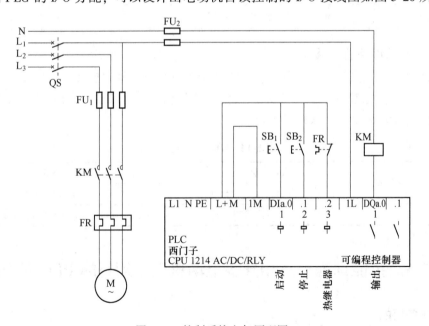

图 5-20　控制系统电气原理图

5.5.4.2 程序设计

在编制 PLC 控制的梯形图时，要特别注意输入常闭触点的处理问题。有一些输入设备只能接常闭触点（如热继电器触点），在梯形图中应该怎样处理这些触点呢？下面就以电动机的启停控制电路来分析。

（1）PLC 外部的输入触点既可以接常开触点，也可以接常闭触点。若输入为常闭触点，则梯形图中触点的状态与继电接触原理图采用的触点相反；若输入为常开触点，则梯形图中触点的状态与继电接触原理图中采用的触点相同。

（2）教学中 PLC 的输入触点经常使用常开触点，便于进行原理分析。但在实际控制中，停止按钮、限位开关及热继电器等要使用常闭触点，以提高安全保障。参考程序如图5-21 所示。

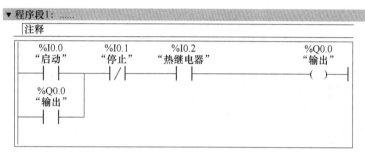

图 5-21　参与程序

（3）为了节省成本，应尽量少占用 PLC 的 I/O 点数，因此有时也将热继电器的常闭触点 FR 串接在其他常闭输入或负载输出回路中，如可以将 FR 的常闭触点停止按钮 SB1串联在一起，再接到 PLC 的输入端子 I0.1 上。

5.5.4.3 具体操作

（1）按照电气原理图将主电路和 PLC 的 I/O 接线图连接起来。

（2）用网线将装有博途编程软件的上位机的以太网卡与 PLC 的网口连接起来。

（3）接通电源，PIC 电源指示灯（POWER）亮，说明 PLC 已通电。将 PLC 的工作方式开关扳到 STOP 位置，使 PLC 处于编程状态。

（4）用编程软件将图 8-6 所示的参考程序下载到 PLC 中。

（5）PLC 上热继电器触点接入的输入指示灯 I0.2 应点亮，表示输入继电器 I0.2 被热继电器 FR 的常闭触点接通。若指示灯 10.2 不亮，说明热继电器 FR 的常闭触点断开，热继电器已过载保护。

（6）调试运行。程序输入完毕后，对照电气原理图，按下启动按钮 SB₂，输入继电器10.0 通电，PLC 的输出指示灯 Q0.0 亮，接触器 KM 吸合，电动机旋转。按下停止按钮SB₁，输入继电器10.1 得电，10.1 的常闭触点断开，Q0.0 失电，接触器 KM 释放，电动机停止转动。在调试中，常见的故障现象如下。

1）检查 PLC 的输出指示灯是否动作，若输出指示灯不亮，说明程序错误；若输出指示灯亮，说明故障在 PLC 的外围电路中。

2）检查 PLC 的输出回路，先确认输出回路有无电压，若有电压，查看熔断器是否熔断；若没有熔断，查看接触器的线圈是否断线。

3）若接触器吸合而电动机不转，查看主电路中熔断器是否熔断，若没有熔断，查看三相电压是否正常；若电压正常，查看热继电器动作后是否复位，三个热元件是否断路；若热继电器完好，查看电动机是否断路。

（7）监控运行。在博途软件中单击"在线"就可以监控 PLC 的程序运行过程。其中，"蓝色"表明该触点闭合或该线圈通电；没有"蓝色"表明该触点断开或线圈失电。

6 S7-1200 PLC 编程指令

编程指令是用户表达程序的重要组成部分，用户可在博途 STEP 7 指令树中获取 S7-1200 PLC 的指令，S7-1200 PLC 的指令包括基本指令、其他指令和通信等，本章主要围绕常用的位逻辑指令、定时器指令、计数器指令以及其他指令进行说明。

学习目标
(1) 掌握梯形图和指令表程序设计的基本方法；
(2) 掌握基本指令和其他指令的用法。

6.1 S7-1200 PLC 编程语言

STEP 7 为 S7-1200 提供以下标准编程语言：LAD（梯形图逻辑）是一种图形编程语言。它使用基于电路图的表示法。FBD（功能块图）是基于布尔代数中使用的图形逻辑符号的编程语言，SCL（结构化控制语言）是一种基于文本的高级编程语言。创建代码块时，应选择该块要使用的编程语言。用户程序可以使用由任意或所有编程语言创建的代码块。

6.1.1 梯形图

梯形图编程语言是在继电-接触器控制系统电路图基础上简化符号演变而来的，在形式上沿袭了传统的继电-接触器控制图，作为一种图形语言，它将 PLC 内部的编程元件（如继电器的触点、线圈、定时器、计数器等）和各种具有特定功能的命令用专用图形符号、标号定义，并按逻辑要求及连接规律组合和排列，从而构成了表示 PLC 输入、输出之间控制关系的图形。它在继电接触器的基础上加进了许多功能强大、使用灵活的指令，并将微机的特点结合进去，使逻辑关系清晰直观，编程容易，可读性强，所实现的功能也大大超过传统的继电-接触器控制电路，所以很受用户欢迎。梯形图编程语言是目前使用最为普遍的一种 PLC 编程语言。

电路图的元件（如常闭触点、常开触点和线圈）相互连接构成程序段，如图 6-1 所示。要创建复杂运算逻辑，可插入分支以创建并行电路的逻辑。并行分支向下打开或直接连接到电源线，用户可向上终止分支。LAD 向多种功能（如数学、定时器、计数器和移动）提供"功能框"指令。STEP 7 不限制 LAD 程序段中的指令（行和列）数，且每个 LAD 程序段都必须使用线圈或功能框指令来终止。

创建 LAD 程序段时请注意以下规则：
(1) 不能创建可能导致反向能流的分支，如图 6-2 所示；
(2) 不能创建可能导致短路的分支，如图 6-3 所示。

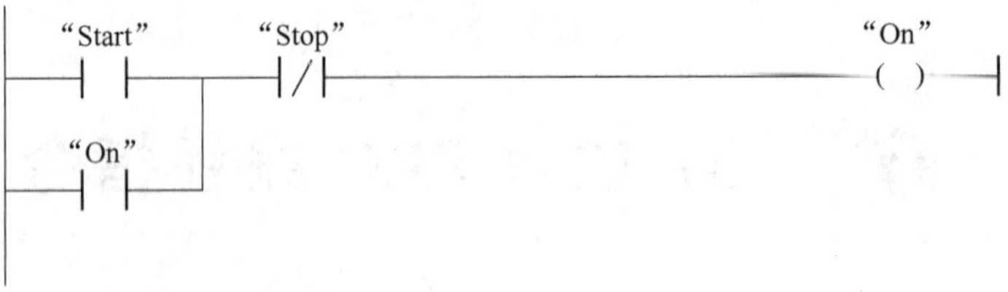

图 6-1　S7-1200 PLC 梯形图

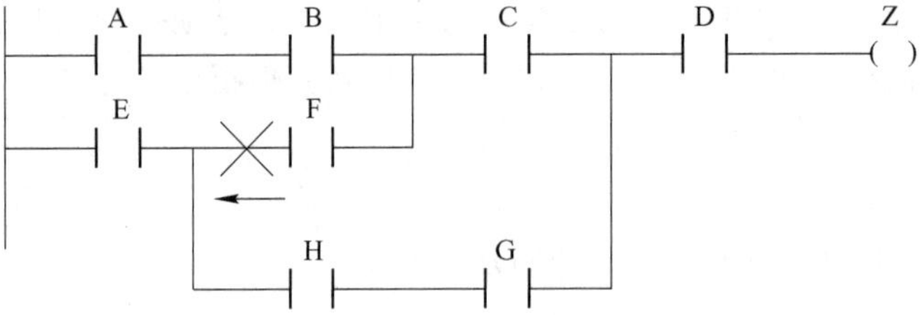

图 6-2　S7-1200 PLC 梯形图

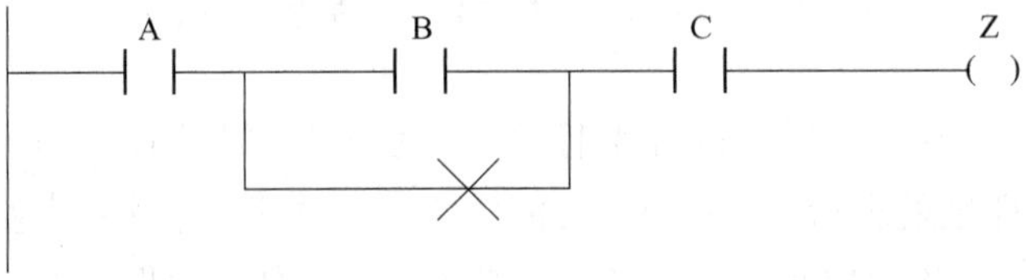

图 6-3　S7-1200 PLC 梯形图

6.1.2　功能块图

与 LAD 一样，FBD 也是一种图形编程语言。逻辑表示法以布尔代数中使用的图形逻辑符号为基础。要创建复杂运算的逻辑，在功能框之间插入并行分支。算术功能和其他复杂功能可直接结合逻辑框表示。

这是一种类似于数字逻辑门电路的编程语言，有数字电路基础的人很容易掌握。该编程语言用类似于与门、或门的方框来表示逻辑运算关系，方框的左侧为逻辑运算的输入变量，右侧为输出变量，如图 6-4 所示。STEP 7 不限制 FBD 程序段中的指令（行和列）数。

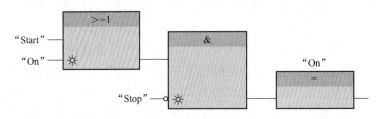

图 6-4　S7-1200 PLC 功能块图

6.1.3　SCL

结构化控制语言（SCL，Structured Control Language）是用于 SIMATIC S7 CPU 的基于

PASCAL 的高级编程语言。SCL 支持 STEP 7 的块结构。可以使用 SCL、LAD 和 FBD 三种编程语言之一将程序块包括到项目中。

SCL 指令使用标准编程运算符，例如，用"（: =）"表示赋值，算术功能（"+"表示相加，"−"表示相减，"＊"表示相乘，"／"表示相除）。SCL 也使用标准的 PASCAL 程序控制操作，如 IF-THEN-ELSE、CASE、REPEAT-UNTIL、GOTO 和 RETURN。SCL 编程语言中的语法元素还可以使用所有的 PASCAL 参考。许多 SCL 的其他指令（如定时器和计数器）与 LAD 和 FBD 指令匹配。

6.1.3.1 SCL 程序编辑器

可以在创建该块时指定任何块类型（OB、FB 或 FC）以便使用 SCL 编程语言。STEP 7 提供包含以下元素的 SCL 程序编辑器：

（1）用于定义代码块参数的接口部分；

（2）用于程序代码的代码部分；

（3）包含 CPU 支持的 SCL 指令的指令树。

在 SCL 程序编辑器下，可以直接在代码部分输入指令的 SCL 代码。编辑器包含用于通用代码结构和注释的按钮。要了解更复杂的指令，只需从指令树拖动 SCL 指令并将其放入程序中；也可以使用任意文本编辑器创建 SCL 程序，然后将相应文件导入 STEP 7 中。

6.1.3.2 SCL 表达式和运算

SCL 表达式是用于计算值的公式。表达式由操作数和运算符（如 ＊、／、+或−）组成。操作数可以是变量、常量或表达式。

表达式的计算按一定的顺序进行，具体由以下因素决定：

（1）每个运算符均具有预定义的优先级，首先执行优先级最高的运算；

（2）按从左至右的顺序处理优先级相同的运算符；

（3）可使用圆括号指定要一起计算的一系列运算符，见表 6-1。

表达式的结果可用于将值分配给程序使用的变量、用作由控制语句使用的条件、用作其他 SCL 指令的参数或者用于调用代码块。

表 6-1 SCL 中的运算符

类型	操作	操作员	优先级
圆括号	（表达式）	（,)	1
数学	乘方	＊＊	2
	符号（一元加号）	+	3
	符号（一元减号）	—	3
	倍增	＊	4
	除法	／	4
	取模	MOD	4
	加法	+	5
	减法	—	5

续表6-1

类型	操作	操作员	优先级
比较	小于	<	6
	小于或等于	< =	6
	大于	>	6
	大于或等于	> =	6
	等于	=	7
	不等于	<>	7
位逻辑	取反（一元）	NOT	3
	AND 逻辑运算	AND 或 &	8
	异或逻辑运算	XOR	9
	OR 逻辑运算	OR	10
赋值	赋值	: =	11

6.2 S7-1200 PLC 基本指令

6.2.1 位逻辑指令

S7-1200 PLC 大部分的位逻辑指令结构如图 6-5 所示，其中，①为操作数；②为能流输入信号；③为能流输出信号。当能流输入信号为"1"时，该指令被激活。

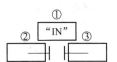

图 6-5 位逻辑指令结构

6.2.1.1 触点指令及线圈指令

A 指令概述

在位逻辑中，指令的基础主要是触点和线圈，触点读取位的状态，线圈将状态写入位中。

B 指令说明

触点指令及线圈指令说明见表 6-2。

表 6-2 触点指令及线圈指令说明

指令名称	指令符号	操作数类型	说明
常开触点	"IN" ┤├	Bool	1. 当操作数的信号状态为"1"时，常开触点将接通，输出的信号状态为"1" 2. 当操作数的信号状态为"0"时，常开触点将断开，输出的信号状态为"0"
常闭触点	"IN" ┤/├	Bool	1. 当操作数的信号状态为"1"时，常闭触点将断开，输出的信号状态为"0" 2. 当操作数的信号状态为"0"时，常闭触点将接通，输出的信号状态为"1"

续表 6-2

指令名称	指令符号	操作数类型	说　明
取反 RLO	─|NOT|─	无	1. 当触点左边输入的信号状态为 "1" 时，右边输出的信号状态为 "0" 2. 当触点左边输入的信号状态为 "0" 时，右边输出的信号状态为 "1"
线圈	"OUT" ─( )─	Bool	1. 当线圈的输入信号状态为 "1" 时，分配操作数为 "1" 2. 当线圈的输入信号状态为 "0" 时，分配操作数为 "0"
赋值取反	"OUT" ─(/)─	Bool	1. 当线圈的输入信号状态为 "1" 时，分配操作数为 "0" 2. 当线圈的输入信号状态为 "0" 时，分配操作数为 "1"

　　常开触点在指定的位状态为 "1" 时闭合，为 "0" 时断开。常闭触点在指定的位状态为 "1" 时断开，常闭触点在指定的定位状态为 "0" 时闭合。

　　两个触点（常开触点和常闭触点）串联进行 "与" 运算，两个触点并联进行 "或" 运算。

　　可以使用线圈指令来置位指定操作数的位，如果线圈输入的逻辑运算结果（RLO）的信号状态为 "1"，则将指定操作数的位置为 "1"；如果线圈输入的逻辑运算结果（RLO）的信号状态为 "0"，则将指定操作数的位置为 "0"。

　　C　示例

　　触点指令和线圈指令示例如图 6-6 所示。

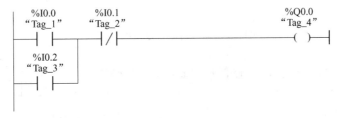

图 6-6　触点指令和线圈指令示例

　　当满足以下条件之一时，线圈 "Tag_4" 为 "1"：

　　（1）操作数 "Tag_1" 的信号状态为 "1"，且操作数 "Tag_2" 的信号状态为 "0"；

　　（2）操作数 "Tag_3" 的信号状态为 "1"，且操作数 "Tag_2" 的信号状态为 "0"。

6.2.1.2　置位指令及复位指令

　　A　指令概述

　　置位指令及复位指令的主要特点是具有记忆和保持功能，被置位或复位的操作数只能通过复位指令或置位指令还原。

　　B　指令说明

　　置位指令与复位指令说明见表 6-3。使用置位指令，将指定操作数的信号状态置位为 "1"；使用复位指令，将指定操作数的信号状态复位为 "0"。

表 6-3 置位指令及复位指令说明

指令名称	指令符号	操作数类型	说　明
置位	"OUT" ——(S)——	Bool	若输入信号状态为"1"，则置位操作数的信号状态为"1"； 若输入信号状态为"0"，则保持操作数的信号状态不变
复位	"OUT" ——(R)——	Bool	若输入信号状态为"1"，则复位操作数的信号状态为"0"； 若输入信号状态为"0"，则保持操作数的信号状态不变
置位位域	"OUT" —(SET_BF)— "n"	OUT: Bool	若输入信号状态为"1"，则将操作数"OUT"所在地址开始的"n"位置位为"1"；
		n：UInt	若输入信号状态为"0"，则指定操作数的信号状态将保持不变
复位位域	"OUT" —(RESET_BF)— "n"	OUT: Bool	若输入信号状态为"1"，则将操作数"OUT"所在地址开始的"n"位复位为"0"；
		n：UInt	若输入信号状态为"0"，则指定操作数的信号状态将保持不变

C　示例

置位指令及复位指令示例如图 6-7 所示。

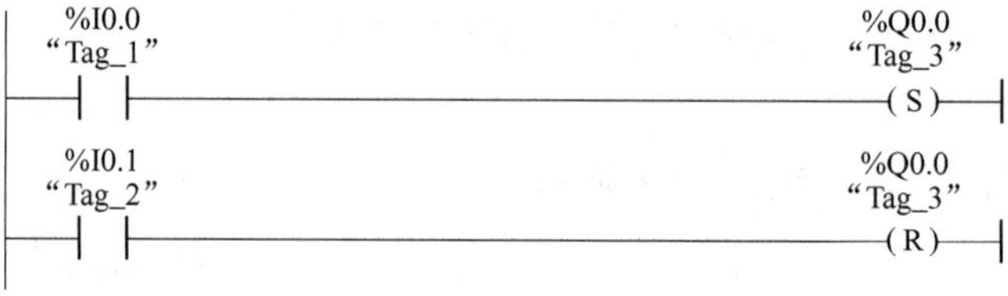

图 6-7　置位指令及复位指令示例

图 6-8 为操作数"Tag_1"、操作数"Tag_2"和操作数"Tag_3"的时序图。

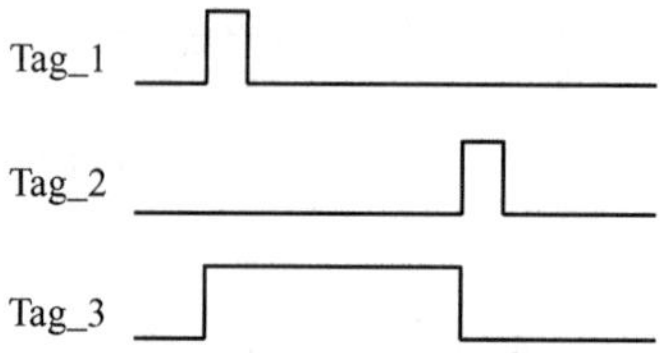

6.2.1.3　边沿指令

A　指令概述

a　触点边沿

触点边沿检测指令包括 P 触点和 N 触点指令，是当触点地址位的值从"0"到"1"（上升沿或正边沿，Positive）或从"1"到"0"（下降沿或负边沿，Negative）变化时，该触点地址保持一个扫描周期的高电平，即对应常开触点接通一个扫描周期。触点边沿指令可以放置在程序段中除分支结尾外的任何位置。图 6-9 中，当 I0.0 为 1，且当 I0.1 有从 0 到 1 的上升沿时，Q0.0 接通一个扫描周期。

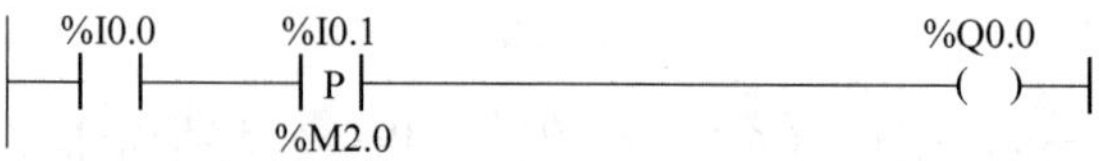

图 6-8　时序图

图 6-9　P 触点例子

b 线圈边沿

线圈边沿包括 P 线圈和 N 线圈,是当进入线圈的能流中检测到上升沿或下降沿变化时,线圈对应的位地址接通一个扫描周期。线圈边沿指令可以放置在程序段中的任何位置。图 6-10 中,线圈输入端的信号状态从"Q"切换到"1"时,Q0.0 接通一个扫描周期。

图 6-10 P 线圈例子

c TRIG 边沿

TRIG 边沿指令包括 P_TRIG 和 N TRIG 指令,当在"CLK"输入端检测到上升沿或下降沿时,输出端接通一个扫描周期。图 6-11 中,当 I0.0 和 I0.1 的结果有一个上升沿时,Q0.0 接通一个扫描周期,I0.0 和 I0.1 相与的结果保存在 M2.0 中。边沿检测常用于只扫描一次的情况。

图 6-11 P_TRIG 例子

B 指令说明

S7-1200 PLC 提供多种边沿指令,见表 6-4。根据控制要求及使用习惯进行选择使用。

表 6-4 边沿指令

LAD	FBD	说　明
"IN" —│P│— "M_BIT"	"IN" P "M_BIT"	扫描操作数的信号上升沿 1. LAD:在分配的"IN"位上检测到正跳变(断到通)时,该触点的状态为 TRUE。该触点逻辑状态随后与能流输入状态组合以设置能流输出状态。P 触点可以放置在程序段中除分支结尾外的任何位置 2. FBD:在分配的输入位上检测到正跳变(关到开)时,输出逻辑状态为 TRUE。P 功能框只能放置在分支的开头
"IN" —│N│— "M_BIT"	"IN" N "M_BIT"	扫描操作数的信号下降沿 1. LAD:在分配的输入位上检测到负跳变(开到关)时,该触点的状态为 TRUE。该触点逻辑状态随后与能流输入状态组合以设置能流输出状态。N 触点可以放置在程序段中除分支结尾外的任何位置 2. FBD:在分配的输入位上检测到负跳变(开到关)时,输出逻辑状态为 TRUE。N 功能框只能放置在分支的开头

LAD	FBD	说　明
"OUT" —(P)— "M_BIT"	"OUT" P= "M_BIT"	在信号上升沿置位操作数 1. LAD：在进入线圈的能流中检测到正跳变（关到开）时，分配的位"OUT"为TRUE。能流输入状态总是通过线圈后变为能流输出状态。P线圈可以放置在程序段中的任何位置 2. FBD：在功能框输入连接的逻辑状态中或输入位赋值中（如果该功能框位于分支开头）检测到正跳变（关到开）时，分配的位"OUT"为TRUE。输入逻辑状态总是通过功能框后变为输出逻辑状态。P＝功能框可以放置在分支中的任何位置
"OUT" —(N)— "M_BIT"	"OUT" N= "M_BIT"	在信号下降沿置位操作数 1. LAD：在进入线圈的能流中检测到负跳变（开到关）时，分配的位"OUT"为TRUE。能流输入状态总是通过线圈后变为能流输出状态。N线圈可以放置在程序段中的任何位置 2. FBD：在功能框输入连接的逻辑状态中或在输入位赋值中（如果该功能框位于分支开头）检测到负跳变（通到断）时，分配的位"OUT"为TRUE。输入逻辑状态总是通过功能框后变为输出逻辑状态。N＝功能框可以放置在分支中的任何位置
P_TRIG —CLK　Q— "M_BIT"		扫描RLO（逻辑运算结果）的信号上升沿 1. 在CLK输入状态（FBD）或CLK能流输入（LAD）中检测到正跳变（断到通）时，Q输出能流或逻辑状态为TRUE 2. 在LAD中，P_TRIG指令不能放置在程序段的开头或结尾。在FBD中，P_TRIG指令可以放置在除分支结尾外的任何位置
N_TRIG —CLK　Q— "M_BIT"		扫描RLO的信号下降沿 1. 在CLK输入状态（FBD）或CLK能流输入（LAD）中检测到负跳变（通到断）时，Q输出能流或逻辑状态为TRUE 2. 在LAD中，N_TRIG指令不能放置在程序段的开头或结尾。在FBD中，N_TRIG指令可以放置在除分支结尾外的任何位置

C　示例

脉冲检测指令示例如图6-12所示。

图6-12　脉冲检测指令示例

图6-13为操作数"Tag_1"、操作数"Tag_4"和操作数"Tag_5"的时序图。

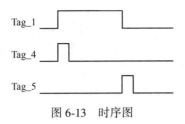

图 6-13 时序图

6.2.1.4 应用实例

（1）实例名称：指示灯的置位和复位应用实例。

（2）实例描述：按下启动按钮，绿色指示灯点亮；按下停止按钮，绿色指示灯熄灭。

（3）输入/输出分配表：S7-1200 PLC 输入/输出分配表见表 6-5。

表 6-5 输入/输出分配表

输　　入		输　　出	
启动按钮（SB1）	I0.0	绿色指示灯（GL）	Q0.0
停止按钮（SB2）	I0.1	—	—

（4）接线图：S7-1200 PLC 接线图如图 6-14 所示。

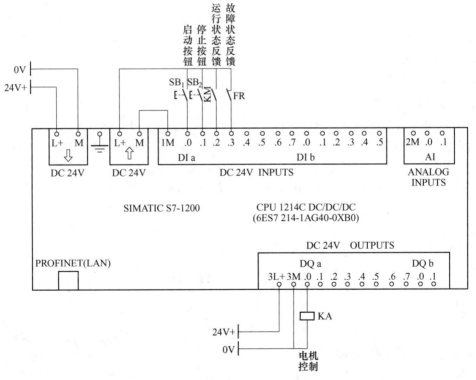

图 6-14 S7-1200 PLC 接线图

（5）变量表：PLC 变量表如图 6-15 所示。

	名称	数据类型	地址	保持
1	启动按钮	Bool	%I0.0	
2	停止按钮	Bool	%I0.1	
3	绿色指示灯	Bool	%Q0.0	

变量表_1

图 6-15　PLC 变量表

（6）程序编写：实例程序如图 6-16 所示。

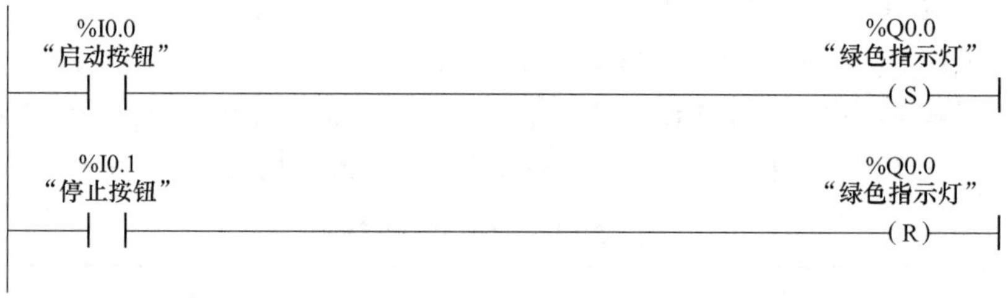

```
%I0.0                                                      %Q0.0
"启动按钮"                                                  "绿色指示灯"
  ┤├                                                        ─(S)─

%I0.1                                                      %Q0.0
"停止按钮"                                                  "绿色指示灯"
  ┤├                                                        ─(R)─
```

图 6-16　实例程序

6.2.2　定时器指令

定时器指令具有延时的功能，程序中使用定时器的最大数量受 CPU 存储器容量的限制，所有定时器均使用 16 字节 IEC_TIMER 数据类型的 DB 结构来存储指令的操作数。

常用的定时器有脉冲定时器（TP）、接通延时定时器（TON）、关断延时定时器（TOF）和时间累加器（TONR）四种。

6.2.2.1　脉冲定时器指令

A　指令概述

使用脉冲定时器指令可以将输出信号 Q 置位为预设的一段时间（见表 6-6），当输入信号 IN 从 "0" 变为 "1"（信号上升沿）时，启动该指令。脉冲定时器指令启动后，计时器 ET 开始计时，在预设的时间 PT 内，脉冲定时器将保持输出信号 Q 置位，无论后续输入信号 IN 的状态如何变化，均不影响该指令的计时过程。当计时器 ET 的计时等于 PT 时，脉冲定时器输出信号 Q 复位。

B　指令说明

脉冲定时器指令说明见表 6-6。

表 6-6　脉冲定时器指令说明

指令名称	指令符号	操作数类型		说　明
脉冲定时器（功能框）	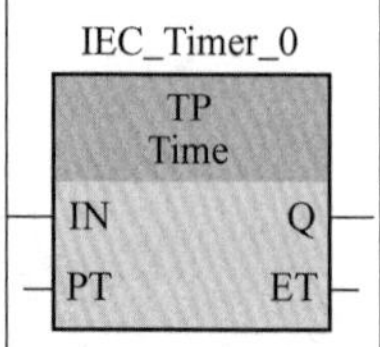 IEC_Timer_0 TP Time IN　Q PT　ET	输入信号	IN: Bool（脉冲有效）	在输入信号 IN 位上升沿时，定时器开始计时，当 ET<PT，输出信号 Q 为 "1"，当 ET＝PT，输出信号 Q 为 "0"
			PT: TIME	
		输出信号	Q: Bool	
			ET: TIME	

脉冲定时器指令的时序图如图 6-17 所示。

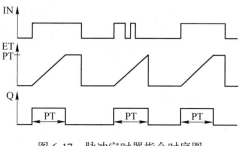

图 6-17 脉冲定时器指令时序图

6.2.2.2 接通延时定时器指令

A 指令概述

接通延时定时器指令可以将输出信号 Q 置位推迟到预设的一段时间后再输出（见表 6-7），当输入信号 IN 从"0"变为"1"，并且保持为"1"时，启动该指令。接通延时定位器指令启动后，计时器 ET 开始计时，当计时器 ET 的计时值等于 PT 时，输出信号 Q 为"1"。在任意时刻，当输入信号 IN 从"1"变为"0"时，接通延时定时器将复位，且输出信号 Q 复位。

B 指令说明

接通延时定时器指令说明见表 6-7。

表 6-7 接通延时定时器指令说明

指令名称	指令符号	操作数类型		说　明
接通延时定时器（功能框）	IEC_Timer_1 TON Time IN　　Q PT　　ET	输入信号	IN：Bool（电平有效）	1. 在输入信号 IN 位上升沿时，计时器 ET 开始计时，当 ET＝PT，输出信号 Q 为"1"
			PT：TIME	
		输出信号	Q：Bool	2. 任意条件下，在输入信号 IN 位下降沿时，复位定时器，输出信号 Q 为"0"，计时器 ET 为"0"
			ET：TIME	

接通延时定时器指令的时序图如图 6-18 所示。

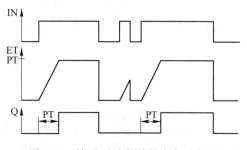

图 6-18 接通延时定时器指令时序图

6.2.2.3 关断延时定时器指令

A 指令概述

关断延时定时器指令可以将输出信号 Q 复位推迟预设的一段时间（见表 6-8），当输入信号 IN 从 "0" 变为 "1"，并且保持为 "1" 时，启动该指令。关断延时定时器指令启动后，输出信号 Q 为 "1"。当输入信号 IN 从 "1" 变为 "0" 时，计时器 ET 开始计时，输出信号 Q 的状态不变，当计时器 ET 的计时值等于 PT 时，输出信号 Q 变为 "0"。

B 指令说明

关断延时定时器指令说明见表 6-8。

表 6-8 关断延时定时器指令说明

指令名称	指令符号	操作数类型		说　明
关断延时定时器 （功能框）	IEC_Timer_2 TOF Time IN　Q PT　ET	输入 信号	IN: Bool（电平有效）	当 ET<PT，在输入信号 IN 位上升沿时，输出信号 Q 为 "1"；在输入信号 IN 位下降沿时，计时器 ET 开始计时，当 ET = PT，输出信号 Q 变为 "0" ET 为 "0"
			PT: TIME	
		输出 信号	Q: Bool	
			ET: TIME	

关断延时定时器指令的时序图如图 6-19 所示。

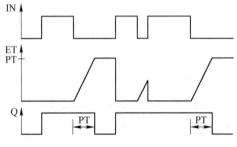

图 6-19 关断延时定时器指令时序图

6.2.2.4 时间累加器指令

A 指令概述

时间累加器指令可以累计预设的一段时间（见表 6-9），当输入信号 IN 从 "0" 变为 "1" 时，累加器 ET 开始计时。当输入信号 IN 从 "1" 变为 "0" 时，时间累加器暂停计时，累加器 ET 的值保持不变。当输入信号 IN 从 "0" 变为 "1" 时，时间累加器继续计时。到达预设的时间后，输出信号 Q 置位，直到输入信号 R 从 "0" 变为 "1"，时间累加器复位，输出信号 Q 也复位。

B 指令说明

时间累加器指令说明见表 6-9。

表 6-9 时间累加器指令说明

指令名称	指令符号	操作数类型		说　明
时间累加器 （功能框）	IEC_Timer_3 TONR Time IN　Q R　ET PT	输入 信号	IN: Bool（电平有效）	1. 当 ET<PT，当输入信号 IN 从 "0" 变为 "1" 时，开始计时；当输入信号 IN 从 "1" 变为 "0" 时，暂停计时。当 ET = PT，输出信号 Q 为 "1"
			R: Bool（脉冲有效）	
			PT: TIME	
		输出 信号	Q: Bool	2. 任意条件下，当 R 位上升沿时，复位定时器，输出信号 Q 为 "0"，ET 为 "0"
			ET: TIME	

时间累加器指令的时序图如图 6-20 所示。

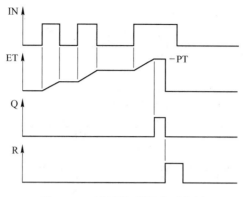

图 6-20　时间累加器指令时序图

6.2.2.5　复位定时器指令

S7-1200 有专门的定时器复位指令 RT，如图 6-21 所示，"定时器背景数据块" T1 为定时器的背景数据块，其功能为通过清除存储在指定定时器背景数据块中的时间数据来重置定时器。

图 6-21　复位定时器指令

6.2.2.6　应用实例

（1）实例名称：指示灯的延时点亮应用实例。

（2）实例描述：按下启动按钮，延时 5s，绿色指示灯点亮。按下停止按钮，绿色指示灯熄灭。

（3）输入/输出分配表：S7-1200 PLC 输入/输出分配表见表 6-10。

表 6-10　输入/输出分配表

输 入		输 出	
启动按钮（SB1）	I0.0	绿色指示灯（GL）	Q0.0
停止按钮（SB2）	I0.1	—	—

（4）接线图：S7-1200 PLC 接线图如图 6-22 所示。

（5）变量表 PLC 变量表如图 6-23 所示。

（6）程序编写：实例程序如图 6-24 所示。

6.2.3　计数器指令

计数器指令具有对事件进行计数的功能，该事件既可以是内部程序事件，也可以是外部过程事件。程序中使用计数器的最大数量受 CPU 存储器容量的限制，计数器在计数脉

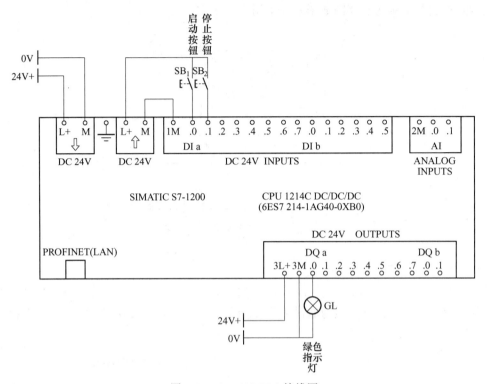

图 6-22 S7-1200 PLC 接线图

变量表_1

		名称	数据类型	地址	保持
1	〜	启动按钮	Bool	%I0.0	☐
2	〜	停止按钮	Bool	%I0.1	☐
3	〜	绿色指示灯	Bool	%Q0.0	☐
4	〜	辅助继电器	Bool	%M10.0	☐

图 6-23 PLC 变量表

冲的上升沿进行计数；计数器的最大计数速率受所在 OB 块的执行速率的限制，如果脉冲的频率高于 OB 块的执行速率，则需要使用高速计数器（HSC）。每个计数器都是使用数据块中存储的结构来保存计数器数据的。

S7-1200 PLC 支持的计数器有加计数器（CTU）、减计数器（CTD）和加减计数器（CTUD）三种。

6.2.3.1 加计数器指令

A 指令概述

见表 6-11，如果输入信号 CU 从 "0" 变为 "1"（信号上升沿），则执行加计数器指令，同时输出信号 CV 的当前计数值加 1，每检测到一个信号上升沿，计数值就会加 1，直到达到输出信号 CV 中所指定数据类型的上限，当达到上限时，输入信号 CU 的信号状态将不再影响加计数器指令。

输出信号的状态由参数 PV 决定。如果输出信号 CV 的当前计数值大于或等于参数 PV

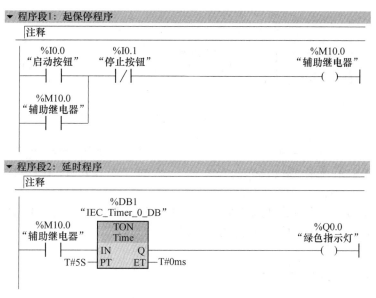

图 6-24 实例程序

的值, 则将输出信号的状态置位为 "1", 在其他情况下, 输出信号 Q 的状态均为 "0"。

当输入信号 R 的状态变为 "1" 时, 输出信号 CV 被复位为 "0"。

B 指令说明

加计数器指令说明见表 6-11。

表 6-11 加计数器指令说明

指令名称	指令符号	操作数类型		说　明
加计数器	"Counter name" CTU Int —CU　　Q— —R　　CV— —PV	输入信号	CU: Bool（脉冲有效）	1. 当 CV < PV, 输出信号 Q 为 "0" 2. 当 CV≥PV, 输出信号 Q 为 "1" 3. 当 R 为 "1" 时, CV =0 4. 当 R 为 "0" 时, CU 位上升沿时, CV 的当前值加 1
			R: Bool（脉冲有效）	
			PV: 任何整数数据类型	
		输出信号	Q: Bool	
			CV: 任何整数数据类型	

C 示例

图 6-25 和图 6-26 分别为加计数器指令示例及其时序图。

6.2.3.2 减计数器指令

A 指令概述

见表 6-12, 如果输入信号 CD 从 "0" 变为 "1" (信号上升沿), 则执行减计数器指令, 同时输出信号 CV 的当前计数值减 1, 每检测到一个信号上升沿, 输出信号 CV 的值就会减 1, 直到达到输出信号 CV 中所指定数据类型的下限, 当达到下限时, 输入信号 CD 的信号状态将不再影响减计数器指令。

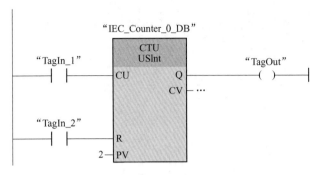

图 6-25 加计数器指令示例

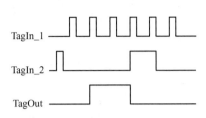

图 6-26 加计数器指令示例时序图

如果输出信号 CV 的当前计数值小于或等于 "0"，则将输出信号 Q 置位为 "1"，在其他情况下，输出信号 Q 的信号状态均为 "0"。

B 指令说明

减计数器指令说明见表 6-12。

表 6-12 减计数器指令说明

指令名称	指令符号	操作数类型		说　明
减计数器	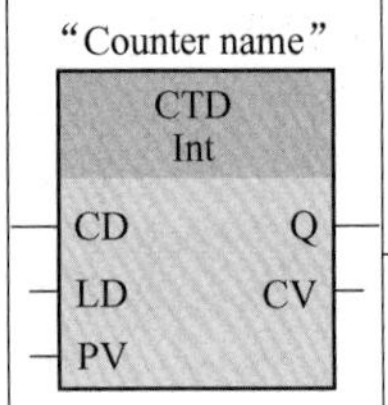 "Counter name" CTD Int CD　　Q LD　　CV PV	输入信号	CD：Bool（脉冲有效）	1. 当 CV > 0，输出信号 Q 为 "0"，当 CV≤0，输出信号 Q 为 "1"
			LD：Bool（电平有效）	
			PV：任何整数数据类型	2. 当 LD 为 "1" 时，将预置在 PV 里的计数次数赋给 CV，CV = PV
		输出信号	Q：Bool	3. 当 LD 为 "0" 时，CD 位上升沿时，CV 的当前值减 1
			CV：任何整数数据类型	

C 示例

图 6-27 和图 6-28 分别为减计数器指令示例及其时序图。

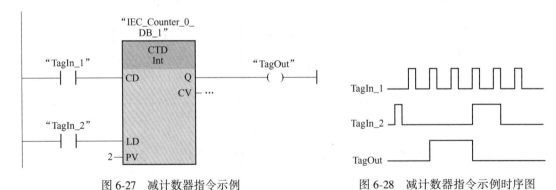

图 6-27 减计数器指令示例

图 6-28 减计数器指令示例时序图

6.2.3.3 加减计数器指令

A 指令概述

使用加减计数器指令可以进行递增和递减计数（见表 6-13），CU 为加计数信号输入，CD 为减计数信号输入。加减计数器的功能类似于一个加计数器和一个减计数器的组合。

如果输入信号 CU 的状态从"0"变为"1"（信号上升沿），则输出信号 CV 的计数值加 1 并存储在 CV 中；如果输入信号 CD 的状态从"0"变为"1"（信号上升沿），则输出信号 CV 的当前计数值减 1。如果在一个程序周期内，输入信号 CU 和 CD 都出现信号上升沿，则输出信号 CV 的当前计数值保持不变。

当输入信号 LD 的状态变为"1"时，会将输出信号 CV 的当前计数值置位为参数 PV 的值。只要输入信号 LD 的状态为"1"，输入信号 CU 和 CD 的状态就不会影响加减计数器指令。

当输入信号 R 的状态变为"1"时，输出信号 CV 的当前计数值复位为"0"，只要输入信号 R 的状态为"1"，输入信号 CU、CD 和 LD 的状态就不会影响加减计数器指令。

可以在输出信号 QU 中查询加计数器的状态，如果输出信号 CV 的计数值大于或等于参数 PV 的值，则将输出信号 QU 的状态置位为"1"；在其他情况下，输出信号 QU 的状态均为"0"。

可以在输出信号 QD 中查询减计数器的状态，如果输出信号 CV 的当前计数值小于或等于"0"，则将输出信号 QD 的状态置位为"1"；在其他情况下，输出信号 QD 的状态均为"0"。

B 指令说明

加减计数器指令说明见表 6-13。

表 6-13 加减计数器指令说明

指令名称	指令符号	操作数类型			说　明
加减计数器	"Counter name" CTUD Int CU　QU CD　QD R　CV LD PV	输入	CU：Bool	CD：Bool	1. 输入信号 CU 位上升沿时，CV 的当前值加 1；输入信号 CD 位上升沿时，CV 的当前值减 1 2. 当 CV < PV，输出信号 QU 为"0"，当 CV ≥ PV，输出信号 QU 为"1" 3. 当 CV > 0，输出信号 QD 为"0"，当 CV ≤ 0，输出信号 QD 为"1" 4. 当 R 为"1"时，CV = 0，输出信号 QU 为"0"，输出信号 QD 为"1" 5. 当 LD 为"1"时，CV = PV
			R：Bool	LD：Bool	
			PV：任何整数数据类型		
		输出	QU：Bool		
			QD：Bool		
			CV：任何整数数据类型		
		Counter name： IEC _ SCOUNTER IEC _ USCOUNTER IEC _ COUNTER IEC _ UCOUNTER IEC _ DCOUNTER IEC _ UDCOUNTER CTUD _ SINT CTUD _ USINT CTUD _ INT CTUD _ UINT CTUD _ DINT CTUD _ UDINT			

当 PV = 4 时，加减计数器指令的时序图如图 6-29 所示。

6.2.3.4 应用实例

（1）实例名称：指示灯点亮次数计数应用实例。

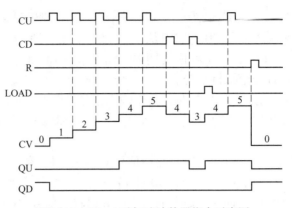

图 6-29　PV = 4 时加减计数器指令时序图

（2）实例描述：按下启动按钮，延时 5s，绿色指示灯点亮，计数器加 1；按下停止按钮，绿色指示灯熄灭；按下复位按钮，计数值复位。

（3）输入/输出分配表：S7-1200 PLC 输入/输出分配表见表 6-14。

表 6-14　输入/输出分配表

输　　入		输　　出	
启动按钮（SB₁）	I0.0	绿色指示灯（GL）	Q0.0
停止按钮（SB₂）	I0.1	—	—
复位按钮（SB₃）	I0.2	—	—

（4）接线图：S7-1200 PLC 接线图如图 6-30 所示。

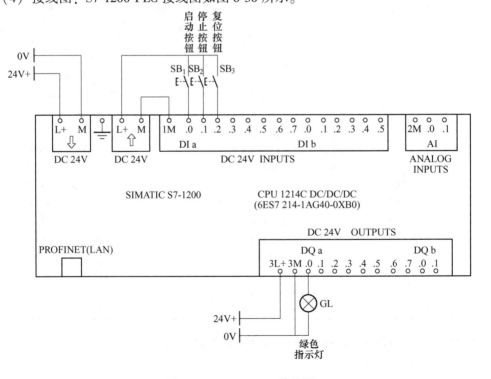

图 6-30　S7-1200 PLC 接线图

（5）变量表：PLC 变量表如图 6-31 所示。

		名称	数据类型	地址 ▲	保持
		变量表_1			
1		启动按钮	Bool	%I0.0	
2		停止按钮	Bool	%I0.1	
3		复位按钮	Bool	%I0.2	
4		绿色指示灯	Bool	%Q0.0	
5		辅助继电器	Bool	%M10.0	
6		指示灯计数值	Int	%MW12	

图 6-31　PLC 变量表

（6）程序编写：实例程序如图 6-32 所示。

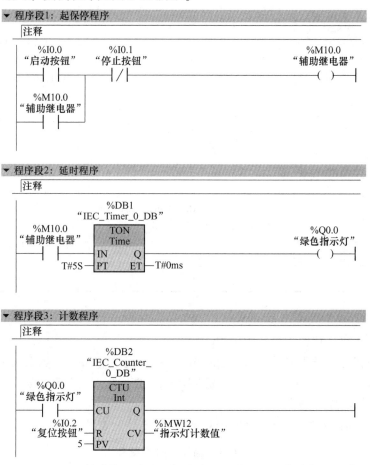

图 6-32　实例程序

6.2.4　功能指令

6.2.4.1　比较器指令

A　指令概述

使用比较器指令可以对数据类型相同的两个值进行比较。

B　指令说明

比较器指令说明见表 6-15。

表 6-15　比较器指令说明

指令名称	指令符号	操作数类型	说　明
比较值	"IN1" == Byte "IN2"	IN1，IN2：Byte/Word/DWord/SInt/Int/DInt/USInt/UInt/UDInt/Real/LReal/String/WString/Char/Char/Time/Date/TOD/DTL/常数	比较 IN1 和 IN2，如果结果为真，则该触点被激活
范围内值	IN_RANGE ??? MIN VAI MAX	MIN，VAI，MAX：SInt/Int/DInt/ USInt/UInt/UDInt/Real/LReal/常数	测试 VAL 输入值是在指定的 MAX 和 MIN 范围之内（MIN<VAL<MAX），则输出为"1"，否则输出为"0"
范围外值	OUT_RANGE ??? MIN VAI MAX	MIN，VAI，MAX：SInt/nt/DInt/ USInt/UInt/UDInt/Real/LReal/常数	测试 VAL 输入值是在指定的 MAX 和 MIN 范围之外（MAX＜VAL＜MIN），则输出为"1"，否则输出为"0"

C　应用实例

（1）实例名称：比较指令应用实例。

（2）实例描述：按下启动按钮，延时 5s，绿色指示灯点亮，计数器加 1；按下停止按钮，绿色指示灯熄灭；当绿色指示灯点亮 5 次时，红色指示灯点亮；按下复位按钮，绿色指示灯和红色指示灯均熄灭。

（3）输入/输出分配表：S7-1200 PLC 输入/输出分配表见表 6-16。

表 6-16　输入/输出分配表

输　　入		输　　出	
启动按钮（SB₁）	I0.0	绿色指示灯（GL）	Q0.0
停止按钮（SB₂）	I0.1	红色指示灯（RL）	Q0.1
复位按钮（SB₃）	I0.2	—	—

（4）接线图：S7-1200 PLC 接线图如图 6-33 所示。

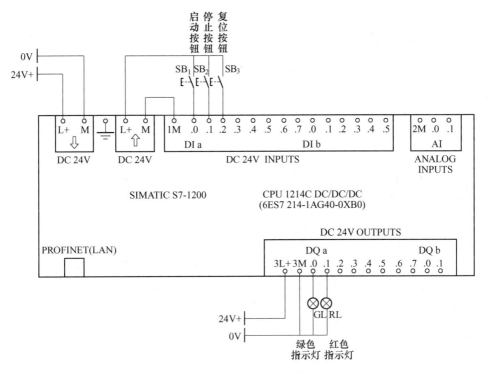

图 6-33   S7-1200 PLC 接线图

（5）变量表：PLC 变量表如图 6-34 所示。

		名称	数据类型	地址 ▲	保持
1		启动按钮	Bool	%I0.0	
2		停止按钮	Bool	%I0.1	
3		复位按钮	Bool	%I0.2	
4		绿色指示灯	Bool	%Q0.0	
5		红色指示灯	Bool	%Q0.1	
6		辅助继电器	Bool	%M10.0	
7		指示灯计数值	Int	%MW12	

变量表_1

图 6-34   PLC 变量表

（6）程序编写：实例程序如图 6-35 所示。

6.2.4.2   数学函数指令

A   指令概述

数学函数指令具有数学运算的功能，数学函数指令包含整数运算指令、浮点数运算指令及三角函数运算指令等，在使用数学函数指令时，输入与输出的数据类型必须保持一致，可通过指令框中的 "???" 下拉列表选择该指令的数据类型。

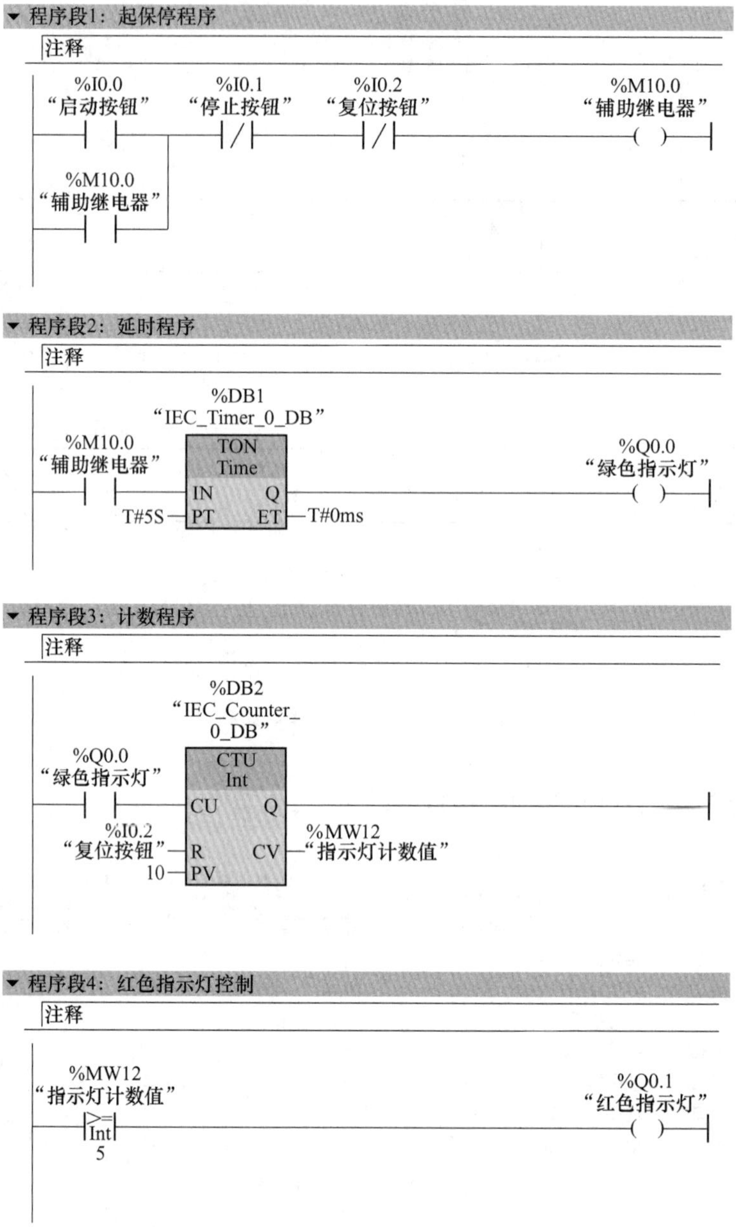

图 6-35   实例程序

B   指令说明

数学函数指令说明见表 6-17。部分指令的输入可增加，如 ADD 指令，单击 IN2 旁边的 图标，可以插入多个输入。

表 6-17　数学函数指令说明

指令名称	指令符号	操作数类型	说　　明
计算	CALCULATE ??? — EN ENO OUT: =<???> — IN1 OUT — IN2✳	IN1, IN2, OUT：SInt/Int/DInt/USInt/UInt/UDInt/ Real/LReal/Byte/Word/DWord	单击计算器图标"<???>"进行定义数学函数，并根据定义的等式在 OUT 处生成结果
加、减、乘、除	ADD ??? — EN ENO — IN1 OUT — IN2✳	IN1, IN2：SInt/Int/DInt/USInt/UInt/UDInt/ Real/LReal/常数 OUT：SInt/Int/DInt/JSInt/UInt/UDInt/Real/LReal	1. ADD：加法（OUT= IN1+IN2） 2. SUB：减法（OUT = IN1−IN2） 3. MUL：乘法（OUT = IN1 ∗ IN2） 4. DIV：除法（OUT= IN1/IN2）
求余	MOD ??? — EN ENO — IN1 OUT — IN2	IN1, IN2：SInt/Int/DInt/USInt/UInt/UDInt/ 常数 OUT：SInt/Int/DInt/USInt/UInt/UDInt	MOD 指令返回整数除法运算的余数，即将 IN1 除以 IN2 后得到的余数输出到 OUT 中
取反	NEG ??? — EN ENO — IN OUT	IN1：SInt/Int/DInt/Real/LReal/Constant OUT：SInt/Int/DInt/Real/LReal	将参数 IN 的值的算术符号取反（求二进制补码），并将结果存储在参数 OUT 中
递增、递减	INC ??? — EN ENO — IN/OUT	IN/OUT：SInt/Int/DInt/USInt/UInt/UDInt	1. INC：递增（IN/OUT = IN/OUT+1） 2. DEC：递减（IN/OUT = IN/OUT−1）
绝对值	ABS ??? — EN ENO — IN OUT	IN, OUT：SInt/Int/DInt/Real/LReal	将输入信号 IN 的有符号整数或实数的绝对值输出到 OUT 中
最大值	MAX ??? — EN ENO — IN1 OUT — IN2✳	IN1, IN2, …, IN32：SInt/Int/DInt/USInt/ UInt/UDInt/Real/LReal/Time/Date/TOD/常数 OUT：SInt/Int/DInt/USInt/UInt/UDInt/Real/ LReal/Time/Date/TOD	依次比较输入端的值并将最大的值输出到 OUT 中，最多可以支持 32 个输入
最小值	MIN ??? — EN ENO — IN1 OUT — IN2✳	IN1, IN2, …, IN32：SInt/Int/DInt/USInt/ UInt/UDInt/Real/LReal/Time/Date/TOD/常数 OUT：SInt/Int/DInt/USInt/UInt/UDInt/Real/ LReal/Time/Date/TOD	依次比较输入端的值并将最小的值输出到 OUT 中，最多可以支持 32 个输入

指令名称	指令符号	操作数类型		说　明
设置限值	MIN ??? EN　ENO IN1　OUT IN2※	MN，IN，MX：SIn/Int/DInt/USInt/UInt/UDInt/Real/LReal/Time/Date/TOD/常数	OUT：SInt/Int/DInt/USInt/UInt/UDInt/Real/LReal/Time/Date/TOD	LIMIT 指令用于测试参数 IN 的值是否在参数 MN 和 MX 指定的值范围内。当在 MN<MX 时，OUT 输出符合以下逻辑： 1. 当 IN≤MN 时，OUT= MN 2. 当 IN≥MX 时，OUT= MX 3. 当 MN<IN<MX 时，OUT= IN 4. 当 MN≥MX 时，OUT=IN
平方、平方根	SQR ??? EN　ENO IN　OUT	IN：Real/LReal/常数	OUT：Real/LReal	1. SQR：平方（OUT= IN2） 2. SQRT：平方根（OUT=$\sqrt{IN}$）
自然对数	LN ??? EN　ENO IN　OUT	IN：Real/LReal/常数	OUT：Real/LReal	自然对数，即 OUT=In（IN）
指数值	EXP ??? EN　ENO IN　OUT	IN：Real/LReal/常数	OUT：Real/LReal	指数值（OUT=e^{IN}），其中底数 e=2.71 828 182 845 904 523 536
正弦值、反正弦值	SIN ??? EN　ENO IN　OUT	IN：Real/LReal/常数	OUT：Real/LReal	1. SIN：正弦值，即 OUT = sin（IN） 2. ASIN：反正弦值，即 OUT = arcsin（IN）
余弦值、反余弦值	COS ??? EN　ENO IN　OUT	IN：Real/LReal 常数	OUT：Real/LReal	1. COS：余弦值，即 OUT = cos（IN） 2. ACOS：反余弦值，即 OUT = arccos（IN）
正切值、反正切值	TAN ??? EN　ENO IN　OUT	IN：Real/LReal/常数	OUT：Real/LReal	1. TAN：正切值，即 OUT = tan（IN） 2. ATAN：反正切值，即 OUT= arctan（IN）
取小数	FRAC ??? EN　ENO IN　OUT	IN：Real/LReal/常数	OUT：Real/LReal	提取浮点数 IN 的小数部分并输出到 OUT 中
取幂	EXPT ??? ** ??? EN　ENO IN1　OUT IN2	IN1，IN2：Real/LReal/常数	OUT：Real/LReal	取幂（OUT= $IN1^{IN2}$）

C　应用实例

（1）实例名称：圆柱形容器的体积计算应用实例。

（2）实例描述：已知圆柱形容器的底部圆的半径和液位高度，计算液体体积。

（3）程序编写：实例程序如图 6-36 所示。

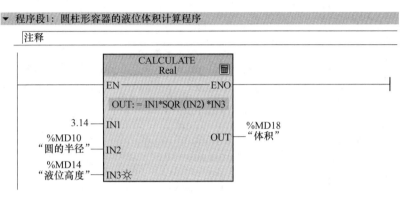

图 6-36　实例程序

6.2.4.3　数据处理指令

数据处理指令分为数据传送指令、数据转换指令、字逻辑运算指令和移位及循环移位指令等。

A　数据传送指令

（1）指令概述：使用数据传送指令可以将数据元素复制到新的存储器地址并从一种数据类型转换为另一种数据类型。

（2）指令说明：数据传送指令说明见表 6-18。

表 6-18　数据传送指令说明

指令名称	指令符号	操作数类型	说　　明
移动	MOVE　EN　ENO　IN　OUT1	IN，OUT：SInt/Int/DInt/USInt/UInt/UDInt/Real/LReal/Byte/WordDWord/Char/WChar/Array/Struct/DTL/Time/Date/TOD/IEC 数据类型/PLC 数据类型	MOVE 指令将单个数据元素从参数 IN 指定的源地址复制到参数 OUT 指定的目标地址
移动块	MOVE_BLK　EN　ENO　IN　OUT　COUNT	IN，OUT：SInt/IntDInt/USInt/UInt/UDInt/Real/LRealByte/Word/DWord/Time/Date/TOD/WChar COUNT：UInt	MOVE _ BLK 指令将数据元素块复制到新地址的可中断移动块中，COUNT 用于指定要复制的数据元素的个数
无中断移动块	UMOVE_BLK　EN　ENO　IN　OUT　COUNT	IN，OUT：SInt/Int/DInt/USInt/UInt/UDInt/Real/LReal/Byte/Word/DWord/Time/Date/TOD/WChar COUNT：UInt	UMOVE _ BLK 指令将数据元素块复制到新地址的不可中断移动块中，COUNT 用于指定要复制的数据元素的个数

续表 6-18

指令名称	指令符号	操作数类型	说　明
填充块	FILL_BLK EN　ENO IN　OUT COUNT	IN，OUT：SInt/Int/DInt/USInt/UInt/UDInt/ RealLReal/Byte/WordDWord/Time/Date/TOD/ Char/WChar COUNT：USIntUInt/UDInt	用 IN 输入的值填充一个存储区域（目标范围），从输出 OUT 指定的地址开始填充目标范围。可以使用参数 COUNT 指定复制操作的重复次数
无中断 填充块	UFILL_BLK EN　ENO IN　OUT COUNT	IN，OUT：SInt/Int/DInt/USIntUInt/UDInt/ Real/LReal/Byte/Word/DWord/Time/Date/TOD/ Char/WChar COUNT：USInt/UInt/UDInt	用 IN 输入的值填充一个存储区域（目标范围），从输出 OUT 指定的地址开始填充目标范围。可以使用参数 COUNT 指定复制操作的重复次数
交换字节	SWAP ??? EN　ENO IN　OUT	IN，OUT：Word/DWord	用于反转二字节和四字节数据元素的字节顺序，不改变每个字节中的位顺序

B　数据转换指令

（1）指令概述：使用数据转换指令可以将数据从一种数据类型转换为另一种数据类型，数据转换指令的输入不支持位串数据类型（如 Byte、Word 和 DWord）。如果需要对位串类型的数据进行转换操作，则必须选择位长度相同的无符号整型。例如，为 Byte 选择 USInt，为 Word 选择 UInt，为 DWord 选择 UDInt。对输入的 BCD16 数据进行转换仅限于 Int 数据类型，对输入的 BCD32 数据进行转换仅限于 DInt 数据类型。

（2）指令说明：数据转换指令说明见表 6-19。

表 6-19　数据转换指令说明

指令名称	指令符号	操作数类型	说　明
转换	ROUND Real to ??? EN　ENO IN　OUT	IN，OUT：位串/SIntUSInt/Int/UInt/DInt/ UDInt/Real/LReaVBCD16/BCD32/Char/WChar	读取参数 IN 的内容，并根据指令框中选择的数据类型对其进行转换。转换值将输出到 OUT 中
取整	TRUNC Real to ??? EN　ENO IN　OUT	IN：Real/LReal OUT：SInt/Int/DInt/USInt/UInt/UDInt/Real/ LReal	将输入 IN 的值四舍五入取整为最接近的整数，并将结果输出到 OUT 中
截尾 取整	CEIL Real to ??? EN　ENO IN　OUT	IN：Real/LReal OUT：SInt/Int/DInt/USInt/UIntUDInt/ Real/ LReal	选择输入浮点数的整数部分，并将其输出到 OUT 中
上取整	FLOOR Real to ??? EN　ENO IN　OUT	IN：Real/LReal OUT：SIn/Int/DInt/USInt/UInt/UDInt Real/ LReal	将输入 IN 的值向上取整为相邻整数并输出到 OUT 中。输出值总大于或等于输入值
下取整	CONV ??? to ??? EN　ENO IN　OUT	IN：Real/LReal OUT：SIn/Int/DInt/USInt/UIntUDInt Real/LReal	将输入 IN 的值向下取整为相邻整数并输出到 OUT 中。输出值总是小于或等于输入值

续表 6-19

指令名称	指令符号	操作数类型	说　明
标准化	NORM_X ??? to ??? EN　　ENO MIN　　OUT VALUE MAX	MIN, MAX, VALUE: SInt/Int/DInt/USInt/UIntUDIntReal/LReal OUT: Real/LReal	将输入 VALUE 变量的值映射到线性标尺并对其进行标准化: OUT=(VALUE−MIN)/(MAX−MIN), 其中, $0.0 \leqslant OUT \leqslant 1.0$
标定	SCALE_X ??? to ??? EN　　ENO MIN　　OUT VALUE MAX	MIN, MAX, OUT: SInt/Int/DIntUSInt/UInt/UDInt/Real/LReal VALUE: Real/LReal	将输入 VALUE 变量的值映射到指定的值范围内, 把该值缩放到由参数 MIN 和 MAX 定义的值范围: OUT = (VALUE MAX − MIN) + MIN, 其中, $0.0 \leqslant VALUE \leqslant 1.0$

C　字逻辑运算指令

(1) 指令概述: 使用字逻辑运算指令可对输入的位串类型数据进行逻辑运算, 常用的字逻辑运算包括与、或和异或等运算。

(2) 指令说明: 字逻辑运算指令说明见表 6-20。

表 6-20　字逻辑运算指令说明

指令名称	指令符号	操作数类型	说　明
与、或、异或	AND ??? EN　　ENO IN1　　OUT IN2	IN1, IN2, OUT: Byte/Word/DWord	1. AND (与): OUT=IN1ANDIN2 2. OR (或): OUT= IN1 OR IN2 3. XOR (异或): OUT = IN1 XOR IN2
按位取反	INV ??? EN　　ENO IN　　OUT	IN, OUT: SInt/IntDInt/USIntUInt/UDInt/Byte/Word/DWord	通过对参数 IN 各个二进制位的值取反来计算反码 (将每个 0 变为 1, 将每个 1 变为 0)。执行按位取反指令后, ENO 总是为 TRUE

续表 6-20

指令名称	指令符号	操作数类型	说　明
编码	ENCO ??? EN　　ENO IN　　OUT	IN：Byte/Word/DWord OUT：Int	编码指令用于选择输入 IN 值的最低有效位，并将该位号输出到 OUT 中
解码	DECO UInt to ??? EN　　ENO IN　　OUT	N：UInt OUT：Byte/Word/DWord	解码指令用于读取输入 IN 的值，并将输出值中位号为读取值的位置位为"1"
选择	SEL ??? EN　　ENO G　　OUT IN0 IN1	参数 G：Bool IN0，IN1，OUT：SInt/Int/DInt/USInt/UInt/UDInt/Real/LReal/Byte/Word/DWord/Time/Date/TOD/Char/WChar	根据参数 G 的值将两个输入值的其中一个参数输出到 OUT 中： 1. 当 G=0 时，OUT=IN0 2. 当 G=1 时，OUT=IN1
多路复用	MUX ??? EN　　ENO K　　OUT IN0 IN1 ELSE	参数 K：UInt IN0，IN1，…，INn，ELSE，OUT：SInt/Int/DIntUSInt/UInt/UDIntRea/LReal Byte/Word/DWord/Time/Date/TOD/Char/WChar	根据参数 K 的值，将多个输入值的其中一个输出到 OUT 中。如果参数 K 的值大于（INn-1），则会将参数 ELSE 的值参数输出到 OUT 中： 1. 当 K=0 时，OUT=IN0 2. 当 K=1 时，OUT=IN1 3. 当 K=n 时，OUT=INn
多路分用	DEMUX ??? EN　　ENO K　　OUT0 IN　　OUT1 ELSE	参数 K：UInt IN，ELSE，OUT0，OUT1，…，OUTn：SInt/Int/DInt/USInt/UIntUDInt/Real/LReal Byte/Word/DWord/Time/Date/TOD/Char/WChar	根据参数 K 的值，将输入值输出到多个 OUT 的其中一个。如果参数 K 的值大于（OUTn-1），则会将 IN 输出到参数 ELSE 中： 1. 当 K=0 时，OUT0=IN 2. 当 K=1 时，OUT1=IN 3. 当 K=n 时，OUTn=IN

　D　移位及循环移位指令

（1）指令概述：使用移位及循环移位指令可以移动操作数的位序列。

（2）指令说明：移位及循环移位指令说明见表 6-21。

表 6-21 移位及循环移位指令说明

指令名称	指令符号	操作数类型	说　明
右移	SHR ??? — EN　ENO — IN　OUT — N	IN，OUT：SInt/Int/DInt/USInt/UInt/UDInt 参数 N：USInt，UDInt	将输入 IN 中操作数的内容按位向右移 N 位，并输出到 OUT。当进行无符号值移位时，用零填充操作数左侧区域中空出的位，如果指定值有符号，则用符号位的信号状态填充空出的位
		15…　…8 7…　…0 IN　1 0 1 0　1 1 1 1　0 0 0 0　1 0 1 0 N　　符号位　　4位 → OUT　1 1 1 1　1 0 1 0　1 1 1 1　0 0 0 0 1 0 1 0 空出的位用符号位的信号状态填充　此4位丢失	
循环右移	ROR ??? — EN　ENO — IN　OUT — N	IN，OUT：SInt/Int/DInt/USInt/UInt/UDInt 参数 N：USInt，UDInt	将输入 IN 中操作数的内容按位向右移 N 位，并输出到 OUT 中。用移出的位填充因循环移位而空出的位
		31…　…16 15…　…0 IN　1010 1010 0000 1111 0000 1111 0101 0101 N　　3位 → OUT　1011 0101 0100 0001 1110 0001 1110 1010 101 3个移出位的信号状态将插入空出的位	
左移	SHL ??? — EN　ENO — IN　OUT — N	IN，OUT：SInt/Int/DInt/USInt/UInt/UDInt 参数 N：USInt，UDInt	将输入 IN 中操作的内容按位向左移 N 位，并输出到 OUT 中。当进行无符号值移位时，用零填充操作数右侧区域中空出的位，如果指定值有符号，则用符号位的信号状态填充空出的位
		15…　…8 7…　…0 IN　0 0 0 0　1 1 1 1　0 1 0 1　0 1 0 1 N　　← 6位 OUT　0 0 0 0 1 1　1 1 0 1　0 1 0 1　0 1 0 0　0 0 0 0 此6位丢失　空出的位置用零填充	

续表 6-21

指令名称	指令符号	操作数类型	说　明
循环左移	ROL ??? — EN　ENO — IN　OUT — N	IN，OUT：SInt/Int/DInt/USInt/UInt/UDInt 参数 N：USInt，UDInt	将输入 IN 中操作数的内容按位向左移 N 位，并输出到 OUT 中。用移出的位填充因循环移位而空出的位

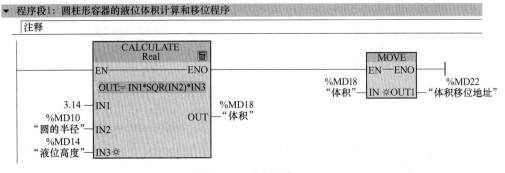

E　应用实例

（1）实例名称：圆柱形容器的体积计算和移位应用实例。

（2）实例描述：已知圆柱形容器的底部圆的半径和液体高度，计算液体体积，并将液体体积数据从 MD18 数据区移到 MD22 数据区。

（3）程序编写：实例程序如图 6-37 所示。

图 6-37　实例程序

6.2.4.4　程序控制指令

A　指令概述

程序控制指令具有强制命令程序下一步跳转至指定位置开始执行的功能。

B　指令说明

常用程序控制指令说明见表 6-22。

表 6-22 常用程序控制指令说明

指令名称	指令符号	操作数类型	说　　明
跳转	tag —（JMP）—	tag：程序标签（LABEL）	当逻辑运算结果 RLO = "1" 时，程序跳转到标签 tag（LABEL）程序段处继续执行
0 跳转	tag —（JMPN）—	tag：程序标签（LABEL）	当逻辑运算结果 RLO = "0" 时，程序跳转到标签 tag（LABEL）程序段处继续执行
跳转标签	tag	tag：标签标识符	LABEL：跳转指令及相应跳转目标程序标签的标识符。各标签在代码块内必须唯一
跳转列表	JMP_LIST EN DEST0 K DEST1	参数 K：UInt DEST0, DEST1：程序标签（LABEL）	根据输入的 K 值跳转到相应的程序标签
跳转分配器	SWITCH ??? EN DEST0 K DEST1 ELSE	参数 K：UInt = =, <>, <, <=, >, >=：SInt/Int/DInt/USInt/UInt/UDInt/Real/LReal/Byte/Word/DWord/Time/TOD/Date DEST0, DEST1, …, ［DESTn］, ELSE：程序标签	将参数 K 中指定要比较的值与各个输入值进行比较，如果 K 值与该输入值的比较结果为"真"，则跳转到分配给 DEST0 的标签。下一个比较测试使用下一个输入，如果比较结果为"真"，则跳转到分配给 DEST1 的标签。依次对其他比较进行类似的处理，如果比较结果都不为"真"，则跳转到分配给 ELSE 的标签
返回	"Return_Value" —（RET）—	Return _ Value：Bool	终止当前块的执行，与 LABEL 配合使用

6.3　S7-1200 PLC 其他指令

6.3.1　数据块控制

数据块用于存储程序数据，数据块中包含由用户程序使用的变量数据。

6.3.1.1　数据块种类

数据块有以下两种类型。

A　全局数据块

全局数据块存储所有其他块都可以使用的数据，数据块的大小因 CPU 的不同而各异。用户可以自定义全局数据块的结构，也可以选择使用 PLC 数据类型（UDT）作为创建全局数据块的模板。

每个组织块、函数或者函数块都可以从全局数据块中读取数据或向其写入数据。

B 背景数据块

背景数据块通常直接分配给函数块，背景数据块的结构取决于函数块的接口声明，不能任意定义。

背景数据块具有以下特性：

（1）背景数据块通常直接分配给函数块；

（2）背景数据块的结构与相应函数块的接口相同，且只能在函数块中更改；

（3）背景数据块在调用函数块时自动生成。

6.3.1.2 数据块创建

在 STEP 7 操作系统中，首先在"项目树"窗格中单击"程序块"下拉按钮，双击"添加新块"选项，选择"数据块（DB）"选项，并设置名称为"数据块1"，完成后点击"确定"按钮。创建数据块指令见表 6-23。

表 6-23 创建数据块指令

LAD/FBD	SCL	说 明
CREATE_DB EN ENO REQ RET_VAL LOW_LIMT BUSY UP_LIMT DB_NUM COUNT ATIRIB SRCBLK	ret_val : = CRHATE DB (RBQ: = bool_in, LOW_LIMIT: =_uint_in, UP_LDIT: =_uint_in, COUNT: =_udint_in_, ATTRIB: =_byte_in_, BUSY = >_bool_out_, DB NUM=>_uint_out_);	使用指令"CREATE_DB"在装载存储器和工作存储器中创建新的数据块。指令"CREATE_DB"不会更改用户程序的校验和。仅在工作存储器中生成的数据模块具有如下属性： 1. 在存储器复位或电源断开/接通后此数据块不再存在； 2. 当下载时或当从停止模式切换到运行模式时，其内容保持不变

SRCBLK 参数用来定义将创建数据块的起始值。SRCBLK 参数是指向数据块或数据块区域的指针，在该数据块或数据块区域应用起始值。SRCBLK 参数指向的数据块必须已通过标准访问权限生成（"优化块访问"属性已禁用）。如果 SRCBLK 参数指定的区域大于生成的数据块，则直至所生成数据块长度的所有值将应用为起始值。如果通过 SRCBLK 参数指定的区域小于生成的数据块，则剩余值将以"0"填充。

为了确保数据一致性，正在执行"CREATE_DB"时（这表明只要参数 BUSY = TRUE），不得更改此数据区域。

6.3.1.3 数据读取/写入指令

通常情况下，DB 存储在装载存储器（闪存）和工作存储器（RAM）中。起始值（初始值）始终存储在装载存储器中，当前值始终存储在工作存储器中。READ_DBL 可用于将一组起始值从装载存储器复制到工作存储器中程序引用的 DB 的当前值。可使用 WRIT_DBL 将存储在内部装载存储器或存储卡中的起始值更新为工作存储器中的当前值。数据读取/写入指令会在闪存（内部装载存储器或存储卡）内执行写入操作，见表 6-24。为了避免影响闪存的使用寿命，可以采用 WRIT_DBL 指令进行更新，例如记录对某个生产工艺的更改。出于同样的考虑，请避免频繁地调用读操作指令 READ_DBL。

表 6-24　读取/写入数据块指令

LAD/FBD	SCL	说　明
READ_DBL Variant EN　　　ENO REQ　　RET_VAL SRCBLK　BUSY 　　　　DSTBLK	READ _ DBL （ 　　req：= _ bool _ in _ ， 　　sxcblk：= _ variant _ in _ ， 　　busy-=>_ bool _ out _ ， 　　dstblk =>_ variant _ out _）；	将 DB 的全部或部分起始值从装载存储器复制到工作存储器的目标 DB 中 在复制期间，装载存储器的内容不变
WRIT_DBL Variant EN　　　ENO REQ　　PET_VAL SRCBLK　BUSY 　　　　DSTBLK	WRIT _ DBL （ 　　req：= _ bool _ in _ ， 　　sxcblk：= _ variant _ in _ ， 　　busy-=>_ bool _ out _ ， 　　dstblk =>_ variant _ out _）；	将 DB 全部当前值或部分值从工作存储器复制到装载存储器的目标 DB 中 在复制期间，工作存储器的内容不变

6.3.1.4　数据块删除指令

数据块删除指令将异步执行，即可通过多次调用执行这一指令，见表 6-25。在 REQ＝1 时调用该指令，将开始中断传送。输出参数 BUSY 和输出参数 RET _ VAL 的第 2 个和第 3 个字节用于显示作业状态。当输出参数 BUSY 的值为 FALSE 时，数据块的删除即完成。

当输出参数 BUSY 的值为 FALSE 时，数据块的删除即完成。

表 6-25　删除数据块指令

LAD/FBD	SCL	说　明
DELETE_DB EN　　　ENO REQ　　RET_VAL DB_NUMBER　BUSY	ret _ val：= DELETE _ DB （ 　　REQ：= _ bool _ in _ ， 　　DB NUMBER：= _ uint _ in _ ， 　　BUSY =>_ bool _ out _）；	"DELETE _ DB" 指令用于删除通过调用指令由用户程序创建的数据块（DB） 如果数据块不是通过 "CREATE _ DB" 创建的，DELETE _ DB 将通过参数 RET _ VAL 返回错误代码 W#16#80B5。DELETE _ DB 调用不会立即删除选定的数据块，而是在执行循环 DB 后的循环控制点处删除

6.3.2　高速计数器

基本计数器指令限于发生在低于 S7-1200 CPU 扫描周期速率的计数事件。高速计数器（HSC）功能提供了发生在高于 PLC 扫描周期速率的计数脉冲。

6.3.2.1　高速计数器功能简介

S7-1200 CPU 最多可组态六个高速计数器（HSC1～HSC6），其中，三个输入是 100kHz，三个输入是 30kHz。高速计数器可用于连接增量式编码器，通过对硬件组态和调用相关指令块来实现计数功能。

S7-1200 PLC 高速计数器的计数类型主要分为以下四种：

（1）计数：计算脉冲次数并根据方向控制递增或递减计数值，在指定事件上可以重置计数、取消计数和启动当前值捕获等；

（2）周期：在指定的时间周期内计算输入脉冲的次数；

（3）频率：测量输入脉冲和持续时间，然后计算脉冲的频率；

(4) 运动控制：用于运动控制工艺对象，不适用于高速计数器指令。

6.3.2.2 高速计数器指令说明

在"指令"窗格中依次选择"工艺"——→"计数"选项，出现高速计数器指令列表，如图 6-38 所示。

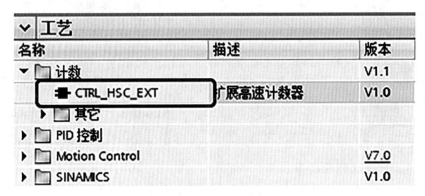

图 6-38 高速计数器指令列表

高速计数器指令中有"CTRL _ HSC _ EXT"（扩展高速计数器）指令和"CTRL _ HSC"（控制高速计数器）指令。每条指令块被拖拽到程序中时自动分配背景数据块，背景数据块的名称可自行修改，编号可以手动或自动分配。

A "CTRL _ HSC _ EXT"指令

a 指令介绍

S7-1200 CPU 从硬件版本 V4.2 起新增了门功能、同步功能、捕获功能和比较功能，这些功能的实现需要通过"CTRL _ HSC _ EXT"指令来实现，该指令如图 6-39 所示。

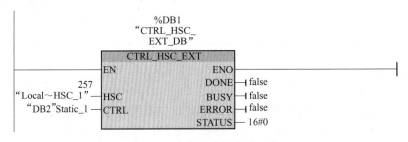

图 6-39 高速计数器指令列表

b 指令参数

"CTRL _ HSC _ EXT"指令的输入/输出引脚参数的含义，见表 6-26。

表 6-26 "CTRL _ HSC _ EXT"指令引脚参数

引脚参数	数据类型	说　明
HSC	HW _ HSC	高速计数器硬件标识符，每个高速计数器都有唯一的硬件标识符，当输入时，可在下拉列表框中进行选择
CTRL	Variant	SFB 输入和返回数据，支持 HSC _ Coumt、HSC _ Period 和 HSC _ Frequency 数据类型

续表 6-26

引脚参数	数据类型	说　明
DONE	Bool	若为 1 表示已成功处理该指令
BUSY	Bool	指令执行状态
ERROR	Bool	指令执行是否出错
STATUS	Word	错误代码

c　指令使用说明

"CTRL_HSC_EXT" 指令允许用户通过程序控制高速计数器，可以用来更新高速计数器的参数。当计数器的类型设置为"计数"或"频率"类型时，不调用该指令也可进行计数或者频率测量，只需直接读取高速计数器的寻址地址即可；若用于"周期"测量，则必须调用该指令。

B　"CTRL_HSC" 指令

a　指令介绍

"CTRL_HSC" 指令用于组态和控制高速计数器，该指令通常放置在触发计数器硬件中断事件时执行的硬件中断组织块中。例如，若 CV=RV 事件触发计数器中断，则硬件中断组织块执行 "CTRL_HSC" 指令，并且可通过装载 NEW_RV 值等更改参考值。"CTRL_HSC" 指令如图 6-40 所示。

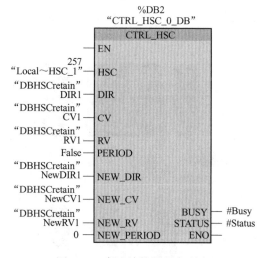

图 6-40　高速计数器指令列表

b　指令参数

"CTRL_HSC" 指令的输入/输出引脚参数含义，见表 6-27。

表 6-27　"CTRL_HSC" 指令引脚参数

引脚参数	数据类型	说　明
EN	Bool	使能输入
ENO	Bool	使能输出

续表 6-27

引脚参数	数据类型	说　　明
HSC	HW _ HSC	高速计数器硬件标识符
DIR	Bool	为 1 表示使能新方向
CV	Bool	为 1 表示使能新初始值
RV	Bool	为 1 表示使能新参考值
PERIOD	Bool	为 1 表示使能新频率测量周期
NEW _ DIR	Int	方向选择：1—加计数；−1—减计数
NEW _ CV	Dint	新初始值
NEW _ RV	Dint	新参考值
NEW _ PERIOD	Int	新频率测量周期
BUSY	Bool	处理状态
STATUS	Word	运行状态

6.3.3　运动控制

6.3.3.1　S7-1200 运动控制

S7-1200 运动控制根据连接驱动方式不同，分成三种控制方式，如图 6-41 所示。

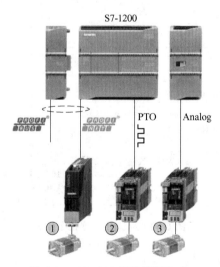

图 6-41　S7-1200 运动控制方式

（1）PROFIdrive：S7-1200 PLC 通过基于 PROFIBUS/PROFINET 的 PROFIdrive 方式与支持 PROFIdrive 的驱动器连接，进行运动控制。

（2）PTO：S7-1200 PLC 通过发送 PTO 脉冲的方式控制驱动器，可以是脉冲十方向、A/B 正交，也可以是正/反脉冲的方式。

（3）模拟量：S7-1200 PLC 通过输出模拟量来控制驱动器。

注意：对于固件 V4.0 及其以下的 S7-1200 CPU 来说，运动控制功能只有 PTO 这一种方式。目前为止，一个 S7-1200 PLC 最多可以控制四个 PTO 轴，该数值不能扩展。

A S7-1200 运动控制——PROFIdrive 控制方式

PROFIdrive 是通过 PROFIBUS 和 PROFINET 连接驱动装置和编码器的标准化驱动技术配置文件，如图 6-42 所示。

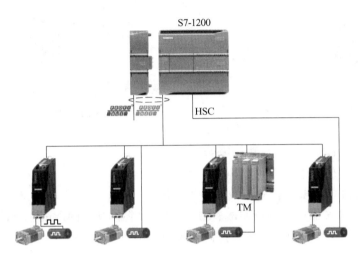

图 6-42 PROFIdrive 控制

支持 PROFIdrive 配置文件的驱动装置都可根据 PROFIdrive 标准进行连接。控制器和驱动装置/编码器之间通过各种 PROFIdrive 消息帧进行通信。

每个消息帧都有一个标准结构，可根据具体应用，选择相应的消息帧。通过 PROFIdrive 消息帧，可传输控制字、状态字、设定值和实际值。

注意：固件 V4.1 开始的 S7-1200 CPU 才具有 PROFIdrive 的控制方式。这种控制方式可以实现闭环控制。

B S7-1200 运动控制——PTO 控制方式

PTO 的控制方式是目前为止所有版本的 S7-1200 CPU 都有的控制方式，该控制方式由 CPU 向轴驱动器发送高速脉冲信号（以及方向信号）来控制轴的运行，如图 6-43 所示。这种控制方式是开环控制。

C S7-1200 运动控制——模拟量控制方式

固件 V4.1 开始的 S7-1200 PLC 的另外一种运动控制方式是模拟量控制方式。以 CPU1215C 为例，本机集成了两个 AO 点，如果用户只需要 1 或 2 轴的控制，则不需要扩展模拟量模块。然而，CPU1214C 这样的 CPU，本机没有集成 AO 点，如果用户想采用模拟量控制方式，则需要扩展模拟量模块。

模拟量控制方式也是一种闭环控制方式，编码器信号有三种方式反馈到 S7-1200 CPU 中，如图 6-44 所示。

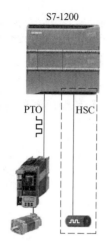
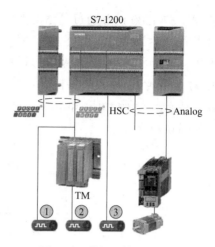

图 6-43　PTO 控制方式　　　　　图 6-44　模拟量控制方式

D　S7-1200 运动控制组态步骤简介

（1）在 Portal 软件中对 S7-1200 CPU 进行硬件组态。

（2）插入轴工艺对象，设置参数，下载项目。

（3）使用"调试面板"进行调试。S7-1200 运动控制功能的调试面板是一个重要的调试工具，使用该工具的节点是在编写控制程序前，用来测试轴的硬件组件以及轴的参数是否正确。

（4）调用"工艺"程序进行编程序，并调试，最终完成项目的编写。

6.3.3.2　工艺对象 PTO 参数组态

添加了"工艺对象：轴"后，可以在图 6-45 右上角看到工艺对象包含两种视图，这两种视图为"功能图"和"参数视图"。

A　"常规"参数

如图 6-45 所示，基本参数中的"常规"参数包括轴名称、驱动器和测量单位。

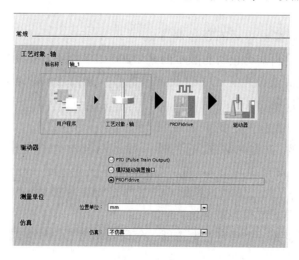

图 6-45　常规参数功能卡

（1）轴名称：定义该工艺轴的名称，用户可以采用系统默认值，也可以自行定义。

（2）驱动器：选择通过 PTO（CPU 输出高速脉冲）的方式控制驱动器。

（3）测量单位：Portal 软件提供了几种轴的测量单位，包括脉冲、距离和角度。距离有 mm（毫米）、m（米）、in（英寸 inch）、ft（英尺 foot）；角度是（°）（360 度）。

如果是线性工作台，一般都选择线性距离 mm（毫米）、m（米）、in（英寸 inch）、ft（英尺 foot）为单位；旋转工作台可以选择（°）（度）。不管是什么情况，用户也可以直接选择脉冲为单位。

B　"驱动器"参数

选择 PTO 的方式控制驱动器，需要进行配置脉冲输出点等参数，如图 6-46 所示。

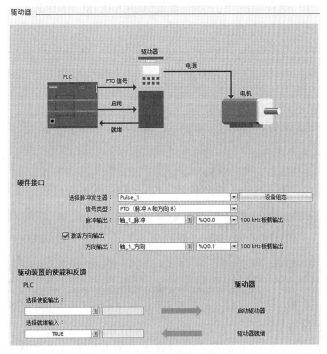

图 6-46　驱动器参数功能卡

a　硬件接口

（1）选择脉冲发生器：选择在"设备视图"中已组态的 PTO。

（2）信号类型：分成四种（前面已介绍过），根据驱动器信号类型进行选择。在这里以 PTO（脉冲 A 和方向 B）为例进行说明。

（3）脉冲输出：根据实际配置，自由定义脉冲输出点；或是选择系统默认脉冲输出点。

（4）激活方向输出：是否使能方向控制位。如果在（2）步，选择了 PTO（正数 A 和倒数 B）或是 PTO（A/B 相移）或是 PTO（A/B 相移-四倍频），则该处是灰色的，用户不能进行修改。

（5）方向输出：根据实际配置，自由定义方向输出点；或是选择系统默认方向输出点。也可以去掉方向控制点，在这种情况下，用户可以选择其他输出点作为驱动器的方向信号。

（6）设备组态：点击该按钮可以跳转到"设备视图"，方便用户回到 CPU 设备属性修改组态。

b　驱动装置的使能和反馈

（1）选择使能输出：步进或是伺服驱动器一般都需要一个使能信号，该使能信号的作用是让驱动器通电。在这里用户可以组态一个 DO 点作为驱动器的使能信号。当然也可以不配置使能信号，这里为空。

（2）选择就绪输入："就绪信号"指的是，如果驱动器在接收到驱动器使能信号之后准备好开始执行运动时会向 CPU 发送"驱动器准备就绪"（drive ready）信号。这时，在"?"处可以选择一个 DI 点作为输入 PLC 的信号；如果驱动器不包含此类型的任何接口，则无需组态这些参数。这种情况下，为准备就绪输入选择值 TRUE。

C　"机械"参数

扩展参数中的"机械"参数主要设置轴的脉冲数与轴移动距离的参数对应关系，如图 6-47 所示。

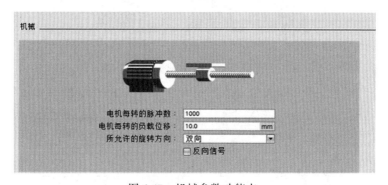

图 6-47　机械参数功能卡

a　电机每转的脉冲数

电机每转的脉冲数是非常重要的一个参数，表示电机旋转一周需要接收多少个脉冲。该数值是根据用户的电机参数进行设置的。

b　电机每转的负载位移

电机每转的负载位移也是一个很重要的参数，表示电机每旋转一周，机械装置移动的距离。比如，某个直线工作台，电机每转一周，机械装置前进 1mm，则该设置成 1.0mm。

注意：如果用户在前面的"测量单位"中选择了"脉冲"，则电机每转的负载位移处的参数单位就变成了"脉冲"，表示的是电机每转的脉冲个数，在这种情况下电机每转的脉冲数和电机每转的负载位移的参数一样。

c　所允许的旋转方向

所允许的旋转方向有三种设置，分别为双向、正方向和负方向，表示电机允许的旋转方向。如果尚未在"PTO（脉冲 A 和方向 B）"模式下激活脉冲发生器的方向输出，则选择受限于正方向或负方向。

d 反向信号

如果使能反向信号，效果是当 PLC 端进行正向控制电机时，电机实际是反向旋转。

D 扩展参数——位置限制

这部分的参数是用来设置软件/硬件限位开关。软件/硬件限位开关是用来保证轴能够在工作台的有效范围内运行，当轴由于故障超过的限位开关，不管轴碰到了是软限位还是硬限位，轴都是停止运行并报错。

限位开关一般是按照图 6-48 的关系进行设置的。

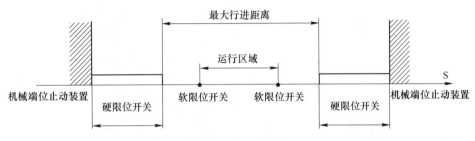

图 6-48 限位开关

软限位的范围小于硬件限位，硬件限位的位置要在工作台机械范围之内，如图 6-49所示。

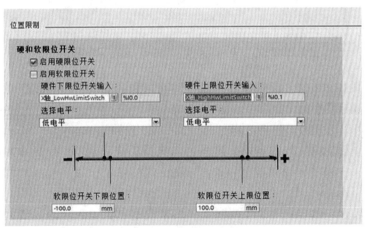

图 6-49 位置限制参数功能卡

（1）启动硬件限位开关：激活硬件限位功能。

（2）启动软件限位开关：激活软件限位功能。

（3）硬件上/下限位开关输入：设置硬件上/下限位开关输入点，可以是 S7-1200 CPU 本体上的 DI 点，如果有 SB 信号板，也可以是 SB 信号板上的 DI 点。

（4）选择电平：设置硬件上/下限位开关输入点的有效电平，一般设置成底电平有效。

（5）软件上/下限位开关输入：设置软件位置点，用距离、脉冲或是角度表示。

注意：用户需要根据实际情况来设置该参数，不要盲目使能软件和硬件限位开关。这部分参数不是必须的。

E　"动态"

扩展参数中的"动态"参数包括"常规"和"急停"两部分。

a　"常规"参数

这部分参数也是轴参数中重要部分，如图 6-50 所示。

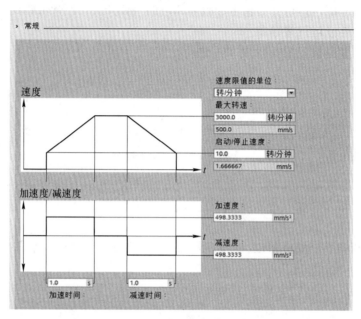

图 6-50　动态参数中"常规"参数功能卡

（1）速度限制的单位：设置参数"最大转速"和"启动/停止速度"的显示单位。

无论"基本参数中的常规"中的"测量单位"组态了怎样的单位，在这里有两种显示单位是默认可以选择的，包括"脉冲/s"和"转/分钟"。

根据前面"测量单位"的不同，这里可以选择的选项也不用。比如本例中在"基本参数中的常规"中的"测量单位"组态了 mm，这样除了包括"脉冲/s"和"转/分钟"之外又多了一个 mm/s。

（2）最大转速：这也是一个重要参数，用来设定电机最大转速。最大转速由 PTO 输出最大频率和电机允许的最大速度共同限定。

（3）启动/停止速度：根据电机的启动/停止速度来设定该值。

（4）加速度：根据电机和实际控制要求设置加速度。

（5）减速度：根据电机和实际控制要求设置减速度。

（6）加速时间：如果用户先设定了加速度，则加速时间由软件自动计算生成。用户也可以先设定加速时间，这样加速度由系统自己计算。

（7）减速时间：如果用户先设定了减速度，则减速时间由软件自动计算生成。用户也可以先设定减速时间，这样减速度由系统自己计算。

（8）激活加速限值：激活加速限值，可以降低在加速和减速斜坡运行期间施加到机械上的应力。如果激活了加速度限值，则不会突然停止轴加速和轴减速，而是根据设置的步进或平滑时间逐渐调整。

（9）滤波时间：如果用户先设定了加加速度，则滤波时间由软件自动计算生成，用户也可以先设定滤波时间，这样加加速度由系统自己计算。

（10）加加速度：激活了加速限值后，轴加减速曲线衔接处变平滑。

b "急停"参数

轴出现错误时，采用急停速度停止轴。动态参数中的"急停"参数功能卡如图 6-51 所示。使用 MC_Power 指令禁用轴时（StopMode＝0 或是 StopMode＝2）：

（1）最大转速：与"常规"中的"最大转速"一致；

（2）启动/停止速度：与"常规"中的"启动/停止速度"一致；

（3）紧急减速度：设置急停速度；

（4）紧急减速时间：如果用户先设定了紧急减速度，则紧急减速时间由软件自动计算生成，用户也可以先设定紧急减速时间，这紧急减速度由系统自己计算。

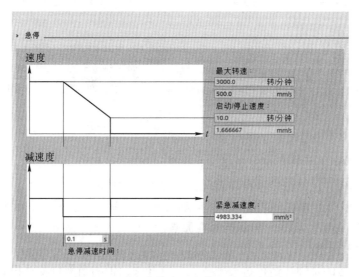

图 6-51 动态参数中"急停"参数功能卡

F "回原点"参数

"回原点"参数也可以称为"参考点"或是"寻找参考点"，其作用是把轴实际的机械位置和 S7-1200 程序中轴的位置坐标统一，以进行绝对位置定位。

一般情况下，西门子 PLC 的运动控制在使能绝对位置定位之前必须执行"回原点"或是"寻找参考点"。

"回原点"参数分成"主动"和"被动"两部分参数。

a "主动"参数

在这里的"扩展参数—回原点—主动"中"主动"就是传统意义上的回原点或是寻找参考点，如图 6-52 所示。当轴触发了主动回参考点操作，则轴就会按照组态的速度去寻找原点开关信号，并完成回原点命令。

（1）输入原点开关：设置原点开关的 DI 输入点。

（2）选择电平：选择原点开关的有效电平，也就是当轴碰到原点开关时，该原点开关对应的 DI 点是高电平还是低电平。

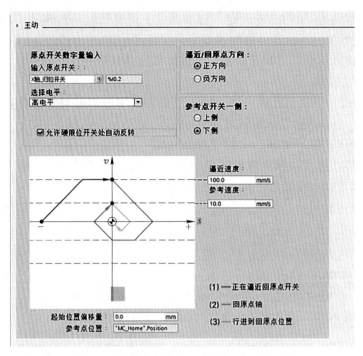

图 6-52 回原点参数中"主动"参数功能卡

(3) 允许硬件限位开关处自动反转：如果轴在回原点的一个方向上没有碰到原点，则需要使能该选项，这样轴可以自动调头，向反方向寻找原点。

(4) 逼近/回原点方向：寻找原点的起始方向。也就是说触发了寻找原点功能后，轴是向"正方向"或是"负方向"开始寻找原点。

b "被动"参数

被动回原点指的是轴在运行过程中碰到原点开关，轴的当前位置将设置为回原点位置值，如图 6-53 所示。

(1) 输入原点开关：参考主动回原点中该项的说明。

(2) 选择电平：参考主动回原点中该项的说明。

(3) 参考点开关一侧：参考主动回原点中第 5 项的说明。

(4) 参考点位置：该值是 MC_Home 指令中"Position"引脚的数值。

6.3.3.3 运动控制指令说明

运动控制程序指令块使用 PTO 功能和"轴"工艺对象的接口控制运动机械的运行，运动控制指令块被用于传输指令到工艺对象，以完成处理和监视。S7-1200 运动控制指令块包括 MC_Power、MC_Reset、MC_Home、MC_Halt、MC_MoveAbsolute、MC_Move-Rela-tive、MC_MoveVelocity 和 MC_MoveJog，下面一一介绍。

A MC_Power 系统使能指令块

系统使能指令块如图 6-54 所示，其参数含义见表 6-28。轴在运动之前必须先被使能。MC_Power 块的 Enable 端变为高电平后，CPU 按照工艺对象中组态好的方式使能外部伺服驱动，当 Enable 端变为低电平后，轴将按 StopMode 中定义的模式进行停车；当 Enable

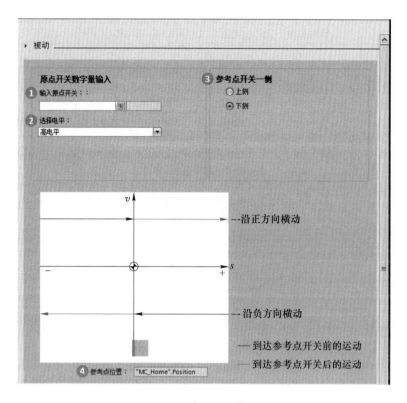

图 6-53 回原点参数中 "被动" 参数功能卡

端为 0 时，将按照组态好的急停方式停车；当 Enable 端值为 1 时，将会立即终止输出。用户程序中，针对每个轴只能调用一次 "启用和禁用轴" 指令，需要指定背景数据块。

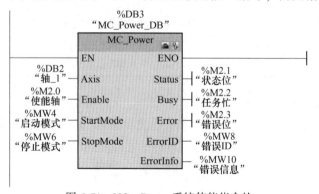

图 6-54 MC _ Power 系统使能指令块

表 6-28 MC _ Power 系统使能指令块的参数含义

参数和类型		数据类型	说 明
Axis	IN _ OUT	TO _ Axis	轴工艺对象
Enable	IN	Bool	（1）FALSE（默认）：所有激活的任务都将按照参数化的 "StopMode" 而中止，并且轴也会停止 （2）TRUE：运动控制尝试启用轴

参数和类型		数据类型	说　明
StartMode	IN	Int	（1）0：速度控制 注：只有在信号检测（False 变为 True）期间才会评估 StartMode 参数 （2）1：位置控制（默认）
StopMode	IN	Int	（1）0：急停：如果禁用轴的请求未决，则轴将以组态的紧急减速度制动。轴在达到停止后被禁用 （2）1：立即停止：如果禁用轴的请求未决，该轴将在不减速的情况下被禁用。脉冲输出立即停止 （3）2：通过冲击控制进行急停：如果禁用轴的请求未决，则轴将以组态的急停减速度制动。如果激活了冲击控制，则不考虑组态的冲击。轴在达到停止后被禁用
Status	OUT	Bool	轴使能的状态： （1）FALSE：轴已禁用： 1）轴不会执行运动控制任务并且不接受任何新任务（例外：MC_Reset 任务） 2）轴未回原点 3）禁用时，直到轴达到停止状态，状态才会更改为 FALSE （2）TRUE：轴已启用： 1）轴已准备好执行运动控制任务 2）轴启用时，直到信号"驱动器就绪"（Drive ready）进入未决，状态才会更改为 TRUE。如果在轴组态中未组态"驱动器就绪"（Drive ready）驱动器接口，状态会立即更改为 TRUE
Busy	OUT	Bool	FALSE：MC_Power 无效 TRUE：MC_Power 已生效
Error	OUT	Bool	FALSE：无错误 TRUE：运动控制指令"MC_Power"或相关工艺发生错误。出错原因可在"ErrorID"和"ErrorInfo"参数中找到
ErrorID	OUT	Word	参数"Error"的错误 ID
ErrorInfo	OUT	Word	参数"ErrorID"的错误信息 ID

B　MC_Reset 错误确认指令块

错误确认指令块如图6-55所示，其参数含义见表6-29，需要指定背景数据块。

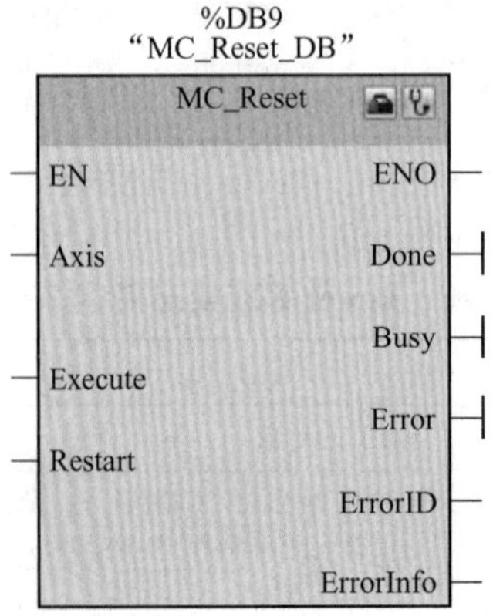

图 6-55　MC_Reset 指令

如果存在一个需要确认的错误。可通过上升沿激活 MC _ Reset 块的 Execute 端，进行错误复位。

表 6-29   MC _ Reset 指令块的参数

参数和类型		数据类型	说　明
Axis	IN	TO _ Axis _ 1	轴工艺对象
Execute	IN	Bool	出现上升沿时开始任务
Restart	IN	Bool	（1）TRUE＝＝从装载存储器将轴组态下载至工作存储器。只有轴处于禁用状态时才能执行该命令 （2）FALSE＝确认未决错误
Done	OUT	Bool	（1）TRUE＝错误已确认 （2）TRUE＝＝正在执行任务
Busy	OUT	Bool	TRUE＝任务执行期间出错。出错原因可在 "ErrorID" 和 "ErrorInfo" 参数中找到
Error	OUT	Bool	参数 "Error" 的错误 ID
ErrorID	OUTP	Word	参数 "ErrorID" 的错误信息 ID
ErrorInfo	OUT	Word	

C   MC _ Home 回原点/设置原点指令块

回原点/设置原点指令块如图 6-56 所示，其参数含义见表 6-30，需要指定背景数据块。该指令块用于定义原点位置，上升沿使能 Execute 端，指令块按照模式中定义好的值执行定义参考点的功能，回参考点过程中，轴在运行中时，MC _ Home 指令块中的 Busy 位始终输出高电平，一旦整个回参考点过程执行完毕，工艺对象数据块中的 HomingDone 位被置 1。

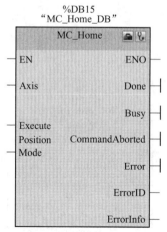

图 6-56   MC _ Home 指令

表 6-30   MC _ Home 指令的参数

参数和类型		数据类型	说　明
Axis	IN _ OUT	TO _ Axis	轴工艺对象

续表 6-30

参数和类型		数据类型	说　明
Execute	IN	Bool	出现上升沿时开始任务
Position	IN	Real	（1）Mode＝0、2 和 3（完成回原点操作后轴的绝对位置） （2）Mode＝1（当前轴位置的校正值） （3）Mode＝6（当前位置位移参数"MC ＿ Home. Position"的值） （4）Mode＝7（当前位置设置为参数"MC ＿ Home. Position"的值） 限值：−1. 0e12≤Position≤1. 0e12
Mode	IN	Int	归位模式： （1）0：绝对式直接回原点 新的轴位置为参数"Position"的位置值 （2）1：相对式直接回原点 新的轴位置为当前轴位置+参数"Position"的位置值 （3）2：被动回原点 根据轴组态回原点。回原点后，参数"Position"的值被设置为新的轴位置 （4）3：主动回原点 按照轴组态进行参考点逼近。回原点后，参数"Position"的值被设置为新的轴位置 （5）6：将当前位置位移参数"MC ＿ Home. Position"的值 计算出的绝对值偏移值始终存储在 CPU 内（<Axisname>. StatusSensor. AbsEncoderOffset） （6）7：将当前位置设置为参数 "MC ＿ Home. Position"的值。计算出的绝对值偏移值始终存储在 CPU 内（<Axis name>. StatusSensor. AbsEncoderOffset）

D　MC ＿ Halt 停止轴指令块

停止轴指令如图 6-57 所示，其参数含义见表 6-31，需要指定背景数据块。MCHalt 块用于停止轴的运动，每个被激活的运动指令，都可由此块停止，上升沿使能 Ex-ecute 后，轴会立即按组态好的减速曲线停车。

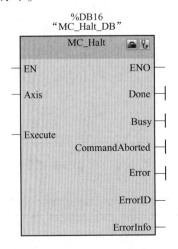

图 6-57　MC ＿ Halt 指令

表 6-31 MC_Halt 指令的参数

参数和类型		数据类型	说　明
Axis	IN	TO_Axis_1	轴工艺对象
Execute	IN	Bool	出现上升沿时开始任务

E　MC_MoveAbsolute 绝对位移指令块

绝对位移指令块如图 6-58 所示，其参数含义见表 6-32，需要指定背景数据块。MC_MoveAbsolute 指令块需要在定义好参考点建立起坐标系统后才能使用，通过指定参数可到达机械限位内的任意一点。当上升沿使能调用选项后，系统会自动计算当前位置与目标位置之间的脉冲数，并加速到指定速度，在到达目标位置时减速到启动/停止速度。

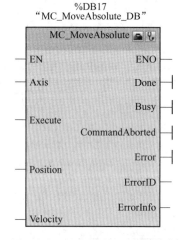

图 6-58　MC_MoveAbsolute 指令

表 6-32　MC_MoveAbsolute 指令的参数

参数和类型		数据类型	说　明
Axis	IN	TO_Axis_1	轴工艺对象
Execute	IN	Bool	出现上升沿时开始任务（默认值：False）
Position	IN	Real	绝对目标位置（默认值：0.0） 限值：$-1.0e12 \leqslant Position \leqslant 1.0e$
Velocity	IN	Real	轴的速度（默认值：10.0） 由于组态的加速度和减速度以及要逼近的目标位置的原因，并不总是能达到此速度 限值：启动/停止速度 $\leqslant$ Velocity $\leqslant$ 最大速度
Direction	IN	Int	旋转方向（默认值：0）

F　MC_MoveRelative 相对位移指令块

相对位移指令块如图 6-59 所示，其参数含义见表 6-33，需要指定背景数据块。相对位移指令块不需要建立参考点，只需定义运行距离、方向及速度。当上升沿使能 Exe-cute 端后，轴按照设置好的距离与速度运行，其方向根据距离值的符号（+/-）决定。

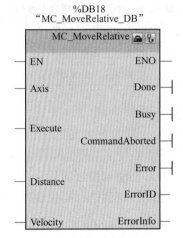

图 6-59　MC＿MoveRalative 指令

表 6-33　MC＿MoveRalative 指令的参数

参数和类型		数据类型	说　　明
Axis	IN	TO＿Axis＿1	轴工艺对象
Execute	IN	Bool	出现上升沿时开始任务（默认值：False）
Distance	IN	Real	定位操纵的行进距离（默认值：0.0） 限值：−1.0e12≤Distance≤1.0e12
Velocity	IN	Real	轴的速度（默认值：10.0） 由于组态的加速度和减速度以及要逼近的目标位置的原因，并不总是能达到此速度 限值：启动/停止速度≤Velocity≤最大速度

G　MC＿MoverVelocity 目标转速运动指令块

目标转速运动指令块如图 6-60 所示，其参数含义见表 6-34，需要指定背景数据块。MC＿MoverVelocity 指令块可使轴按预设速度运动，需要在 Velocity 端设定速度，并在上升沿使能 Execute 端，激活此指令块。使用 MC＿Halt 指令块可使运动的轴停止。

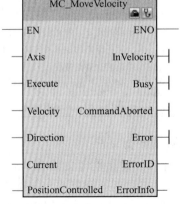

图 6-60　MC＿MoverVelocity 指令

表 6-34 MC ＿ MoverVelocity 指令的参数

参数和类型		数据类型	说 明
Axis	IN	TO ＿ Axis ＿ 1	轴工艺对象
Execute	IN	Bool	出现上升沿时开始任务（默认值：False）
Velocity	IN	Real	轴的速度（默认值：10.0，100.0） 限值：启动/停止速度≤｜Velocity｜≤最大速度 （允许 Velocity = 0.0）
Direction	IN	Int	指定方向： （1）0：旋转方向与参数"Velocity"中的值符号一致（默认值） （2）1：正旋转方向（参数"Velocity"的值符号被忽略） （3）2：负旋转方向（参数"Velocity"的值符号被忽略）
Current	IN	Bool	保持当前速度： （1）FALSE：禁用"保持当前速度"。使用参数"Velocity"和"Direction"的值（默认值） （2）TRUE：激活"保持当前速度"。不考虑参数"Velocity"和"Direction"的值 当轴继续以当前速度运动时，参数，"InVelocity"返回值 TRUE
PositionControlled	IN	Bool	（1）0：速度控制 （2）1：位置控制（默认值：True）

H MC ＿ MoveJog 点动指令块

点动指令块如图 6-61 所示，其参数含义见表 6-35，需要指定背景数据块。MC ＿ MoveJog 指令块可让轴运行在点动模式，首先要在 Velocity 端设置好点动速度，然后置位向前点动和向后点动端，当 JogForward 或 Jog-Backward 端复位时点动停止。轴在运行时，Busy 端被激活。

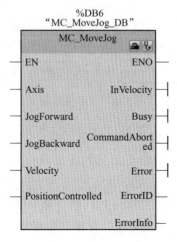

图 6-61 MC ＿ MoveJog 指令

表 6-35　MC＿MoveJog 指令的参数

参数和类型	数据类型	说　明
Axis	TO＿SpeedAxis	轴工艺对象
JogForward	Bool	只要此参数为 TRUE，轴就会以参数"Velocity"中指定的速度沿正向移动。参数"Velocity"的值符号被忽略。（默认值：False）
JogBackward	Bool	只要此参数为 TRUE，轴就会以参数"Velocity"中指定的速度沿负向移动。参数"Velocity"的值符号被忽略。（默认值：False）
Velocity	Bool	点动模式的预设速度（默认值：10.0，100.0） 限值：启动/停止速度≤｜Velocity｜≤最大速度
PositionControlled	Bool	（1）0：速度控制 （2）1：位置控制（默认值：True）

6.3.4　PID 控制

6.3.4.1　PID 控制功能概述

PID 控制又称为比例、积分、微分控制，它在控制回路中连续检测被控变量的实际测量值，将其与设定值进行比较，并使用生成的控制偏差来计算控制器的输出，以尽可能快速、平稳地将被控变量调整到设定值。PID 系统图如图 6-62 所示。

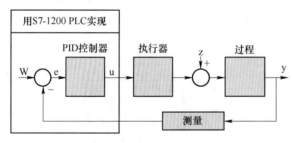

图 6-62　PID 系统图

S7-1200 PLC 提供了多达 16 路的 PID 控制回路，用户可手动调试参数，也可使用自整定功能，由 PID 控制器自动整定参数。另外博途软件还提供了调试面板，用户可以直观地了解被控变量的状态。

S7-1200 PLC 的 PID 控制功能主要由 PID 指令块、循环中断块和工艺对象三部分组成。PID 指令块定义了控制器的控制算法，在循环中断块中按一定周期执行，PID 工艺对象用于定义输入/输出参数、调试参数及监控参数等。

6.3.4.2 "PID＿Compact" 指令说明

在"指令"窗格中选择"工艺" —→ "PID 控制" —→ "Compact PID"选项，"Compact PID"指令集如图 6-63 所示。

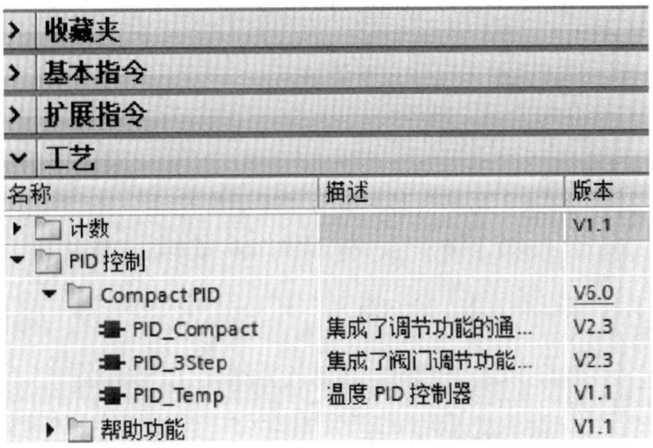

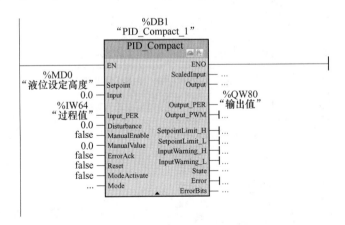

图 6-63 "PID＿Compact"指令集

"Compact PID"指令集主要包括："PID＿Compact"（集成了调节功能的通用 PID 控制器）、"PID＿3Step"（集成了阀门调节功能的 PID 控制器）和"PID＿Temp"（温度 PID 控制器）三个指令。每个指令块在被拖拽到程序工作区时都将自动分配背景数据块，背景数据块的名称可以自行修改，背景数据块的编号可以手动或自动分配。"PID＿Compact"指令为常用指令，本书主要介绍该指令。

A　指令介绍

"PID＿Compact"指令提供了一种集成了调节功能的通用 PID 控制器，具有抗积分饱和的功能，并且能够对比例作用和微分作用进行加权运算，需要在时间中断 OB（组织块）中调用"PID＿Compact"指令。"PID＿Compact"指令如图 6-64 所示。

图 6-64 "PID＿Compact"指令

B　指令参数

"PID＿Compact"指令的输入/输出引脚参数的意义，见表 6-36。

表 6-36　　"PID＿Compact" 指令引脚参数

引脚参数	数据类型	说　　明
Setpoint	Real	自动模式下的设定值
Input	Real	用户程序的变量用作过程值的源
Input＿PER	Word	模拟量输入用作过程值的源
Disturbance	Real	扰动变量或预控制值
ManualEnable	Bool	当 0→1 上升沿时，激活 "手动模式"； 当 1→0 下降沿时，激活由 Mode 指定的工作模式
ManualValue	Real	手动模式下的输出值
ErrorAck	Bool	当 0→1 上升沿时，将复位 ErorBits 和 Warning
Reset	Bool	重新启动控制器
ModeActivate	Bool	当 0→1 上升沿时，将切换到保存在 Mode 参数中的工作模式
Mode	Int	指定 PID＿Compact 将转换的工作模式，具体如下： （1）Mode＝0：未激活 （2）Mode＝1：预调节 （3）Mode＝2：精确调节 （4）Mode＝3：自动模式 （5）Mode 4：手动模式
ScaledInput	Real	标定的过程值
Output	Real	Real 形式的输出值
Output＿PER	Word	模拟量输出值
Output＿PWM	Bool	脉宽调制输出值
SetpointLimit＿H	Bool	当其值为 1 时，说明已达到设定值的绝对上限
SetpointLimit＿L	Bool	当其值为 1 时，说明已达到设定值的绝对下限
InputWarning＿H	Bool	当其值为 1 时，说明过程值已达到或超出警告上限
InputWarning＿L	Bool	当其值为 1 时，说明过程值达到或低于警告下限
State	Int	显示了 PID 控制器的当前工作模式，具体如下： （1）State＝0：未激活 （2）State＝1：预调节 （3）State＝2：精确调节 （4）State＝3：自动模式 （5）State＝4：手动模式 （6）State＝5：带错误监视的替代输出值
Error	Bool	当其值为 1 时，表示周期内错误消息未解决
ErrorBits	DWord	错误消息代码

6.4 技能训练：基本指令综合应用实例

6.4.1 任务目的

通过 PLC 完成两台电动机的时间控制。

6.4.2 任务内容

（1）当系统处于手动控制状态时，按下每台点击的启动按钮，电机启动运行，同时累计运行时间，按下每台电机的停止按钮，电机停止运行。

（2）当系统处于自动控制状态时，按下自动启动按钮，系统会自动启动运行累计时间短的电机，按下自动停止按钮，电机停止运行。

6.4.3 训练准备

工具、仪表及器材：

（1）S7-1200 PLC（CPU1214C DC/DC/DC）一台，订货号为 6ES7 214-1AG40-0XB0；

（2）编程计算机一台，已安装博途专业版 V15.1 软件。

6.4.4 训练步骤

6.4.4.1 新建项目及组态

打开博途软件，在 Portal 视图中，单击"创建新项目"选项，在弹出的界面中输入项目名称（两台电机的时间控制应用实例）、路径和作者等信息，然后单击"创建"按钮即可生成新项目。

进入项目视图，在左侧的"项目树"窗格中，单击"添加新设备"选项，弹出"添加新设备"对话框，在此对话框中选择 CPU 的订货号和版本（必须与实际设备相匹配），然后单击"确定"按钮。

6.4.4.2 设置 CPU 属性

在"项目树"窗格中，单击"PLC_1 [CPU 1214C DC/DC/DC]"下拉按钮，双击"设备组态"选项，在"设备视图"的工作区中，选中 PLC_1，依次单击其巡视窗格中的"属性"——→"常规"——→"PROFINET 接口 [X1]"——→"以太网地址"选项，修改以太网 IP 地址，如图 6-65 所示。

6.4.4.3 新建 PLC 变量表

在"项目树"窗格中，依次选择"PLC_1 [CPU 1214C DC/DC/DC]"——→"PLC 变量"选项，双击"添加新变量表"选项，并将新添加的变量表命名为"PLC 变量表"，然后在"PLC 变量表"中新建变量，如图 6-66 所示。

6.4.4.4 编写 OB1 主程序

OB1 主程序的编写，如图 6-67 所示。

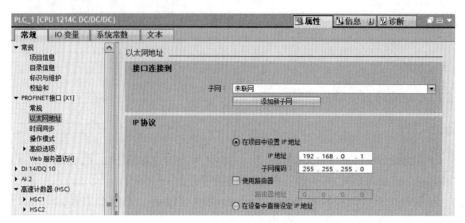

图 6-65 设置以太网 IP 地址

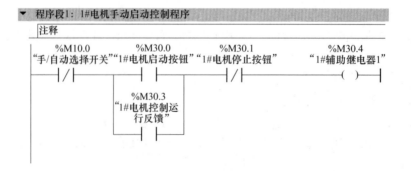

图 6-66 PLC 变量表

▼ 程序段1: 1#电机手动启动控制程序

注释

▼ 程序段2：2#电机手动启动控制程序

注释

```
     %M10.0              %M40.0        %M40.1                    %M40.4
"手/自动选择开关" "2#电机启动按钮" "2#电机停止按钮"           "2#辅助继电器1"
     ──┤/├──────┬──────┤ ├──────────┤/├──────────────────( )──
                │
              %M40.3
            "2#电机控制运
              行反馈"
                └──────┤ ├──
```

▼ 程序段3：1#电机运行累计时间

注释

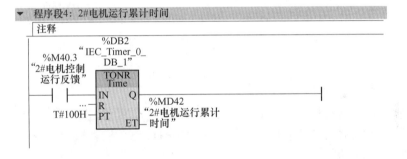

▼ 程序段4：2#电机运行累计时间

注释

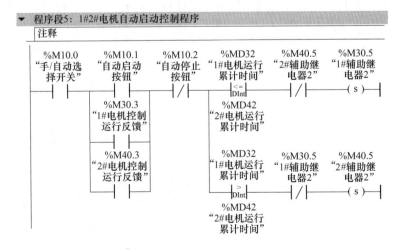

▼ 程序段5：1#2#电机自动启动控制程序

注释

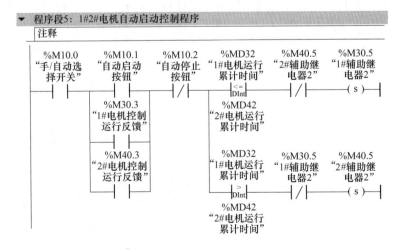

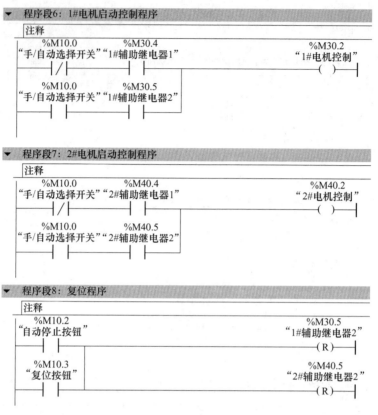

图 6-67   实例程序

6.4.4.5   程序测试

程序编译后，下载到 S7-1200 CPU 中，按以下步骤进行程序测试。

（1）手/自动选择开关为 0 状态，按下每台电机的电机启动按钮和电机停止按钮，可以实现电机的启停控制。

（2）手/自动选择开关为 1 状态，按下自动启动按钮，启动运行累计时间短的电机，按下自动停止按钮，电机停止运行。

7 S7-1200 PLC 串行通信

串行通信是目前工业常用且经济的通信方式，主要用于数据量小、实时性要求不高的场合，PLC 通过串行通信可以连接扫描仪、打印机、称重仪和变频器等设备。

学习目标
（1）掌握 S7-1200 系列 PLC 的串行通信基础知识；
（2）掌握 Modbus TCP 通信基础知识。

7.1　通信基础知识

7.1.1　通信基础

PLC 通信就是将地理位置不同的计算机、PLC、变频器及触摸屏等各种现场设备，通过通信介质连接起来，按照规定的通信协议，以某种特定的通信方式高效率地完成数据的传送、交换和处理。

7.1.1.1　并行通信与串行通信

在数据信息通信时，按同时传送的位数来分，可以分为并行通信和串行通信。

A　并行通信

并行通信是指所传送的数据以字节或字为单位同时发送或接收，并行通信除了有 8 根或 16 根数据线、1 根公共线外，还需要有通信双方联络用的控制线。并行通信传送数据速度快，但是传输线的根数多，抗干扰能力较差，一般用于近距离数据传输，如 PLC 的基本单元、扩展单元和特殊模块之间的数据传送。

B　串行通信

串行通信是以二进制的位为单位，一位一位地顺序发送或接收。串行通信的特点是仅需一根或两根传送线，速度较慢，但适合于多数位、长距离通信。计算机和 PLC 都有通用的串行通信接口，如 RS-232C 或 RS485 接口。在工业控制中计算机之间的通信方式一般采用串行通信方式。

7.1.1.2　通信方式

在通信线路上按照数据传送方向可以划分为单工、半双工、全双工通信方式。

A　单工通信

单工通信就是指信息的传送始终保持同一个方向，而不能进行反向传送，如图 7-1 所示。其中，A 端只能作为发送端，B 端只能作为接收端。

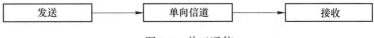

图 7-1　单工通信

B　半双工通信

半双工通信就是指信息流可以在两个方向上传送，但同一时刻只限于一个方向传送，如图 7-2 所示。其中，A 端发送 B 端接收，或者 B 端发送 A 端接收。

图 7-2　半双工通信

C　全双工通信

全双工通信能在两个方向上同 A 时发送和接收数据，如图 7-3 所示。A 端和 B 端双方都可以一边发送数据，一边接收数据。

图 7-3　全双工通信

7.1.1.3　同步通信与异步通信

同步通信是在进行数据传输时，发送和接收双方要保持完全的同步。因此，要求接收和发送设备必须使用同一时钟。

异步通信是不需要使用同一时钟的，接收方不知道发送方什么时候发送数据。因此，在发送的信息中，必须有提示接收方开始接收的信息，如有起始位和停止位等。

工业自动化控制中涉及串行通信的设备主要使用的是异步通信方式。

7.1.1.4　异步串行通信的数据格式

异步串行通信是逐个字符进行传递的，每个字符也是逐位进行传递的，并且每传递一个字符，字符之间没有固定的时间间隔要求。

每一个字符的前面必须有起始位，字符由 7 或 8 位数据位组成，数据位后面是一位校验位，校验位可以是奇数校验位、偶数校验位，也可以无校验位，最后是停止位，停止位后面是不定时长的空闲位，起始位规定为低电平，停止位和空闲位规定为高电平，如图7-4 所示。

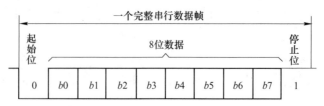

图 7-4　异步串行通信的数据格式

7.1.1.5　串行通信的接口

按电气标准分类，串行通信的接口包括 RS232、RS422 和 RS485，其中 RS232 和

RS485 接口比较常用。

A　RS232 接口

RS232 接口是 PLC 与仪器和仪表等设备的一种串行接口方式，它以全双工方式工作，需要发送线、接收线和地线三条线。RS232 只能实现点对点的通信。逻辑"1"的电平为 −15～−5V，逻辑"0"的电平为+5～+15V。通常 RS232 接口以 9 针 D 形接头出现，其接线图如图 7-5 所示。

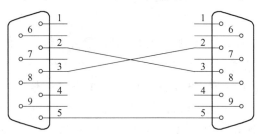

图 7-5　RS232 接线图

B　RS485 接口

RS485 接口是 PLC 与仪器和仪表等设备的一种串行接口方式，采用两线制方式，组成半双工通信网络。在 RS485 通信网络中一般采用的是主从通信方式，即一个主站带多个从站，RS485 采用差分信号，逻辑"1"的电平为+2～+6V，逻辑"0"的电平为−6～−2V，其网络图如图 7-6 所示。RS485 需要在总线电缆的开始和末端都并接终端电阻，终端电阻阻值为 120Ω。

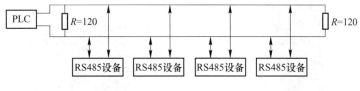

图 7-6　RS485 网络图

C　RS232 接口与 RS485 接口的区别

（1）从电气特性上，RS485 接口信号电平比 RS232 接口信号电平低，不易损坏接口电路。

（2）从接线上，RS232 是三线制，RS485 是两线制。

（3）从传输距离上，RS232 传输距离最长约为 15m，RS485 传输距离可以达到 1000m 以上。

（4）从传输方式上，RS232 是全双工传输，RS485 是半双工传输。

（5）从协议层上，RS232 一般针对点对点通信使用，而 RS485 支持总线形式的通信，即一个主站带多个从站（建议不超过 32 个从站）。

7.1.1.6　串行通信的参数

串行通信网络中设备的通信参数必须匹配，以保证通信正常。通信参数主要包括波特率、数据位、停止位和奇偶校验位。

A 波特率

波特率（bps，bit per second）是通信速度的参数，表示每秒钟传送位的个数。例如，300bit/s 表示每秒钟发送 300 位。串行通信典型的波特率为 600bit/s、1200bit/s、2400bit/s、4800bit/s、9600bit/s、19200bit/s 和 38400bit/s 等。

B 数据位

数据位是通信中实际数据位数的参数，典型值为 7 位或 8 位。

C 停止位

停止位用于表示单个数据包的最后一位，典型值为 1 位或 2 位。

D 奇偶校验位

奇偶校验是串行通信中一种常用的校验方式，它包括奇数校验、偶数校验和无校验三种校验方式。在通信时，应设定串口奇偶校验位，以确保传输的数据有偶数个或者奇数个逻辑高位。例如，如果数据是 0100011，那么对于偶数校验，校验位为 0，保证逻辑高的位数是偶数。

7.1.2 串行通信模块及支持的协议

7.1.2.1 串口通信模块

S7-1200 PLC 的串行通信需要增加串口通信模块或者通信板来扩展 RS232 接口或 RS485 接口。S7-1200 PLC 有两个串口通信模块（CM1241 RS232 和 CM1241 RS422/485）和一个通信板（CB1241 RS485），它们的外观图分别如图 7-7 和图 7-8 所示。

图 7-7 串口通信模块外观图 图 7-8 通信板外观图

串口通信模块安装在 S7-1200 CPU 的左侧，最多可以扩展三个。通信板安装在 S7-1200 CPU 的正面插槽中，最多可以扩展一个。S7-1200 PLC 最多可以同时扩展四个串行通信接口，各模块的相关信息见表 7-1。

表 7-1 串口通信模块和通信板

类型	CM1241 RS232	CM1241 RS422/485	CB1241 RS485
订货号	6ES7241-1AH32-0XB0	6ES7241-1CAH32-0XB0	6ES7241-1CH30-0XB0
接口类型	RS232	RS422/485	RS485

7.1.2.2 支持的协议

S7-1200 PLC 主要支持的常用通信协议见表 7-2。本节详细讲解自由口 ASCII 和 Modbus RTU 协议，USS 协议在变频器章节中进行详细讲解，3964（R）协议使用很少，以下不做介绍。

表 7-2 S7-1200 PLC 主要支持的常用通信协议

类型	CM1241 RS232	CM1241 RS422/485	CB1241 RS485
自由口 ASCII	√	√	√
Modbus RTU	√	√	√
USS	×	√	√
3964（R）	√	√	×

注：√表示支持，×表示不支持。

7.1.2.3 串口通信模块和通信板指示灯功能说明

串口通信模块 CM1241 有 DIAG、Tx 和 Rx 三个 LED 指示灯。串口通信板 CB1241 有 TxD 和 RxD 两个 LED 指示灯。

串口通信模块和通信板指示灯功能说明见表 7-3。

表 7-3 串口通信模块和通信板指示灯功能说明

指示灯	功能	说 明
DIAG	诊断显示	红闪：CPU 未正确识别到通信模块，诊断 LED 会一直红色闪烁 绿闪：CPU 上电后已经识别到通信模块，但是通信模块还没有配置 绿灯：CPU 已经识别到通信模块，且配置也已经下载到 CPU 中
Tx/TxD	发送显示	当通信端口向外传送数据时，LED 指示灯点亮
Rx/RxD	接收显示	当通信端口接收数据时，LED 指示灯点亮

7.2 Modbus RTU 通信协议

7.2.1 功能概述

7.2.1.1 概述

Modbus 串行通信协议是由 Modicon 公司在 1979 年开发的，它在工业自动化控制领域得到了广泛应用，已经成为一种通用的工业标准协议，许多工业设备都通过 Modbus 串行通信协议连成网络，进行集中控制。

Modbus 串行通信协议有 Modbus ASCII 和 Modbus RTU 两种模式。Modbus RTU 协议通信效率较高，应用更广泛；Modbus RTU 协议是基于 RS232 或 RS485 串行通信的一种协议，数据通信采用主从方式进行传送，主站发出具有从站地址的数据报文，从站接收到报文后发送相应报文到主站进行应答。Modbus RTU 协议网络上只能存在一个主站，主站在 Modbus RTU 网络上没有地址，每个从站必须有唯一的地址，从站的地址为 0~247，其中 0 为广播地址，因此从站的实际地址为 1~247。

7.2.1.2 报文结构

Modbus RTU 协议报文结构见表7-4。

表7-4 Modbus RTU 协议报文结构

从站地址码	功能码	数据区	错误校验码	
			2 字节	
1 字节	1 字节	0 到 252 字节	CRC 低	CRC 高

（1）从站地址码表示 Modbus RTU 协议的从站地址，1 字节。

（2）功能码表示 Modbus RTU 协议的通信功能，1 字节。

（3）数据区表示传输的数据，N(0~252) 字节，格式由功能码决定。

（4）错误校验码用于数据校验，2 字节。

报文举例：

从站地址码	功能码	数据地址		数据区		错误校验码	
01	06	00	01	00	17	98	04

这一串数据的作用是把数据 H0017（十进制数为 23）写入 01 号从站的地址 H0001 中。

7.2.1.3 功能码及数据地址

Modbus 设备之间的数据交换是通过功能码实现的，功能码有按位操作，也有按字操作。

在 S7-1200 PLC Modbus RTU 协议通信中，不同的 Modbus RTU 协议数据地址区对应不同的 S7-1200 PLC 数据区，Modbus 功能码及数据区见表7-5。

表7-5 Modbus 功能码及数据区

功能码	描述	位/字操作	Modbus 数据地址	S7-1200 PLC 数据地址区
01	读取输出位	位操作	00 001 ~09 9999	Q0. 0~Q1 023. 7
02	读取输入位	位操作	10 001~19999	I0. 0~I1 023. 7
03	读取保持寄存器	字操作	40 001~49 999	DB 数据块、M 位存储区
04	读取输入字	字操作	30 001~39 999	IW0~TW1 022
05	写一个输出位	位操作	00 001~ −09 999	Q0. 0~Q1 023. 7
06	写一个保持寄存器	字操作	40 001~49999	DB 数据块、M 位存储区
15	写多个输出位	位操作	00 001~09 999	Q0. 0~Q1 023. 7
16	写多个保持寄存器	字操作	40 001 ~49 999	DB 数据块、M 位存储区

7.2.2 指令说明

在"指令"窗格中依次选择"通信"——→"通信处理器"——→"MODBUS（RTU）"选项，出现 Modbus RTU 指令列表，如图7-9 所示。

Modbus RTU 指令主要包括"Modbus _ Comm _ Load"（通信参数装载）指令、

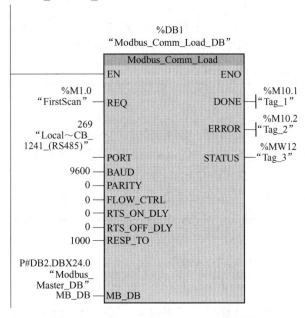

图 7-9 Modbus RTU 指令列表

"Modbus＿Master"（主站通信）指令和"Modbus＿Slave"（从站通信）指令。每个指令块被拖曳到程序工作区中都将自动分配背景数据块，背景数据块的名称可以自行修改，背景数据块的编号可以手动或自动分配。

7.2.2.1 "Modbus＿Comm＿Load"指令

A 指令介绍

"Modbus＿Comm＿Load"指令用于组态 RS232 和 RS485 通信模块端口的通信参数，以便进行 Modbus＿RTU 协议通信，该指令如图 7-10 所示。每个 Modbus RTU 通信的端口，都必须执行一次"Modbus＿Comm＿Load"指令来组态。

图 7-10 "Modbus＿Comm＿Load"指令

B　指令参数

"Modbus＿Comm＿Load"指令的输入/输出引脚参数的意义，见表 7-6。

表 7-6　"Modbus＿Comm＿Load"指令引脚参数

引脚参数	数据类型	说　明
REQ	Bool	在上升沿时执行该指令
PORT	PORT	是通信端口的硬件标识符。安装并组态通信模块后，通信端口的硬件标识符将出现在 PORT 功能框连接的"参数助手"下拉列表中。通信端口的硬件标识符在 PLC 变量表的"系统常数"（System constants）选项卡中指定并可应用于此处
BAUD	UDInt	选择通信波特率：300，600，1200，2400，4800，9600，19200，38400，57600，76800，115200
PARITY	UInt	选择奇偶校验：0—无；1—奇数校验；2—偶数校验
FLOW＿CTRL	UInt	流控制选择：0—默认值（无流控制）
RTS＿ON＿DLY	UInt	RTS 延时选择：0—默认值
RTS＿OFF＿DLY	UInt	RTS 关断延时选择：0—默认值
RESP＿TO	UInt	响应超时："Modbus＿Master"允许用于从站响应的时间（以 ms 为单位）。如果从站在此时间段内未响应，"Modbus＿Master"将重试请求，或者在发送指定次数的重试请求后终止请求并提示错误。其默认值为 1000
MB＿DB	MB＿BASE	对"Modbus＿Master"指令或"Modbus＿Slave"指令所使用的背景数据块的引用。在用户程序中放置"Modbus＿Master"指令或"Modbus＿Slave"指令后，该 DB 标识符将出现在 MB＿DB 功能框连接的"参数助手"下拉列表中
DONE	Bool	如果上一个请求完成并且没有错误，那么 DONE 位将变为 TRUE 并保持一个周期
ERROR	Bool	如果上一个请求完成出错，那么 ERROR 位将变为 TRUB 并保持一个周期。STATUS 参数中的错误代码仅在 ERROR＝TRUE 的周期内有效
STATUS	Word	错误代码

C　指令使用说明

（1）在进行 Modbus RTU 通信前，必须先执行"Modbus＿Comm＿Load"指令组态模块通信端口，然后才能使用通信指令进行 Modbus RTU 通信。在启动 OB 中调用"Modbus＿Comm＿Load"指令，或者在 OB1 中使用首次循环标志位调用执行一次。

（2）当"Modbus＿Master"指令和"Modbus＿Slave"指令被拖拽到用户程序时，将为其分配背景数据块，"Modbus＿Comm＿Load"指令的 MB＿DB 参数将引用该背景数据块。

7.2.2.2　"Modbus＿Master"指令

A　指令介绍

"Modbus＿Master"指令可通过由"Modbus＿Comm＿Load"指令组态的端口作为

Modbus RTU 主站进行通信，该指令如图 7-11 所示。

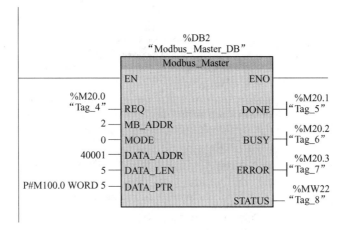

图 7-11 "Modbus_Master" 指令

B 指令参数

"Modbus_Master" 指令的输入输出引脚参数的意义，见表 7-7。

表 7-7 "Modbus_Master" 指令引脚参数

引脚参数	数据类型	说 明
REQ	Bool	在上升沿时执行该指令
MB_ADDR	UInt	Modbus RTU 从站地址。标准地址范围：1~247
MODE	USInt	模式选择：0 表示读操作、1 表示写操作
DATA_ADDR	UDInt	从站中的起始地址：指定 Modbus RTU 从站中将访问的数据的起始地址
DATA_LEN	UInt	数据长度：指定此指令将访问的位或字的个数
DATA_PTR	Variant	数据指针：指向要进行数据写入或数据读取的标记或数据块地址
DONE	Bool	如果上一个请求完成并且没有错误，那么 DONE 位将变为 TRUB 并保持一个周期
BUSY	Bool	0 表示无激活命令，1 表示命令执行中
ERROR	Bool	如果上一个请求完成出错，那么 ERROR 位将交为 TRUE 并保持一个周期。如果执行因错误而终止，那么 STATUS 参数中的错误代码仅在 ERROR = TRUE 的周期内有效
STATUS	Word	错误代码

C 指令使用说明

（1）同一串行通信接口只能作为 Modbus RTU 主站或者从站。

（2）当同一串行通信接口使用多个 "Modbus Master" 指令时，"Mobus Master" 指令必须使用同一个背景数据块，用户程序必须使用轮询方式执行指令。

7.2.2.3 "Modbus_Slaver" 指令

A 指令介绍

"Modbus_Slave" 指令可通过由 "Modbus_Comm_Load" 指令组态的端口作为

Modbus RTU 从站进行通信，该指令如图 7-12 所示。

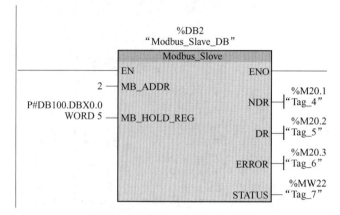

图 7-12　"Modbus ＿ Slave" 指令

B　指令参数

"Modbus ＿ Slave" 指令的输入/输出引脚参数的意义，见表 7-8。

表 7-8　"Modbus ＿ Slave" 指令引脚参数

引脚参数	数据类型	说　明
MB ＿ ADDR	UInt	Modbus RTU 从站的地址，默认地址范围：0~247
MB ＿ HOLD ＿ REG	Variant	Modbus 保持寄存器 DB 数据块的指针：Modbus 保持寄存器可能为位存储区或者 DB 数据块的存储区
NDR	Bool	新数据就绪：0 表示无新数据；1 表示新数据已由 Modbus RTU 主站写入
DR	Bool	数据读取：0 表示未读取数据；1 表示该指令已将 Modbus RTU 主站接收的数据存储在目标区域中
ERROR	Bool	如果上一个请求完成出错，那么 ERROR 位将变为 TRUE 并保持一个周期。如果执行因错误而终止，那么 STATUS 参数中的错误代码仅在 ERROR =TRUE 的周期内有效
STATUS	Word	错误代码

7.3　技能训练：Modbus RTU 通信应用实例

7.3.1　任务目的

通过实训掌握 PLC 之间 Modbus RTU 通信连接方法。

7.3.2　任务内容

两台 S7-1200 PLC 进行 Modbus RTU 通信，其一为主站，另一为从站。主站将读取从站 DB100. DBW0~DB100. DBW4 的数据，并存放到主站的 DB10. DBW0~DB10. DBW4；主站将 DB10. DBX10. 0~DB10. DBX10. 4 的数据写到从站的 Q0. 0~Q0. 4 中。

7.3.3 训练准备

工具、仪表及器材：

（1）S7-1200 PLC（CPU1214C DC/DC/DC）两台，订货号为 6ES7 214-1AG40-0XB0；

（2）CB1241 RS422/485 两台，订货号为 6ES7 241-1CH30-1XB0；

（3）编程计算机一台，已安装博途专业版 V15.1 软件。

7.3.4 训练步骤

7.3.4.1 S7-1200 PLC RS485 通信板接线图

Modbus RTU 通信应用实例的 S7-1200 PLC RS485 通信板接线图，如图 7-13 所示。

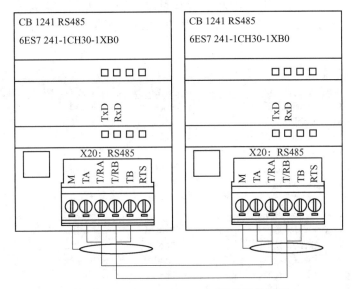

图 7-13　S7-1200 PLC RS485 通信板接线图

7.3.4.2 Modbus RTU 主站程序编写

（1）第一步：新建项目及组态。打开博途软件，在 Portal 视图中，单击"创建新项目"选项，在弹出的界面中输入项目名称（Modbus RTU 通信应用实例）、路径和作者等信息，然后单击"创建"按钮即可生成新项目。

进入项目视图，在左侧的"项目树"窗格中，双击"添加新设备"选项，弹出"添加新设备"对话框，在此对话框中选择 CPU 的订货号和版本（必须与实际设备相匹配），然后单击"确定"按钮。

（2）第二步：设置 CPU 属性。在"项目树"窗格中，单击"PLC_1［CPU 1214C DC/DC/DC］"下拉按钮，双击"设备组态"选项，在"设备视图"的工作区中，选中 PLC_1,依次单击其巡视窗格的"属性"——"常规"——"PROFINET 接口［X1］"——"以太网地址"选项，修改以太网 IP 地址。

依次单击其巡视窗格的"属性"——"常规"——"系统和时钟存储器"选项，激活"启用系统存储器字节"复选框。

备注：程序中会用到系统存储器 M1.0（首次循环）。

（3）第三步：组态通信板。在"项目树"窗格中，单击"PLC_1［CPU 1214C DC/DC/DC］"下拉按钮，双击"设备组态"选项，在硬件目录中找到"通信板"——"点到点"——"CB 1241（RS485）"——"6ES7241-1CH30-1XB0"，然后双击或拖拽此模块至 CPU 插槽即可。

在"设备视图"的工作区中，选中 CB 1241（RS485）模块，依次单击其巡视窗格的"属性"——"常规"——"常规"——"IO-Link"选项，配置模块硬件接口参数。

通信参数设置为：波特率=9.6kbps，奇偶校验=无，数据位=8 位/字符，停止位=1，其他保持默认设置。

（4）第四步：创建 PLC 变量表。在"项目树"窗格中，依次单击"PLC_1［CPU 1214C DC/DC/DC］"——"PLC 变量"下拉按钮，双击"添加新变量表"选项，并将新添加的变量表命名为"PLC 变量表"，然后在"PLC 变量表"中新建变量，如图 7-14 所示。

PLC变量表				
	名称	数据类型	地址	保持
1	通信组态完成	Bool	%M10.1	
2	通信组态错误	Bool	%M10.2	
3	通信组态状态	Word	%MW12	
4	主站读取完成	Bool	%M20.1	
5	主站读取进行	Bool	%M20.2	
6	主站读取错误	Bool	%M20.3	
7	主站读取状态	Word	%MW22	
8	主站写入完成	Bool	%M30.1	
9	主站写入进行	Bool	%M30.2	
10	主站写入错误	Bool	%M30.3	
11	主站写入状态	Word	%MW32	
12	主站读取使能	Bool	%M40.1	
13	主站写入使能	Bool	%M40.2	

图 7-14　PLC 变量表 1

（5）第五步：创建数据发送和接收区。

1）在"项目树"窗格中，依次选择"PLC_1［CPU 1214C DC/DC/DC］"——"程序块"——"添加新块"选项，选择"数据块（DB）"选项创建数据块，数据块名称为"数据块_1"，手动修改数据块编号为 10，然后单击"确定"按钮。

2）需要在数据块属性中取消优化的块访问，然后单击"确定"按钮。

3）在数据块中，创建 5 个字的数组用于存放读取数据，创建 5 个位的数组用于存放写数据，如图 7-15 所示。

（6）第六步：编写 OB1 主程序。

1）设置通信端口的工作模式为 RS485 半双工两线制模式。如图 7-16 所示，在 S7-1200 PLC 启动的第一个扫描周期，将数据 4 赋值给"Modbus_Comm_Load_DB".MODE，工作模式设置为 RS485 半双工两线制模式。"Modbus_Comm_Load_DB".MODE

数据块_1

	名称	数据类型	偏移量	起始值	保持
1	▼ Static				
2	▼ 读取数据区	Array[0..4] of Word	0.0		
3	读取数据区[0]	Word	0.0	16#0	
4	读取数据区[1]	Word	2.0	16#0	
5	读取数据区[2]	Word	4.0	16#0	
6	读取数据区[3]	Word	6.0	16#0	
7	读取数据区[4]	Word	8.0	16#0	
8	▼ 写入数据区	Array[0..4] of Bool	10.0		
9	写入数据区[0]	Bool	10.0	false	
10	写入数据区[1]	Bool	10.1	false	
11	写入数据区[2]	Bool	10.2	false	
12	写入数据区[3]	Bool	10.3	false	
13	写入数据区[4]	Bool	10.4	false	

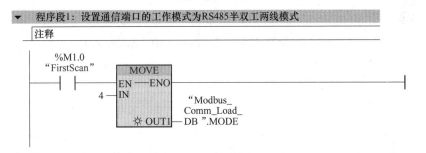

图 7-15 数据发送和接收区

地址为“Modbus _ Comm _ Load”指令的背景数据块中的地址，可以在“项目树”窗格中的“程序块”⟶“系统块”⟶“程序资源”中找到。

图 7-16 通信工作模式设置 1

备注：OUT1 输出引脚可以在“Modbus _ Comm _ Load”指令调用后再填写。

2）设置通信端口为 Modbus RTU 通信模式。

为使通信端口在启动时就被设置为 Modbus RTU 通信模式，需要首先调用“Modbus _ Comm _ Load”指令，为各输入/输出引脚分配地址，如图 7-17 所示。

图 7-17 中的主要参数说明如下：

①REQ 输入引脚在首次循环标志位调用执行一次；

②PORT 输入引脚是通信端口的硬件标识符；

③MB _ DB 输入引脚指向“Modbus _ Master”指令的背景数据块，可以在“Modbus _ Master”指令调用后再填写。

3）启动读轮询操作，如图 7-18 所示。

4）读从站数据区指令。调用“Modbus _ Master”指令，Modbus RTU 主站读取从站数据，如图 7-19 所示。

5）启动写轮询操作如图 7-20 所示。

6）写从站数据区指令。调用“Modbus _ Master”指令，Modbus RTU 主站写入从站数据，如图 7-21 所示。

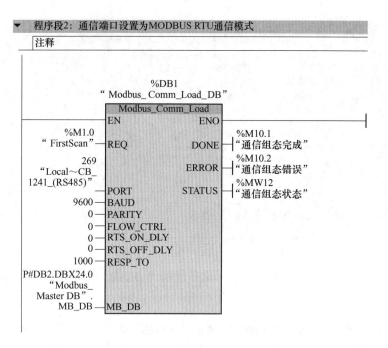

图 7-17　设置通信端口为 Modbus RTU 通信模式 1

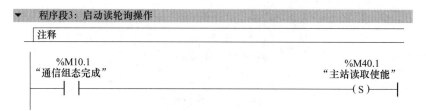

图 7-18　启动读轮询操作

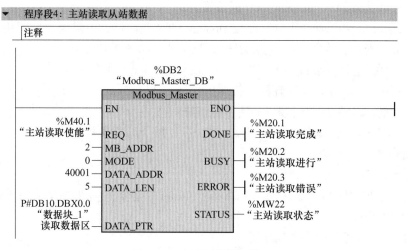

图 7-19　启动写轮询操作

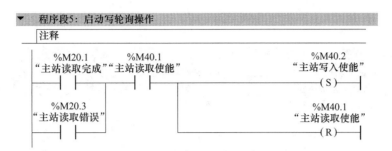

图 7-20　启动写轮询操作

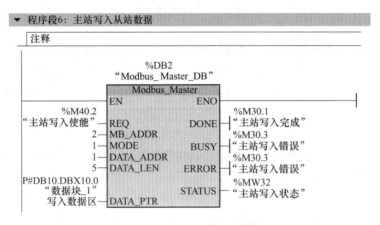

图 7-21　主站写入从站数据

7）启动下一个循环，如图 7-22 所示。

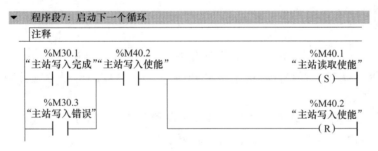

图 7-22　启动下一个循环

至此，Modbus RTU 主站 CPU 程序编写完毕。

7.3.4.3　Modbus RTU 从站程序编写

Modbus RTU 从站的项目与组态、CPU 属性、组态通信板、创建数据发送和接收区设置与主站程序类似，仅需选择 PLC2 即可。而在创建 PLC 变量表时，变量表信息如图 7-23 所示。

编写 OB1 主程序的操作步骤如下。

（1）设置通信端口的工作模式为 RS485 半双工两线制模式。如图 7-24 所示，在

	名称	数据类型	地址	保持
PLC变量表				
1	通信组态完成	Bool	%M10.1	
2	通信组态错误	Bool	%M10.2	
3	通信组态状态	Word	%MW12	
4	从站数据更新	Bool	%M20.1	
5	从站读取完成	Bool	%M20.2	
6	从站通信错误	Bool	%M20.3	
7	从站通信状态	Word	%MW22	

图 7-23   PLC 变量表 2

S7-1200启动的第一个扫描周期, 将数据 4 赋值给 "Modbus _ Comm _ Load _ DB". MODE, 将工作模式设置为 RS485 半双工两线制模式。"Modbus _ Comm _ Load _ DB". MODE 地址 为 "Modbus _ Comm _ Load" 指令的背景数据块中的地址, 可以在 "项目树" 窗格中的 "程序块" ——→ "系统块" ——→ "程序资源" 中找到。

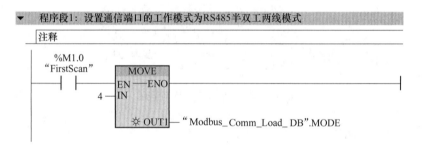

图 7-24   通信工作模式设置 2

（2）设置通信端口为 Modbus RTU 通信模式。为使通信端口在启动时就被设置为 Modbus RTU 通信模式, 需要首先调用 "Modbus _ Comm _ Load" 指令为各输入输出引脚分配地址, 如图 7-25 所示。

图 7-25 中的主要参数说明。MB _ DB 输入引脚指向 "Modbus _ Slave" 指令的背景数据块, 可以在调用 "Modbus _ Slave" 指令后再填写。

（3）从站通信指令。调用 "Modbus Slave" 指令, 如图 7-26 所示。

图 7-26 中的主要参数说明如下:

1）MB _ ADDR: 从站地址为 2;

2）MB _ HOLD _ REG: Modbus 保持寄存器 40001 对应的地址。

至此 Modbus RTU 从站程序编写完毕。

7. 3. 4. 4   程序测试

程序编译后, 下载到 S7-1200 CPU 中, 通过 PLC 监控表监控通信数据。PLC 监控表 如图 7-27 和图 7-28 所示。

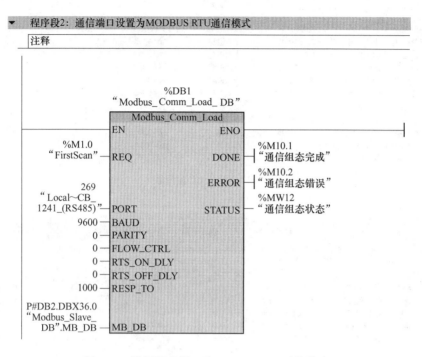

图 7-25　设置通信端口为 Modbus RTU 通信模式 2

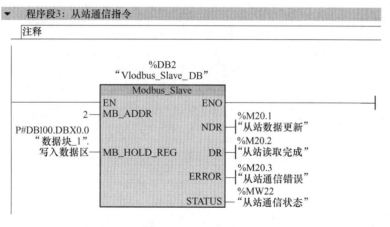

图 7-26　"Modbus _ Slave" 指令

	i	名称	地址	显示格式	监视值	修改值	🗲	注释
1		"数据块_1".读取数据区[0]	%DB10.DBW0	十六进制	16#1111		☐	
2		"数据块_1".读取数据区[1]	%DB10.DBW2	十六进制	16#2222		☐	
3		"数据块_1".读取数据区[2]	%DB10.DBW4	十六进制	16#3333		☐	
4		"数据块_1".读取数据区[3]	%DB10.DBW6	十六进制	16#4444		☐	
5		"数据块_1".读取数据区[4]	%DB10.DBW8	十六进制	16#5555		☐	
6		"数据块_1".写入数据区[0]	%DB10.DBX10.0	布尔型	☐ TRUE	TRUE	☑	⚠
7		"数据块_1".写入数据区[1]	%DB10.DBX10.1	布尔型	☐ TRUE	TRUE	☑	⚠
8		"数据块_1".写入数据区[2]	%DB10.DBX10.2	布尔型	☐ TRUE	TRUE	☑	⚠
9		"数据块_1".写入数据区[3]	%DB10.DBX10.3	布尔型	☐ TRUE	TRUE	☑	⚠
10		"数据块_1".写入数据...	%DB10.DBX10.4	布尔型	☐ TRUE	TRUE	☑	⚠

图 7-27　PLC_1 监控表 1

	i	名称	地址	显示格式	监视值	修改值	🗲	注释
1		"数据块_1".写入数据区[0]	%DB100.DBW0	十六进制	16#1111	16#1111	☑	⚠
2		"数据块_1".写入数据区[1]	%DB100.DBW2	十六进制	16#2222	16#2222	☑	⚠
3		"数据块_1".写入数据区[2]	%DB100.DBW4	十六进制	16#3333	16#3333	☑	⚠
4		"数据块_1".写入数据区[3]	%DB100.DBW6	十六进制	16#4444	16#4444	☑	⚠
5		"数据块_1".写入数据区[4]	%DB100.DBW8	十六进制	16#5555	16#5555	☑	⚠
6			%Q0.0	布尔型	☐ TRUE		☐	
7			%Q0.1	布尔型	☐ TRUE		☐	
8			%Q0.2	布尔型	☐ TRUE		☐	
9			%Q0.3	布尔型	☐ TRUE		☐	
10			%Q0.4	布尔型	☐ TRUE		☐	

图 7-28　PLC_2 监控表 1

8 S7-1200 PLC 以太网通信

西门子 PLC S7-1200 的 CPU 上集成了一个 PROFINET 接口，支持以太网通信和 TCP/IP 通信，用户通过这个接口可以实现与其他 PLC、上位机及其他智能设备（如触摸屏）之间的通信。

这个接口同时支持 10 M/100 M 的 RJ45 接口和电缆交叉自适应接口。本章将带领读者学习 PLC 与 PLC 之间，以及 PLC 与触摸屏之间的以太网通信。

学习目标

（1）掌握 S7-1200 系列 PLC 的以太网通信基础知识；

（2）掌握 Profinet 通信基础知识。

8.1 工业以太网基础知识

工业以太网已经广泛应用于工业自动化控制现场，具有传输速度快、数据量大、便于无线连接和抗干扰能力强等特点，已成为主流的总线网络。

8.1.1 工业以太网概述

工业以太网是在以太网技术和 TCP/IP 技术的基础上开发的一种工业网络，在技术上与商业以太网（即 IEEE802.3 标准）兼容，是对商业以太网技术通信实时性和工业应用环境等进行改进，并添加了一些控制应用功能后，形成的工业以太网技术。

8.1.1.1 计算机网络通信的基础模型

开放系统互连（OSI，Open System Interconnection）模型是由国际标准化组织（ISO）和国际电报电话咨询委员会（CCITT）联合制定的，它为开放式互连信息系统提供了一种功能结构的框架，OSI 模型很快成了计算机网络通信的基础模型。OSI 模型简化了相关的网络操作，提供了不同厂商产品之间的兼容性，促进了标准化工作，在结构上进行了分层，易于学习和操作。OSI 模型的七层结构分别是物理层、链路层、网络层、传输层、会话层、表示层和应用层，如图 8-1 所示。

（1）物理层：提供建立、维护和拆除物理链路所需的机械、电气、功能与规程。网卡、网线和集线器等都属于物理层设备。

（2）链路层：在网络层实体间提供数据发送和接收的功能与过程，提供数据链路的流控。网桥和交换机等都属于链路层设备。

（3）网络层：具有控制分组传送系统的操作、路由选择、拥护控制和网络互连等功能，它的作用是将具体的物理传送对高层透明。路由器属于网络层设备。

（4）传输层：具有建立、维护和拆除传送连接的功能，选择网络层提供最合适的服

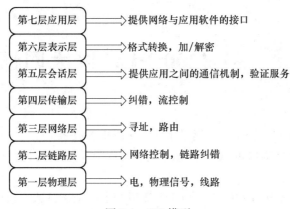

图 8-1　OSI 模型

务，在系统之间提供可靠的、透明的数据传送，提供端到端的错误恢复和流量控制。

（5）会话层：提供两个进程之间建立、维护和结束会话连接的功能。

（6）表示层：代表应用进程协商数据，可以完成数据转换、格式化和文本压缩。

（7）应用层：提供 OSI 用户服务，如事务处理程序、文件传送协议和网络管理等。

8.1.1.2　IP 地址和子网掩码

A　IP 地址

IP 地址是指互联网协议地址（Internet Protocol Address）。IP 地址是 IP 协议提供的一种统一的地址格式，它为互联网上的每一个网络和每一台主机都分配了一个逻辑地址，以此来避免物理地址的差异。

每个设备都必须具有一个 IP 地址。每个 IP 地址分为 4 段，每段占 8 位，用十进制格式表示（如 192.168.0.100）。

B　子网掩码

子网掩码定义 IP 子网的边界。子网掩码不能单独存在，它必须结合 IP 地址一起使用。子网掩码只有一个作用，就是将某个 IP 地址划分成网络地址和主机地址两部分。

子网掩码是一个 32 位地址，对于 A 类 IP 地址，默认的子网掩码是 255.0.0.0；对于 B 类 IP 地址，默认的子网掩码是 252.2555.0.0；对于 C 类 IP 地址，默认的子网掩码是 255.255.255.0。

8.1.1.3　MAC 地址

在网络中，制造商为每个设备都分配了一个介质访问控制地址（MAC 地址）以进行标识。MAC 地址由 6 组数字组成，每组两个十六进制数（如 01-23-45-67-89-AB）。

8.1.1.4　以太网拓扑结构

A　总线型网络结构

早期以太网大多使用总线型的拓扑结构，连接简单，通常在小规模的网络中不需要专用的网络设备，但由于其不易隔离故障点、易造成网络拥塞等缺点，所以已经逐渐被以集线器和交换机为核心的星形网络代替。总线型网络结构如图 8-2 所示。

B　星型网络结构

采用专用的网络设备（如交换机）作为核心节点，通过双绞线将局域网中的各台主

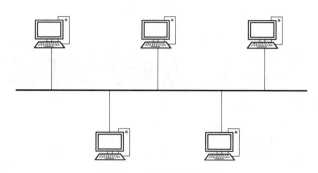

图 8-2　总线型网络结构

机连接到核心节点上，就形成了星型网络结构。星形网络虽然需要的线缆比总线型网络多，但其连接器比总线型网络的连接器便宜。此外，星形拓扑可以通过级联的方式很方便地将网络扩展到很大的规模，因此得到了广泛应用，被绝大部分的以太网采用。星型网络结构如图 8-3 所示。

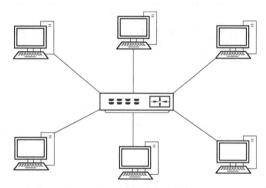

图 8-3　星型网络结构

8.1.2　S7-1200 PLC 以太网接口的通信服务

8.1.2.1　网络连接方式

S7-1200 PLC 本体集成一个或两个以太网口，其中 CPU 1211、CPU 1212 和 CPU 1214 集成一个以太网口，CPU 1215 和 CPU 1217 集成两个以太网口，两个以太网口共用一个 IP 地址，具有交换机的功能。当 S7-1200 PLC 需要连接多个以太网设备时，可以通过交换机扩展接口。

S7-1200 CPU 的 PROFINET 口有以下两种网络连接方法。

A　直接连接

当一台 S7-1200 CPU 与一个编程设备、HMI 或是其他 PLC 通信时，也就是说，当只有两个通信设备时，可以实现直接通信。直接连接不需要使用交换机，直接用网线连接两个设备即可，如图 8-4 所示。

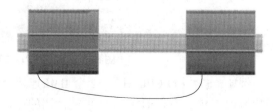

图 8-4　PLC 之间直接用网线连接

B　交换机连接

当两台以上的 CPU 或 HMI 设备连接网络时，需要增加以太网交换机。使用安装在机架上的 CSM1277 4 端口以太网交换机来连接多台 CPU 和 HMI 设备，如图 8-5 所示。CSM1277 交换机是即插即用的，使用前不需要进行任何设置。

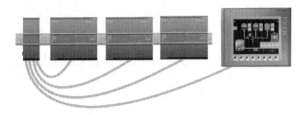

图 8-5　多台 CPU 和 HMI 通过交换机连接

8.1.2.2　通信服务

S7-1200 PLC 通过以太网接口可以支持实时通信和非实时通信。实时通信包括 PROFI-NET 通信，非交实时通信包括 PG 通信、HMI 通信、S7 通信、Modbus TCP 通信和并放式用户通信，通信服务见表 8-1。

表 8-1　通信服务

通信服务	功　能	使用以太网口
PROFINET 通信	IO 控制器和 IO 设备之间的数据交换	√
PG 通信	调试、测试、诊断	√
HMI 通信	操作员控制和监视	√
S7 通信	使用已组态连接交换数据	√
Modbus TCP 通信	使用 Modbus TCP 协议通过工业以太网交换数据	√
开放式用户通信	使用 TCP/IP、ISO on TCP、UDP 协议通过工业以太网交换数据	√

注："√"表示支持。

8.1.2.3　通信连接资源

S7-1200 PLC 以太网接口分配给每个通信服务的最大连接资源数为固定值，但可组态 6 个"动态连接"，在 CPU 硬件组态的"属性"——"常规"——"连接资源"中可以查看，如图 8-6 所示。

连接资源		站资源			模块资源
		预留	动态	!	PLC_1 [CPU 1214C DC/DC/...
最大资源数		62	6		68
	最大	已组态	已组态		已组态
PG 通信：	4	-	-		-
HMI 通信：	12	0	0		0
S7 通信：	8	0	0		0
开放用户通信：	8	0	0		0
Web 通信：	30	-	-		-
其它通信：	-		0		0
使用的总资源：		0	0		0
可用资源：		62	6		68

图 8-6　S7-1200 PLC 以太网的连接资源

例如，S7-1200 CPU 具有 12 个 HMI 连接资源，根据使用的 HMI 类型或型号，以及使用的 HMI 功能，每台 HMI 实际可能使用的连接资源为 1 个、2 个或 3 个，因此可以使用 4 台以上的 HMI 同时连接 S7-1200 CPU，至少确保 4 台 HMI。

8.2　S7-1200 之间的 PROFINET 通信

8.2.1　功能概述

8.2.1.1　概述

PROFINET 基于工业以太网技术，使用 TCP/IP 和 IT 标准，是一种实时的现场总线标准。PROFINET 为自动化通信领域提供了一个完整的网络解决方案，包括实时以太网、运动控制、分布式自动化、故障安全及网络安全等应用，可以实现通信网络的一网到底，即从上到下都可以使用同一网络。西门子在十多年前就已经推出了 PROFINET，目前已经大规模应用于各个行业。

PROFINET 借助 PROFINET IO 实现一种允许所有站随时访问网络的交换技术。作为 PROFINET 的一部分，PROFINET IO 是用于实现模块化、分布式应用的通信概念。这样，通过多个节点的并行数据传输可更有效地使用网络。PROFINET IO 以交换式以太网全双工操作和 100Mbit/s 带宽为基础。

PROFINET IO 基于 20 年来 PROFIBUS DP 的成功应用经验，并将常用的用户操作与以太网技术中的新概念相结合。这可确保 PROFIBUS DP 向 PROFINET 环境的平滑移植。

PROFINET 的目标是：

（1）基于工业以太网建立开放式自动化以太网标准；尽管工业以太网和标准以太网组件可以一起使用，但工业以太网设备更加稳定可靠，因此，更适合于工业环境（温度、抗干扰等）；

（2）使用 TCP/IP 和 IT 标准；

（3）实现有实时要求的自动化应用；

（4）全集成现场总线系统。

PROFINET 设备分为 IO 控制器、IO 设备和 IO 监视器。

（1）IO 控制器是用于对连接的 IO 设备进行寻址的设备，这意味着 IO 控制器将与分配的现场设备交换输入信号和输出信号。

（2）IO 设备是分配给其中一个 IO 控制器的分布式现场设备，如远程 IO 设备、变频器和伺服控制器等。

（3）IO 监控器是用于调试和诊断的编程设备，如 PC 或 HMI 设备等。

在做 PROFINET IO 通信时，最常见到的两种角色是 Control 和 Device，又称为 IO 控制器和 IO 设备。IO 控制器是一个控制设备，连接一个或多个 IO 设备（现场设备），常见的 IO 控制器就是 PLC，如 S7-300、S7-1500 可编程控制器。IO 设备是一个现场设备，常见的 IO 设备就是分布式 IO，如 ET200MP PN 设备等。

8.2.1.2　PROFINET 的三种传输方式

（1）非实时数据传输（NRT）。

（2）实时数据传输（RT）。

（3）等时实时数据传输（IRT）。

PROFINET IO 通信使用 OSI 模型第一层（物理层）、第二层（链路层）和第七层（应用层），支持灵活的拓扑方式，如总线型、星型等。

S7-1200 PLC 通过集成的以太网接口，既可以作为 IO 控制器控制现场 IO 设备，又可以作为 IO 设备被上一级 IO 控制器控制，此功能称为智能 IO 设备功能。

8.2.1.3　S7-1200 PLC PROFINET 通信口的通信能力

S7-1200 PLC PROFINET 通信口的通信能力见表 8-2。

表 8-2　S7-1200 PLC PROFINET 通信口的通信能力

CPU 硬件版本	接口类型	控制器功能	智能 IO 设备功能	可带 IO 设备最大数量
V4.0	PROFINET	√	√	16
V3.0	PROFINET	√	×	16
V2.0	PROFINET	√	×	8

注：√表示支持，×表示不支持。

8.2.2　智能设备功能概述

8.2.2.1　概述

I-DEVICE 又称为智能设备或智能 IO 设备，其本身是上层 IO 控制器的 IO 设备，又作为下层 IO 设备的 IO 控制器。

一个 PN 智能设备功能不但可以作为一个 CPU 处理生产工艺的某一过程，而且可以和 IO 控制器之间交换过程数据。因此，智能设备作为一个 IO 设备连接一个上层 IO 控制器，智能设备的 CPU 通过自身的程序处理某段工艺过程，相应的过程值发送至上层的 IO 控制器再做相关的处理。

CPU 的"I-Device"（智能设备）功能简化了与 IO 控制器的数据交换和 CPU 操作过程（如用作子过程的智能预处理单元）。智能设备可作为 IO 设备连接到上位 IO 控制器中，预处理过程则由智能设备中的用户程序完成。集中式或分布式（PROFINET IO 或 PROFIBUS DP）I/O 中采集的处理器值由用户程序进行预处理，并提供给 IO 控制器，如图 8-7 所示。

8.2.2.2　应用领域

（1）分布式处理。可以将复杂自动化任务划分为较小的单元或子过程，这样简化了子任务的同时也优化项目管理。

（2）单独的子过程。通过使用智能设备，可以将分布广泛的大量复杂过程划分为具有可管理的多个子过程。如果有必要，这些子过程可存储在单个的 TIA 项目中，这些项目随后可合并在一起形成一个主项目。

（3）专有技术保护。智能设备接口描述使用 GSD 文件传输，而不是通过 STEP 7 项目传输，这样用户程序的专有技术得以保护。

8.2.2.3　智能设备优势

（1）简单连接 IO 控制器。

（2）实现 IO 控制器之间的实时通信。

（3）通过将计算容量分发到智能设备，可减轻 IO 控制器的负荷。

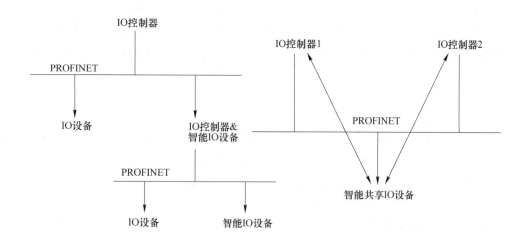

图 8-7 网络架构

（4）由于在局部处理过程数据，从而降低了通信负载。

（5）可以管理单独 TIA 项目中子任务的处理。

（6）智能设备可以作为共享设备。

8.3 Modbus TCP 通信协议

8.3.1 Modbus TCP 通信概述

Modbus TCP 是简单的、中立厂商的用于管理和控制自动化设备的 Modbus 系列通信协议的派生产品。显而易见，它覆盖了使用 TCP/IP 协议的"Intranet"和"Internet"环境中 Modbus 报文的用途。协议的最通用用途是为诸如 PLC、I/O 模块以及连接其他简单域总线或 I/O 模块的网关服务的。

IMODBUS TCP 使用 TCP/IP 和以太网在站点间传送 Modbus 报文，Modbus TCP 结合了以太网物理网络和网络标准 TCP/IP 以及以 Modbus 作为应用协议标准的数据表示方法。Modbus TCP 通信报文被封装于以太网 TCP/IP 数据包中。与传统的串口方式相比，Modbus TCP 插入一个标准的 Modbus 报文到 TCP 报文中，不再带有数据校验和地址。

8.3.1.1 使用以太网参考模型

Modbus TCP 传输过程中使用了 TCP/IP 以太网参考模型的五层。

（1）第一层：物理层，提供设备物理接口，与市售介质/网络适配器相兼容。

（2）第二层：数据链路层，格式化信号到源/目硬件址数据帧。

（3）第三层：网络层，实现带有 32 位 IP 址 IP 报文包。

（4）第四层：传输层，实现可靠性连接、传输、查错、重发、端口服务、传输调度。

（5）第五层：应用层，Modbus 协议报文。

8.3.1.2　Modbus TCP 数据帧

Modbus TCP 信息帧结构如图 8-8 所示，它是在 TCP/IP 上使用一种专用文头识别 ADU，这种报文头被称为 MBAP 报文头。MBAP 报文头由四部分共 7 个字节组成，分别是：事物处理标识符（2 字节）、协议标识符（2 字节）、长度（2 字节）及单元标识符（1 字节）。

图 8-8　Modbus TCP 信息帧结构

8.3.1.3　Modbus TCP 的优点

（1）用户可免费获得协议及样板程序；
（2）网络实施价格低廉，可全部使用通用网络部件；
（3）易于集成不同的设备，几乎可以找到任何现场总线连接到 Modbus TCP 的网关；
（4）网络的传输能力强。

8.3.2　Modbus TCP 通信指令块应用

STEP7 V16 软件版本中的 Modbus TCP 库指令目前最新的版本已升至 V5.2，如图 8-9 所示。该版本的使用需要具备以下两个条件：
（1）软件版本：STEP 7 V16；
（2）固件版本：S7-1200 CPU 的固件版本 V4.1 及其以上。

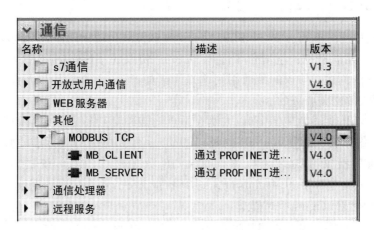

图 8-9　Modbus TCP V5.2 版本指令块

8.3.2.1　Modbus TCP 服务器编程

"MB_SERVER" 指令将处理 Modbus TCP 客户端的连接请求、接收并处理 Modbus 请求并发送响应。

A 调用 MB_SERVER 指令块

在"程序块——→OB1"中调用"MB_SERVER"指令块，然后会生成相应的背景 DB 块，点击确定，如图 8-10 所示。

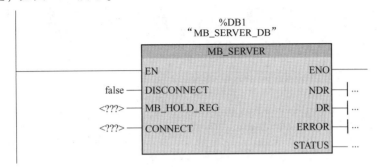

图 8-10 调用 MB_SERVER 指令块

该功能块的各个引脚定义说明见表 8-3。

表 8-3 MB_SERVER 各个引脚定义说明

DISCONNET	为 0 代表被动建立与客户端的通信连接；为 1 代表终止连接
MB_HOLD_REG	指向 Modbus 保持寄存器的指针
CONNECT	指向连接描述结构的指针。TCON_IP_v4（S7-1200）
NDR	为 0 代表无数据；为 1 代表从 Modbus 客户端写入新的数据
DR	为 0 代表无读取的数据；为 1 代表从 Modbus 客户端读取的数据
ERROR	错误位：0 表示无错误；1 表示出现错误，错误原因查看 STATUS
STATUS	指令的详细状态信息

B CONNECT 引脚的指针类型

第一步，先创建一个新的全局数据块 DB2，如图 8-11 所示。

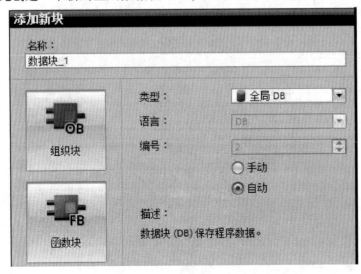

图 8-11 创建全局数据块

第二步，双击打开新生成的 DB2 数据块，定义变量名称为“ss”，数据类型为“TCON _ IP _ v4”（可以将 TCON _ IP _ v4 复制到该对话框中），然后点击“回车”按键。该数据类型结构创建完毕，如图 8-12 所示。

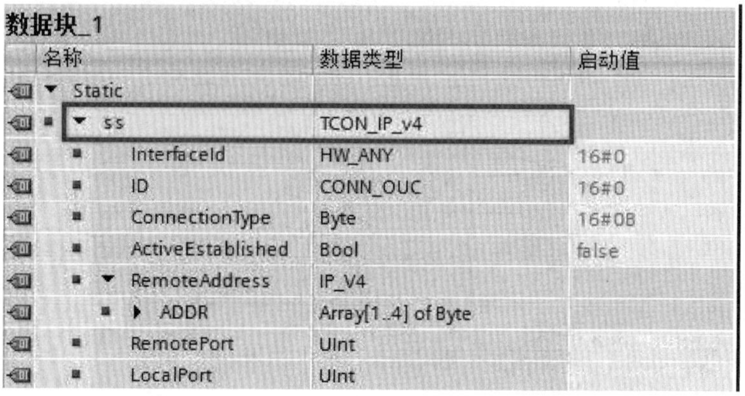

数据块_1

名称	数据类型	启动值
Static		
ss	TCON_IP_v4	
InterfaceId	HW_ANY	16#0
ID	CONN_OUC	16#0
ConnectionType	Byte	16#0B
ActiveEstablished	Bool	false
RemoteAddress	IP_V4	
ADDR	Array[1..4] of Byte	
RemotePort	UInt	
LocalPort	UInt	

图 8-12 创建 MB _ SERVER 中的 TCP 连接结构的数据类型

各个引脚定义说明见表 8-4。

表 8-4 TCON _ IP _ v4 数据结构的引脚定义

InterfaceId	硬件标识符（设备组态中查询）
ID	连接 ID，取值范围 1~4095
Connection Type	连接类型。TCP 连接默认为：16# 0B
ActiveEstablished	建立连接。主动为 1（客户端），被动为 0（服务器）
ADDR	服务器侧的 IP 地址
RemotePort	远程端口号
LocalPort	本地端口号

客户端侧的 IP 地址为 192. 168. 0. 6，端口号为 0，所以 MB _ SERVER 服务器侧该数据结构的各项值如图 8-13 所示。

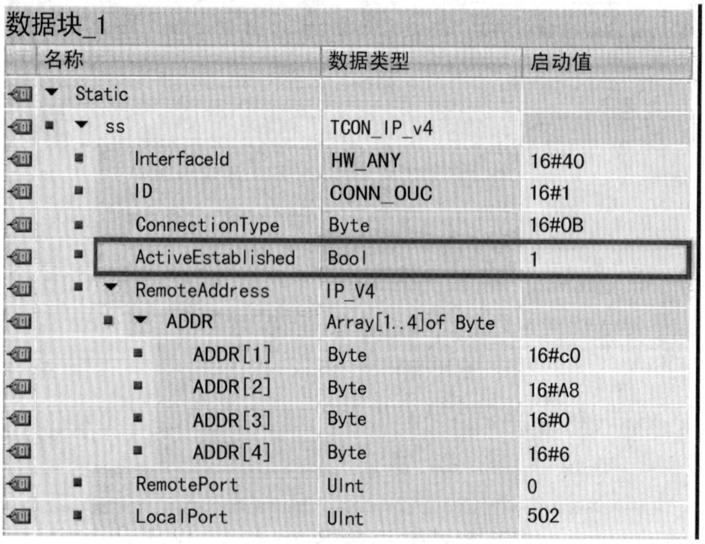

数据块_1

名称	数据类型	启动值
Static		
ss	TCON_IP_v4	
InterfaceId	HW_ANY	16#40
ID	CONN_OUC	16#1
ConnectionType	Byte	16#0B
ActiveEstablished	Bool	1
RemoteAddress	IP_V4	
ADDR	Array[1..4]of Byte	
ADDR[1]	Byte	16#c0
ADDR[2]	Byte	16#A8
ADDR[3]	Byte	16#0
ADDR[4]	Byte	16#6
RemotePort	UInt	0
LocalPort	UInt	502

图 8-13 MB _ SERVER 服务器侧的 CONNECT 数据结构定义

C S7-1200 服务器侧 MB _ SERVER 编程

调用 MB _ SERVER 指令块，实现被客户端读取两个保持寄存器的值，如图 8-14 所示。

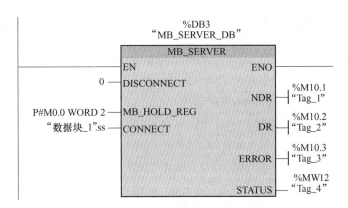

图 8-14 MB _ SERVER 服务器侧编程

注意：MB _ HOLD _ REG 指定的数据缓冲区可以设为 DB 块或 M 存储区地址。DB 块可以为优化的数据块，也可以为标准的数据块结构。

8.3.2.2 Modbus TCP 客户端编程

S7-12000 客户端侧需要调用 MB _ CIENT 指令块，该指令块主要完成客户机和服务器的 TCP 连接、发送命令消息、接收响应以及控制服务器断开的工作任务。

A MB _ CLIENT 指令

将 MB _ CLIENT 指令块在"程序块——→OB1"中的程序段里调用，点击确定即可。自动生成背景数据块 MB _ CLIEN _ DB，如图 8-15 所示。

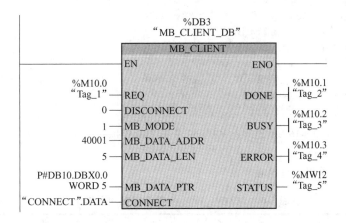

图 8-15 Modbus TCP 客户端侧指令块

该功能块各个引脚定义见表 8-5。

表 8-5 MB ＿ CLIENT 各引脚定义说明

引　脚	说　明
REQ	与服务器之间的通信请求，上升沿有效
DISCONNECT	通过该参数，可以控制与 Modbus TCP 服务器建立和终止连接。0（默认）表示建立连接；1 表示断开连接
MB ＿ MODE	选择 Modbus 请求模式（读取、写入或诊断）。0 表示读；1 表示写
MB ＿ DATA ＿ ADDR	由 "MB ＿ CLIENT" 指令所访问数据的起始地址
MB ＿ DATA ＿ LEN	数据长度：数据访问的位或字的个数
MB ＿ DATA ＿ PTR	指向 Modbus 数据寄存器的指针
CONNECT	指向连接描述结构的指针。TCON ＿ IP ＿ v4（S7-1200）
DONE	最后一个作业成功完成，立即将输出参数 DONE 置位为 "1"
BUSY	作业状态位：0 表示无正在处理的 "MB ＿ CLIENT" 作业；1 表示 "MB ＿ CLIENT" 作业正在处理
ERROR	错误位：0 表示无错误；1 表示出现错误，错误原因查看 STATUS
STATUS	指令的详细状态信息

B　CONNECT 引脚的指针类型

第一步，先创建一个新的全局数据块 DB2。

第二步，双击打开新生成的 DB 块，定义变量名称为 "aa"，数据类型为 "TCON ＿ IP ＿ v4"（可以将 TCON ＿ IP ＿ v4 拷贝到该对话框中），然后点击 "回车" 按键。该数据类型结构创建完毕，如图 8-16 所示。

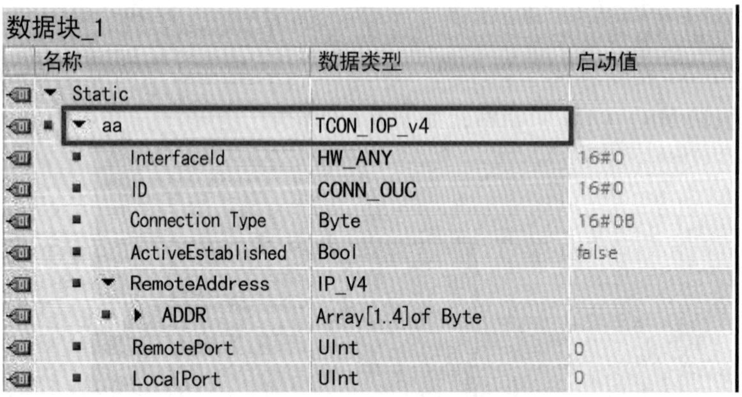

图 8-16　创建 MB ＿ CLIENT 中的 TCP 连接结构的数据类型

各个引脚定义说明见表 8-6。

表 8-6　TCON ＿ IP ＿ v4 数据结构的引脚定义

引　脚	说　明
InterfaceId	硬件标识符
ID	连接 ID，取值范围 1~4095
Connection Type	连接类型。TCP 连接默认为：16# 0B

续表 8-6

引　脚	说　　明
ActiveEstablished	建立连接。主动为 1（客户端），被动为 0（服务器）
ADDR	服务器侧的 IP 地址
RemotePort	远程端口号
LocalPort	本地端口号

本文远程服务器的 IP 地址为 192.168.0.4，远程端口号设为 502。所以客户端侧该数据结构的各项值如图 8-17 所示。

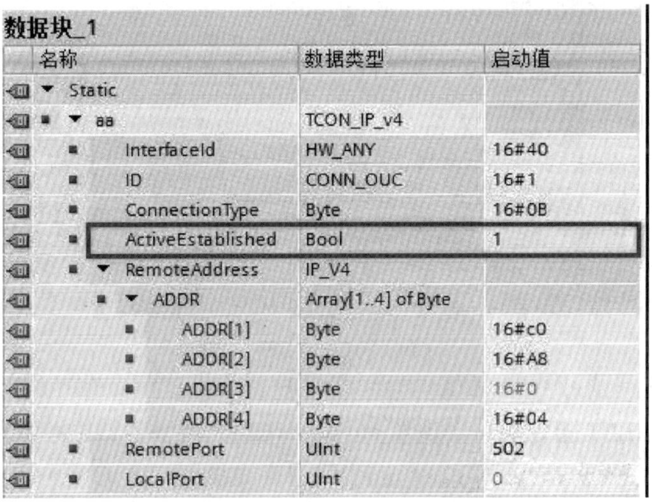

数据块_1

名称	数据类型	启动值
▼ Static		
▼ aa	TCON_IP_v4	
InterfaceId	HW_ANY	16#40
ID	CONN_OUC	16#1
ConnectionType	Byte	16#0B
ActiveEstablished	Bool	1
▼ RemoteAddress	IP_V4	
▼ ADDR	Array[1..4] of Byte	
ADDR[1]	Byte	16#c0
ADDR[2]	Byte	16#A8
ADDR[3]	Byte	16#0
ADDR[4]	Byte	16#04
RemotePort	UInt	502
LocalPort	UInt	0

图 8-17　MB _ CLIENT 侧 CONNECT 引脚数据定义

注意：CONNECT 引脚的填写需要用符号寻址的方式。

C　创建 MB _ DATA _ PTR 数据缓冲区

第一步，创建一个全局数据块 DB3。

第二步，新建一个数组的数据类型，以便通信中存放数据，请参考图 8-18 所示。

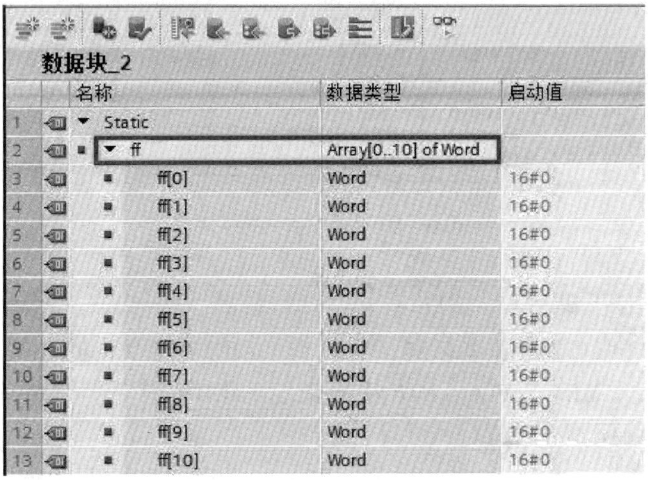

数据块_2

	名称	数据类型	启动值
1	▼ Static		
2	▼ ff	Array[0..10] of Word	
3	ff[0]	Word	16#0
4	ff[1]	Word	16#0
5	ff[2]	Word	16#0
6	ff[3]	Word	16#0
7	ff[4]	Word	16#0
8	ff[5]	Word	16#0
9	ff[6]	Word	16#0
10	ff[7]	Word	16#0
11	ff[8]	Word	16#0
12	ff[9]	Word	16#0
13	ff[10]	Word	16#0

图 8-18　MB _ DATA _ PTR 数据缓冲区结构

注意: MB_DATA_PTR 指定的数据缓冲区可以为 DB 块或 M 存储区地址中。DB 块可以为优化的数据块, 也可以为标准的数据块结构。若为优化的数据块结构, 编程时需要以符号寻址的方式填写该引脚; 若为标准的数据块结构(可以右键单击 DB 块, "属性"中将"优化的块访问"前面的钩去掉, 见图 8-19), 需要以绝对地址的方式填写该引脚。本节以标准的数据块(默认)为例进行编程。

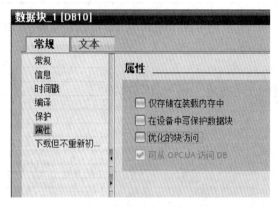

图 8-19   修改 DB 块属性为标准的数据块结构

D   客户端侧完成指令块编程

调用 MB_CLIENT 指令块, 实现从 Modbus TCP 通信服务器中读取两个保持寄存器的值, 如图 8-20 所示。

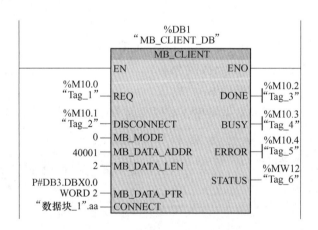

图 8-20   MB_CLIENT 指令块编程

E   将整个项目下载到 S7-1200

待 Modbus TCP 服务器侧准备就绪, 给 MB_CLIENT 指令块的 REQ 引脚一个上升沿, 将读取到的数据放入 MB_DATA_PTR 引脚指定的 DB 块中。具体的实验结果可以查看 S7-1200 服务器侧编程。

8.4 其他通信

8.4.1 S7通信功能概述

S7通信是西门子S7系列PLC基于MPI、PROFIBUS和以太网的一种优化的通信协议,它是面向连接的协议,在进行数据交换前,必须与通信伙伴建立连接。S7通信属于西门子私有协议,本节主要介绍基于以太网的S7通信。

S7通信服务集成在S7控制器中,属于OSI模型第七层(应用层)的服务,采用客户端—服务器原则。S7连接属于静态连接,可以与同一个通信伙伴建立多个连接,同一时刻可以访问的通信伙伴的数量取决于CPU的连接资源。

S7-1200 PLC通过集成的PROFINET接口支持S7通信,采用单边通信方式,只要客户端调用PUT/GET通信指令即可。

8.4.2 指令说明

在"指令"窗格中选择"通信"——"S7通信"选项,出现S7通信指令列表,如图8-21所示。S7通信指令主要包括"GET"指令和"PUT"指令,每个指令块拖拽到程序工作区中将自动分配背景数据块,背景数据块的名称可自行修改,编号可以手动或自动分配。

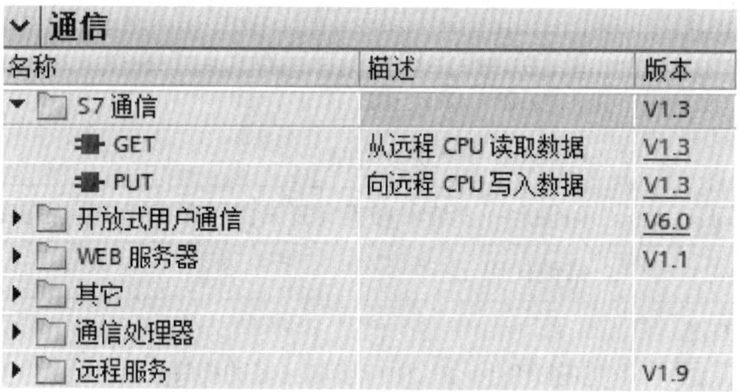

图8-21 S7通信指令列表

8.4.2.1 "GET"指令

A 指令介绍

使用指令"GET",可以从远程CPU读取数据。在控制输入REQ的上升沿启动指令:要读出的区域的相关指针(ADDR_i)随后会发送给伙伴CPU。伙伴CPU则可以处于RUN模式或STOP模式。

伙伴CPU返回数据:

(1)如果回复超出最大用户数据长度,那么将在STATUS参数处显示错误代码"2";

(2)下次调用时,会将所接收到的数据复制到已组态的接收区(RD_i)中。

如果状态参数NDR的值变为"1",则表示该动作已经完成。

只有在前一读取过程已经结束之后,才可以再次激活读取功能。如果读取数据时访问出错，或如果未通过数据类型检查，则会通过 ERROR 和 STATUS 输出错误和警告。

"GET" 指令不会记录伙伴 CPU 上所寻址到的数据区域中的变化，该指令如图 8-22 所示。

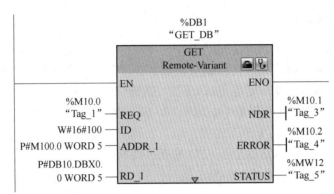

图 8-22 "GET" 指令

B 指令参数

"GET" 指令的输入/输出引脚参数的意义见表 8-7。

表 8-7 "GET" 指令引脚参数

引脚参数	数据类型	说　明
REQ	Bool	在上升沿时执行该指令
ID	Word	用于指定与伙伴 CPU 连接的寻址参数
NDR	Bool	0 表示作业尚未开始或仍在运行； 1 表示作业已成功完成
ERROR	Bool	如果上一个请求有错误完成，那么 ERROR 位将变为 TRUE 并保持一个周期
STATUS	Word	错误代码
ADDR_1	REMOTE	指向伙伴 CPU 中待读取区域的指针 当指针 REMOTE 访问某个数据块时，必须始终指定该数据块 示例：P#DB10. DBX5. 0 WORD 10
ADDR_2	REMOTE	
ADDR_3	REMOTE	
ADDR_4	REMOTE	
RD_1	VARIANT	指向本地 CPU 中用于输入已读数据区域的指针
RD_2	VARIANT	
RD_3	VARIANT	
RD_4	VARIANT	

8.4.2.2 "PUT" 指令

A 指令介绍

可使用 "PUT" 指令将数据写入一个远程 CPU。在控制输入 REQ 的上升沿启动指令：写入区指针（ADDR_i）和数据（SD_i）随后会发送给伙伴 CPU。伙伴 CPU 则可以处于 RUN 模式或 STOP 模式。

从已组态的发送区域中（SD_i）复制了待发送的数据。伙伴 CPU 将发送的数据保存在该数据提供的地址之中，并返回一个执行应答。

如果没有出现错误，下一次指令调用时会使用状态参数 DONE＝"1"来进行标识。上一作业已经结束之后，才可以再次激活写入过程。

如果写入数据时访问出错，或如果未通过执行检查，则会通过 ERROR 和 STATUS 输出错误和警告。该指令如图 8-23 所示。

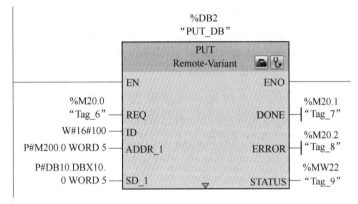

图 8-23 "PUT"指令

B 指令参数

"PUT"指令的输入/输出引脚参数的意义见表 8-8。

表 8-8 "PUT"指令引脚参数

引脚参数	数据类型	说 明
REQ	Bool	在上升沿时执行该指令
ID	Word	用于指定与伙伴 CPU 连接的寻址参数
DONE	Bool	完成位：如果上一请求无错误完成，那么 ERROR 位将变为 TRUE 并保持一个周期
ERROR	Bool	如果上一个请求有错误完成，那么 ERROR 位将变为 TRUE 并保持一个周期
STATUS	Word	错误代码
ADDR_1	REMOTE	指向伙伴 CPU 中用于写入数据的区域的指针 当指针 REMOTE 访问某个数据块时，必须始终指定该数据块 示例：P#DB10.DBX5.0 字节 10
ADDR_2	REMOTE	
ADDR_3	REMOTE	
ADDR_4	REMOTE	
SD_1	VARIANT	指向本地 CPU 中包含要发送数据区域的指针
SD_2	VARIANT	
SD_3	VARIANT	
SD_4	VARIANT	

8.4.3 开放式用户通信功能概述

开放式用户通信（OUC 通信）是基于以太网进行数据交换的协议，适用于 PLC 之间、PLC 与第三方设备、PLC 与高级语言等进行数据交换。开放式用户通信的通信连接方式如下。

（1）TCP 通信连接方式。该通信连接方式支持 TCP/IP 的开放式数据通信。TCP/IP 采用面向数据流的数据传送，发送的长度最好是固定的。如果长度发生变化，在接收区需要判断数据流的开始和结束位置，比较烦琐，并且需要考虑发送和接收的时序问题。

（2）ISO-on-TCP 通信连接方式。由于 ISO 不支持以太网路由，所以西门子应用 RFC1006 将 ISO 映射到 TCP，从而实现网络路由。

（3）UDP（User Datagram Protocol）通信连接方式。该通信连接方式属于 OSI 模型第四层协议，支持简单数据传输，数据无须确认。与 TCP 通信连接方式相比，UDP 通信连接方式没有连接。

S7-1200 PLC 通过集成的以太网接口用于开放式用户通信连接，通过调用发送（"TSEND＿C"）指令和接收（"TRCV＿C"）指令进行数据交换。通信方式为双边通信，因此，两台 S7-1200 PLC 要进行开放式以太网通信，"TSEND＿C"指令和"TRCV＿C"指令就必须成对出现。

8.4.4　指令说明

在"指令"窗格中选择"通信"——"开放式用户通信"选项，出现"开放式用户通信"指令列表，如图 8-24 所示。

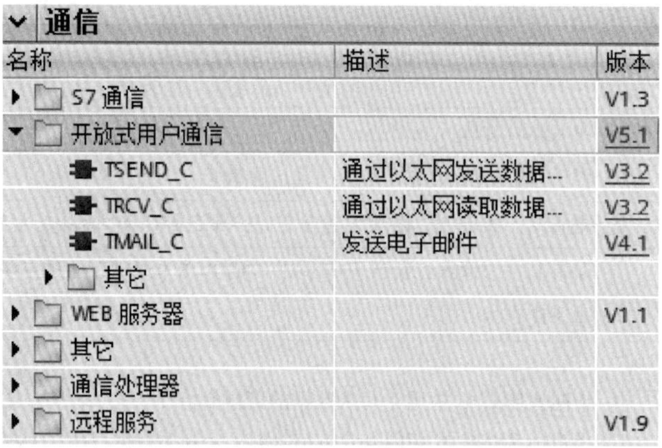

通信		
名称	描述	版本
▶ 🗀 S7 通信		V1.3
▼ 🗀 开放式用户通信		V5.1
🔳 TSEND_C	通过以太网发送数据...	V3.2
🔳 TRCV_C	通过以太网读取数据...	V3.2
🔳 TMAIL_C	发送电子邮件	V4.1
▶ 🗀 其它		
▶ 🗀 WEB 服务器		V1.1
▶ 🗀 其它		
▶ 🗀 通信处理器		
▶ 🗀 远程服务		V1.9

图 8-24　"开放式用户通信"指令列表

"开放式用户通信"指令主要包括"TSEND＿C"（发送数据）指令、"TRCV＿C"（接收数据）指令和"TMAIL＿C"（发送电子邮件）指令，还包括一个其他指令文件夹。

其中，"TSEND＿C"（发送数据）指令和"TRCV＿C"（接收数据）指令是常用指令，下面进行详细说明。

8.4.4.1　"TSEND＿C"指令

A　指令介绍

使用"TSEND＿C"指令设置并建立通信连接，CPU 会自动保持和监视该连接。

"TSEND _ C"指令异步执行,首先设置并建立通信连接,然后通过现有的通信连接发送数据,最后终止或重置通信连接。"TSEND _ C"指令如图 8-25 所示。

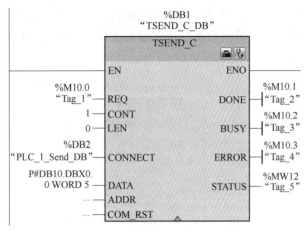

图 8-25 "TSEND _ C"指令

B 指令参数

"TSEND _ C"指令的输入/输出引脚参数的意义见表 8-9。

表 8-9 "TSEND _ C"指令引脚参数

引脚参数	数据类型	说 明
REQ	Bool	在上升沿执行该指令
CONT	Bool	控制通信连接:为 0 时,断开通信连接;为 1 时,建立并保持通信连接
LEN	UDInt	可选参数(隐藏):要通过作业发送的最大字节数。如果在 DATA 参数中使用具有优化访问权限的发送区,LEN 参数值必须为"0"
CONNECT	VARIANT	指向连接描述结构的指针:对于 TCP 或 UDP,使用 TCON _ IP _ v4 系统数据类型。对于 ISO-on-TCP,使用 TCON _ IP _ RFC 系统数据类型
DATA	VARIANT	指向发送区的指针:该发送区包含要发送数据的地址和长度。在传送结构时,发送端和接收端的结构必须相同
ADDR	VARIANT	UDP 需要使用的隐藏参数:此时,将包含指向系统数据类型 TADDR _ Param 的指针;接收方的地址信息(IP 地址和端口号)将存储在系统数据类型为 TADDR _ Param 的数据块中
COM _ RST	Bool	重置连接:可选参数(隐藏) 0 表示不相关 1 表示重置现有连接 COM _ RST 参数通过"TSEND _ C"指令进行求值后将被复位,因此不应静态互连
DONE	Bool	最后一个作业成功完成,立即将输出参数 DONE 置位为"1"
BUSY	Bool	作业状态位:0 表示无正在处理的作业;1 表示作业正在处理
ERROR	Bool	错误位:0 表示无错误;1 表示出现错误,错误原因查看 STATUS
STATUS	Word	错误代码

8.4.4.2　"TRCV ＿C" 指令

A　指令介绍

使用 "TRCV ＿C" 指令设置并建立通信连接，CPU 会自动保持和监视该连接。"TRCV ＿C" 指令异步执行，首先设置并建立通信连接，然后通过现有的通信连接接收数据。"TRCV ＿C" 指令如图 8-26 所示。

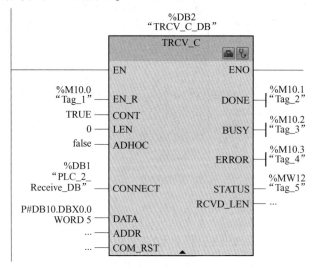

图 8-26　"TRCV ＿C" 指令

B　指令参数

"TRCV ＿C" 指令的输入/输出引脚参数的意义见表 8-10。

表 8-10　"TRCV ＿C" 指令引脚参数

引脚参数	数据类型	说　明
EN ＿R	Bool	启用接收功能
CONT	Bool	控制通信连接：0 表示断开通信连接；1 表示建立通信连接并在接收数据后保持该连接
LEN	UDInt	要接收数据的最大长度。如果在 DATA 参数中使用具有优化访问权限的接收区，LEN 参数值必须为 "0"
ADHOC	Bool	可选参数（隐藏），TCP 协议选项使用 Ad-hoc 模式
CONNECT	VARIANT	指向连接描述结构的指针：对于 TCP 或 UDP，使用结构 TCON ＿IP ＿v4；对于 ISO-on-TCP,使用结构 TCON ＿IP ＿RFC
DATA	VARIANT	指向接收区的指针：在传送结构时，发送端和接收端的结构必须相同
ADDR	VARIANT	UDP 需要使用的隐藏参数：此时，将包含指向系统数据类型 TADDR ＿Param 的指针；发送方的地址信息（IP 地址和端口号）将存储在系统数据类型为 TADDR ＿Param 的数据块中
COM ＿RST	Bool	重置连接：可选参数（隐藏） 0 表示不相关 1 表示重置现有连接 COM ＿RST 参数通过 "TRCV ＿C" 指令进行求值后将被复位，因此不应静态互连

续表 8-10

引脚参数	数据类型	说　　明
DONE	Bool	最后一个作业成功完成，立即将输出参数 DONE 置位为 "1"
BUSY	Bool	作业状态位：0 表示无正在处理的作业；1 表示作业正在处理
ERROR	Bool	错误位：0 表示无错误；1 表示出现错误，错误原因查看 STATUS
STATUS	Word	错误代码
RCVD _ LEN	UDInt	实际接收的数据量（以字节为单位）

8.5　技能训练：PROFINET 通信应用实例

8.5.1　任务目的

通过实训掌握 PLC 之间 PROFINET 通信连接方法。

8.5.2　任务内容

两台 S7-1200 PLC 进行 PROFINET 通信，一台作为 IO 控制器，一台作为 IO 设备。IO 控制器将 IO 设备 QB500 中数据读取到 IB500 中，将 QB500 中的数据写到 IB500 中。

8.5.3　训练准备

工具、仪表及器材：

（1）S7-1200 PLC（CPU1214C DC/DC/DC）两台，订货号为 6ES7 214-1AG40-0XB0；

（2）四口交换机一台；

（3）编程计算机一台，已安装博途专业版 V15.1 软件。

8.5.4　训练步骤

8.5.4.1　新建项目及组态作为 PROFINET IO 控制器

打开博途软件，在 Portal 视图中，单击"创建新项目"选项，在弹出的界面中输入项目名称（PROFINET 通信应用实例）、路径和作者等信息，然后单击"创建"按钮即可生成新项目。

进入项目视图，在左侧的"项目树"窗格中，单击"添加新设备"选项，弹出"添加新设备"对话框，在此对话框中选择 CPU 的订货号和版本（必须与实际设备相匹配），然后单击"确定"按钮。

8.5.4.2　设置 PROFINET IO 控制器的 CPU 属性

在"项目树"窗格中，单击"PLC _ 1［CPU 1214C DC/DC/DC］"下拉按钮，双击"设备组态"选项，在"设备视图"的工作区中，选中 PLC _ 1，依次单击其巡视窗格中的"属性"——→"常规"——→"PROFINET 接口［X1］"——→"以太网地址"选项，修改以太网 IP 地址。

8.5.4.3　新建项目及组态作为 PROFINET IO 设备的 CPU

打开 PROFINET 通信应用实例项目文件，进入项目视图，在左侧的"项目树"窗格中，单击"添加新设备"选项，弹出"添加新设备"对话框，在此对话框中选择 CPU 的订货号和版本（必须与实际设备相匹配），然后单击"确定"按钮。

8.5.4.4　设置 PROFINET IO 设备的 CPU 属性

在"项目树"窗格中，单击"PLC_2 [CPU 1214C DC/DC/DC]"下拉按钮，双击"设备组态"选项，在"设备视图"的工作区中，选中 PLC_2，依次单击其巡视窗格中的"属性"——→"常规"——→"PROFINET 接口 [X1]"——→"以太网地址"选项，修改以太网地址。

8.5.4.5　组态 PROFINET 通信数据交换区

在"项目树"窗格中，单击"PLC_2 [CPU 1214C DC/DC/DC]"下拉按钮，双击"设备组态"选项，在"设备视图"的工作区中，选中 PLC_2，依次单击其巡视窗格中的"属性"——→"常规"——→"PROFINET 接口 [X1]"——→"操作模式"选项，然后进行相应的配置，结果如图 8-27 所示。

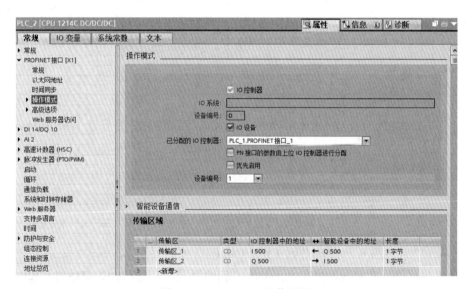

图 8-27　PROFINET 通信配置

图 8-27 中的主要参数说明如下：

（1）激活"IO 设备"复选框；

（2）在"已分配的 IO 控制器"下拉列表中选择 IO 控制器。选择 IO 控制器后，网络视图中将显示两个设备之间的网络连接；

（3）组态传输区域，组态数据如图 8-27 所示。

8.5.4.6　程序测试

程序编译后，下载到 S7-1200 CPU 中，通过 PLC 监控表监控通信数据。PLC 监控表如图 8-28 和图 8-29 所示。

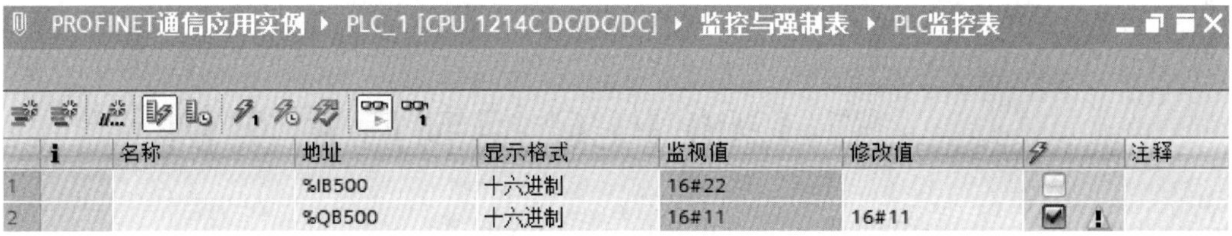

	i	名称	地址	显示格式	监视值	修改值	⚡	注释
1			%IB500	十六进制	16#22		☐	
2			%QB500	十六进制	16#11	16#11	☑ !	

图 8-28　PLC_1 监控表 1

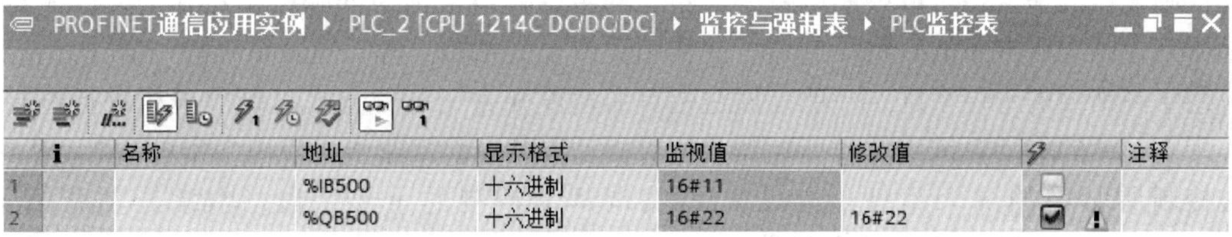

	i	名称	地址	显示格式	监视值	修改值	⚡	注释
1			%IB500	十六进制	16#11		☐	
2			%QB500	十六进制	16#22	16#22	☑ !	

图 8-29　PLC_2 监控表 1

9 S7-1200 PLC 控制应用实例

变频器主要用于交流电机的速度控制，通过控制电机转速和转矩两个电流的分量既可以控制电机的速度也可以控制电机的力矩。伺服驱动器又称为伺服控制器和伺服放大器，是用来控制伺服电机的一种控制器，其作用类似于变频器，属于伺服系统的一部分，主要应用于高精度的定位系统。一般是通过位置、速度和力矩三种方式对伺服电机进行控制，实现高精度的传动系统定位。变频器与伺服驱动器是当前工业生产应用中实现对电动机精准控制所必需的两个组件，也是 PLC 实现运动控制的重要手段，本章分别介绍了 S7-1200 PLC 与变频器、伺服驱动器的连接方式。

学习目标

（1）掌握 S7-1200 系列 PLC 对变频器控制的基础知识；

（2）掌握 S7-1200 系列 PLC 对伺服驱动器控制的基础知识。

9.1 S7-1200 PLC 控制变频器

9.1.1 西门子变频器概述

西门子通用变频器主要包括 V20 变频器和 G120 变频器。

9.1.1.1 V20 变频器概述

基本型变频器 SINAMICS V20 变频器（见图 9-1）提供了经济型的解决方案，SINAMICS V20 有七种外形尺寸可供选择，有三相 400V 和单相 230V 两种电源规格，功率为 0.12~30kW，主要用于风机、水泵和传送装置等设备的控制。

V20 变频器可以通过简单的参数设定实现预定的控制功能。V20 变频器内置常用的连接宏与应用宏，具有丰富的 I/O 接口和直观的 LED 面板显示。

SINAMICS V20 通过集成的 USS 协议或 Modbus RTU 通信协议，可以实现与 S7-1200 PLC 的通信。

9.1.1.2 G120 变频器概述

SINAMICS G120 变频器（见图 9-2）是一款通用型变频器，能够满足工业与民用领域的广泛应用的需求。

G120 变频器采用模块化的设计，包含控制单元（CU）和功率模块（PM），控制单元可以对功率模块和所连接的电机进行控制，功率模块可以为电机提供 0.37~250kW 的工作电源。

操作面板可以对变频器进行调试和监控，调试软件 STARTER 也可以对变频器进行调试、优化和诊断。

图 9-1 SINAMICS V20 变频器

图 9-2 SINAMICS G120 变频器

9.1.2 S7-1200 PLC 通过 USS 通信控制 V20 变频器

9.1.2.1 变频器 USS 通信概述

A USS 协议简介

USS 协议 (Universal Serial Interface Protocol, 通用串行接口协议) 是西门子专为驱动装置开发的通信协议, 它是一种基于串行总线进行数据通信的协议。USS 协议是主—从结构的协议, 规定了在 USS 总线上可以有一个主站和最多 31 个从站。总线上的每个从站都有一个唯一的站地址, 每个从站也只对主站发来的报文做出响应并回送报文, 从站之间不能直接进行数据通信。

B USS 协议的通信数据格式

(1) USS 通信数据报文格式如图 9-3 所示。

STX	LGE	ADR	DATA	BCC

图 9-3 USS 通信数据报文格式

图 9-3 中的主要参数说明如下。

1) STX: 起始字符, 一个字节, 总是 02Hex。

2) LGE: 报文长度。

3) ADR: 从站地址及报文类型。

4) DATA: 数据区。

5) BCC: 校验符。

(2) 数据区由 PKW 区和 PZD 区组成, 如图 9-4 所示。

PKW			PZD	
PKE	IND	PWE1, PWE2, …, PWEn	PZD1, PZD2, …, PZDn	

图 9-4 PKW 区和 PZD 区

图 9-4 中的主要参数说明如下。

1）PKW 区：用于读写参数值、参数定义或参数描述文本，并可修改和报告参数的改变。

2）PZD 区：为过程控制数据区，包括控制字/状态字和设定值/实际值，最多有 16 个字。

PZD 区的 PZD_1 是控制字/状态字，用来设置和监测变频器的工作状态，如运行/停止、方向控制和故障复位/故障指示等。

PZD 区的 PZD_2 为设定频率，按有符号数设置，正数表示正转，负数表示反转。当 PZD_2 为 0000Hex~7FFFHex 时，变频器正向转动，速度按变频器参数 P013 值的 0~200% 变化；当 PZD_2 为 8000Hex~FFFFHex 时，变频器反向转动，速度按变频器参数 P013 值的 0~200% 变化。

S7-1200 PLC 支持 USS 通信协议，通过 CM1241 通信模块或者 CB1241 通信板提供 USS 通信的电气接口，每个端口最多控制 16 台变频器。

9.1.2.2　指令说明

在"指令"窗格中依次单击"通信"——→"通信处理器"——→"USS 通信"选项，出现"USS 通信"指令列表，如图 9-5 所示。

通信		
名称	描述	版本
▶ 📁 S7 通信		V1.3
▶ 📁 开放式用户通信		V5.1
▶ 📁 WEB 服务器		V1.1
▶ 📁 其它		
▼ 📁 通信处理器		
▶ 📁 PtP Communication		V2.3
▼ 📁 USS 通信		V3.1
📲 USS_Port_Scan	通过 USS 网络进行通...	V2.4
📲 USS_Drive_Control	与驱动器进行数据交换	V1.2
📲 USS_Read_Param	从驱动器读取数据	V1.4
📲 USS_Write_Param	更改驱动器中的数据	V1.5
▶ 📁 MODBUS（RTU）		V3.1
▶ 📁 点到点		V1.0
▶ 📁 USS		V1.1
▶ 📁 MODBUS		V2.2
▶ 📁 GPRSComm：CP124...		V1.3
▶ 📁 远程服务		V1.9

图 9-5　USS 通信指令列表

"USS 通信"指令主要包括"USS_Port_Scan"（通信控制）指令、"USS_Drive_Control"（驱动装置控制）指令、"USS_Read_Param"（驱动装置参数读）指令和"USS_Write_Param"（驱动装置参数写）指令。各指令的具体功能说明如下。

A　"USS_Port_Scan"指令

a　指令介绍

"USS_Port_Scan"指令（见图 9-6）通过 RS485 通信端口控制 CPU 与变频器之间的通信。每次在调用此指令时，将与变频器进行通信。通常从循环中断组织块中调用"USS_Port_Scan"指令，用于防止变频器通信超时，并且确保在调用"USS_Drive_Control"指令时可以使用最新的 USS 数据。

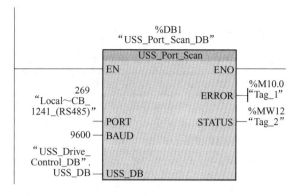

图 9-6　"USS ＿ Port ＿ Scan" 指令

b　指令参数

"USS ＿ Port Scan" 指令的输入/输出引脚参数的意义见表 9-1。

表 9-1　"USS ＿ Port ＿ Scan" 指令引脚参数

引脚参数	数据类型	说　　明
PORT	Port	分配的 PORT 值为设备配置属性硬件标识符。当安装并组态 CM 或 CB 通信设备后，硬件标识符将出现在 PORT 功能框连接的 "参数助手" 下拉列表中
BAUD	DInt	用于 USS 通信的波特率
USS ＿ DB	USS ＿ BASE	在将 "USS ＿ Drive ＿ Control" 指令放入程序时创建并初始化的背景数据块的名称
ERROR	Bool	当该输出为真时，表示发生错误，且 STATUS 输出有效
STATUS	Word	请求的状态值指示扫描或初始化的结果。对于有些状态代码，还在 "USS ＿ Extended ＿ Error" 变量中提供了更多信息

B　"USS ＿ Drive ＿ Control" 指令

a　指令介绍

"USS ＿ Drive ＿ Control" 指令通过发送请求消息和评估变频器消息，与变频器交换数据。"USS ＿ Drive ＿ Control" 指令如图 9-7 所示。

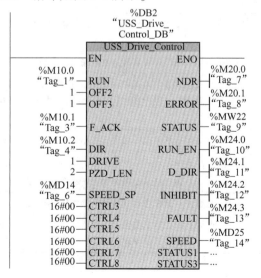

图 9-7　"USS ＿ Drive ＿ Control" 指令

b　指令参数

"USS_Drive_Control"指令的输入/输出引脚参数的意义见表9-2。

表9-2　"USS_Drive_Control"指令引脚参数

引脚参数	数据类型	说　明
RUN	Bool	变频器的控制位：如果此参数为 TRUE，则输入允许以预设速度运行变频器。如果在变频器运行期间 RUN 变为 FALSE，则电机滑行至静止。此行为不同于断开电源（OFF2）和电机制动（OFF3）
OFF2	Bool	变频器停止位：当该位为假时，将使变频器在无制动的情况下自然停止
OFF3	Bool	快速停止位：当该位为假时，将通过制动的方式使变频器快速停止，而不是使变频器逐渐自然停止
F_ACK	Bool	故障确认位：设置该位以复位变频器上的故障位；清除故障后置位该位，以告知变频器不再需要指示前一个故障
DIR	Bool	变频器方向控制：置位该位以指示方向为向前（对于正 SPEED_SP）
DRIVE	USInt	变频器地址：此输入是 USS 变频器的地址。有效范围是变频器1与变频器16之间
PZD_LEN	USInt	字长度：这是 PZD 数据字数。有效值为2、4、6或8个字
SPEED_SP	Real	速度设定值：这是以组态频率的百分比表示的变频器速度。正值表示方向向前（DIR 为真）。有效范围是−200.00 到 200.00
CTRL3	Word	控制字3：写入变频器用户定义参数的值。需要在变频器中对其进行组态（可选参数）
CTRL4	Word	控制字4：写入变频器用户定义参数的值。需要在变频器中对其进行组态（可选参数）
CTRl5	Word	控制字5：写入变频器用户定义参数的值。需要在变频器中对其进行组态（可选参数）
CTRL6	Word	控制字6：写入变频器用户定义参数的值。需要在变频器中对其进行组态（可选参数）
CTRL7	Word	控制字7：写入变频器用户定义参数的值。需要在变频器中对其进行组态（可选参数）
CTRL8	Word	控制字8：写入变频器用户定义参数的值。需要在变频器中对其进行组态（可选参数）
NDR	Bool	新数据就绪：当该位为真时，表示输出包含新通信请求数据
ERROR	Bool	出现错误：当此参数为真时，表示发生错误，STATUS 输出有效。其他所有输出在出错时均设置为零。仅"USS_Port_Sean"指令的 ERROR 和 STATUS 输出中报告通信错误
STATUS	Word	请求的状态值指示扫描的结果。这不是从变频器返回的状态字
RUN_EN	Bool	运行已启用：该位指示变频器是否在运行
D_DIR	Bool	变频器方向：该位指示变频器是否正在向前运行
INHIBIT	Bool	变频器已禁止：该位指示变频器上禁止位的状态
FAULT	Bool	变频器故障：该位指示变频器已注册故障。用户必须解决问题，并且在该位被置位时，设置 F_ACK 位以清除此位

续表 9-2

引脚参数	数据类型	说　明
SPEED	Real	变频器当前速度（变频器状态字 2 的标定值）：以组态速度百分数形式表示的变频器速度值
STATUS1	Word	变频器状态字 1：该值包含变频器的固定状态位
STATUS3	Word	变频器状态字 3：该值包含变频器上用户可组态的状态字
STATUS4	Word	变频器状态字 4：该值包含变频器上用户可组态的状态字
STATUS5	Word	变频器状态字 5：该值包含变频器上用户可组态的状态字
STATUS6	Word	变频器状态字 6：该值包含变频器上用户可组态的状态字
STATUS7	Word	变频器状态字 7：该值包含变频器上用户可组态的状态字
STATUS8	Word	变频器状态字 8：该值包含变频器上用户可组态的状态字

C　"USS_Read_Param" 指令

a　指令介绍

"USS_Read_Param" 指令用于读取变频器参数。可以从主程序的循环组织块调用 "USS_Read_Param" 指令，指令引脚 USS_DB 的数据必须使用 "USS_Drive_Control" 指令背景数据块的数据。"USS_Read_Param" 指令如图 9-8 所示。

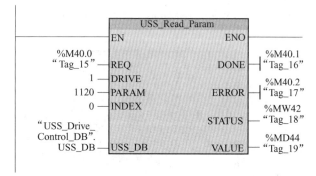

图 9-8　"USS_Read Param" 指令

b　指令参数

"USS_Read_Param" 指令的输入输出引脚参数的意义见表 9-3。

表 9-3　"USS_Read_Param" 指令引脚参数

引脚参数	数据类型	说　明
REQ	Bool	发送请求：当 REQ 为真时，表示需要新的读请求
DRIVE	USInt	变频器地址：DRIVE 是 USS 变频器的地址。有效范围是变频器 1 到变频器 16
PARAM	UInt	参数编号：PARAM 指示要写入的变频器参数。该参数的范围是 0 到 2047。在部分变频器上，最重要的字节可以访问值大于 2047 的 PARAM。有关如何访问扩展范围的详细信息，请参见变频器手册
INDEX	UInt	参数索引：INDEX 指示要写入的变频器参数索引。索引为一个 16 位的值，其中最低有效字节是实际索引值，其范围是 0 到 255。最高有效字节也可供变频器使用，且取决于具体的变频器。有关详细信息，请参见变频器手册

续表 9-3

引脚参数	数据类型	说　明
USS_DB	USSS_BASE	在将"USS_Drive_Control"指令放入程序时创建并初始化的背景数据块的名称
DONE	Bool	当该参数为真时，表示 VALUB 输出包含先前请求的读取参数值。当"USS_Drive_Control"指令发现来自变频器的读响应数据时会设置该位。当满足以下条件之一时复位该位：用户通过另一个"USS_Read_Param"指令轮询请求响应数据，或在执行接下来两个"USS_Drive_Control"指令调用的第二个时请求响应数据
ERROR	Bool	出现错误：当 ERROR 为真时，表示发生错误，并且 STATUS 输出有效。其他所有输出在出错时均设置为零。仅在"USS_Port_Scan"指令的 ERROR 和 STATUS 输出中报告通信错误
STATUS	Word	STATUS 表示读请求的结果。对于有些状态代码，还在"USS_Extended_Error"变量中提供了更多信息
VALUE	Variant	这是读取的参数值，此值只有在 DONE 位为 TRUB 时才有效

D　"USS_Write_Param"指令

a　指令介绍

"USS_Write_Param"指令用于向变频器写参数，可以从主程序的循环组织块中调用"USS_Write_Param"指令，指令引脚 USS_DB 的数据必须使用"USS_Drive_Control"指令背景数据块的数据。"USS_Write_Param"指令如图 9-9 所示。

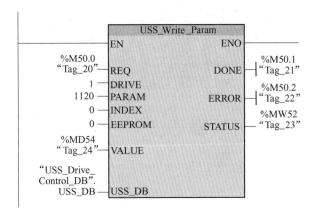

图 9-9　"USS_Write_Param"指令

b　指令参数

"USS_Write_Param"指令的输入/输出引脚参数的意义见表 9-4。

表 9-4　"USS_Write_Param"指令引脚参数

引脚参数	数据类型	说　明
REQ	Bool	发送请求：当 REQ 为真时，表示需要新的写请求。如果该参数的请求已处于待决状态，那么将忽略新的写请求
DRIVE	USInt	变频器地址：DRIVE 是 USS 变频器的地址，有效范围是变频器 1~变频器 16

续表 9-4

引脚参数	数据类型	说　明
PARAM	UInt	参数编号：PARAM 指示要写入的变频器参数。该参数的范围为 0～2047。在部分变频器上，最重要的字节可以访问值大于 2047 的 PARAM。有关如何访问扩展范围的详细信息，请参见变频器手册
INDEX	UInt	参数索引：INDEX 指示要写入的变频器参数索引。索引为一个 16 位值，其中最低有效字节是实际索引值，其范围是 0～255。最高有效字节也可供变频器使用，且取决于具体的变频器。有关详细信息，请参见变频器手册
PROM	Bool	存储到变频器 E^2PROM：当该参数为真时，写变频器参数事务将存储在变频器 E^2PROM 中；当该参数为假时，写操作是临时的，在变频器循环上电后不会保留
VALUE	Variant	要写入的参数值。当切换为 REQ 时值必须有效
USS_DB	USS_BASE	在将"USS_Drive_Control"指令放入程序时创建并初始化的背景数据块的名称
DONE	Bool	当 DONE 为真时，表示输入 VALUE 已写入变频器。当"USS_Drive_Control"指令发现来自变频器的写响应数据时会设置该位。如果用户通过另一个"USS_Drive_Control"指令轮询请求响应数据，或在执行接下来两个"USS_Drive_Control"指令调用的第二个时，请求响应数据，则复位该位
ERROR	Bool	当 ERROR 为真时，表示发生错误，并且 STATUS 输出有效。其他所有输出在出错时均设置为零。仅在"USS_Port_Scan"指令的 ERROR 和 STATUS 输出中报告通信错误
STATUS	Word	STATUS 表示写请求的结果。对于有些状态代码，还在"USS_Extended_Error"变量中提供了更多信息

9.1.3　S7-1200 PLC 通过 PROFINET 通信控制 G120 变频器

G120 变频器是由控制单元和功率模块两部分构成的，支持 PROFINET 通信的控制单元有 CU230P-2 PN、CU240E-2 PN、CU240E-2 PNF 和 CU250S-2 PN 四种。G120 变频器是通过报文进行数据交换的。

9.1.3.1　G120 变频器支持的主要报文类型

G120 变频器主要报文类型见表 9-5。

表 9-5　G120 变频器主要报文类型

报文类型 P922	过程数据							
	PZD1	PZD2	PZD3	PZD4	PZD5	PZD6	PZD7	PZD8
报文 1 PZD2/2	STW1	NSOLL_A	—	—	—	—	—	—
	ZSW1	NIST_A GLATT	—	—	—	—		
报文 20 PZD2/6	STW1	NSOLL_A	—	—	—	—	—	—
	ZSW1	NIST_A_ GLATT	IAIST_ GLATT	MIST_ GLATT	PIST_ GLATT	MELD_ NAMUR	—	—
报文 350 PZD4/4	STW1	NSOLL_A	M_LIM	STW3	—	—	—	—
	ZSW1	NIST_A_ GLATT	IAIST_ GI ATT	ZSW3	—	—	—	—

报文类型	过 程 数 据							
P922	PZD1	PZD2	PZD3	PZD4	PZD5	PZD6	PZD7	PZD8
报文 352 PZD6/6	STW1	NSOLL _ A	预留过程数据				—	—
	ZSW1	NIST _ A _ GLATT	IAIST _ GLATT	MIST _ GLATT	WARN _ CODE	FAULT _ CODE	—	—
报文 353 PZD6/6	STW1	NSOLL _ A	—	—	—	—	—	—
	ZSW1	NIST _ A _ GLATT	—	—	—	—	—	—
报文 354 PZD6/6	STW1	NSOLL _ A	预留过程数据				—	—
	ZSW1	NIST _ A _ GLATT	IAIST _ GLATT	MIST _ GLATT	WARN _ CODE	FAULT _ CODE	—	—
报文 999 PZDn/m	STW1	接受数据报文长度可定义（n=1，2，…，8）						
	ZSW1	接受数据报文长度可定义（m=1，2，…，8）						

9.1.3.2　过程数据（PZD 区）说明

G120 通信报文的 PZD 区是过程数据，过程数据包括控制字/状态字和设定值/实际值，控制字和状态字的具体说明如下。

（1）STW1 控制字见表 9-6。

表 9-6　STW1 控制字

控制字位	数值	含　义	参数设置
0	0	OFF1 停车（P1121 斜坡）	P840＝r2090.0
	1	启动	
1	0	OFF2 停车（自由停车）	P844＝r2090.1
2	0	OFF3 停车（P1135 斜坡）	P848＝r2090.2
3	0	脉冲禁止	P852＝r2090.3
	1	脉冲使能	
4	0	斜坡函数发生器禁止	P1140＝r2090.4
	1	斜坡函数发生器使能	
5	0	斜坡函数发生器冻结	P1141＝r2090.5
	1	斜坡函数发生器开始	
6	0	设定值禁止	P1142＝r2090.6
	1	设定值使能	
7	1	上升沿故障复位	P2103＝r2090.7
8		未用	
9		未用	

续表 9-6

控制字位	数值	含　义		参数设置
10	0	不由 PLC 控制（过程值被冻结）		P854 = r2090.10
	1	由 PLC 控制（过程值有效）		
11		—	设定反向值	P1113 = r2090.11
12		未用		
13	1	—	MOP 升速	P1035 = r2090.13
14	1	—	MOP 降速	P1036 = r2090.14
15	1	CDS 位 0	未使用	P810 = r2090.15

常用控制字：H047E 为运行准备；H047F 为正转启动。

（2）ZSW1 状态字见表 9-7。

表 9-7　ZSW1 状态字

状态字位	数值	含　义		参数设置
0	1	接通就绪		P2080[0] = r899.0
1	1	运行就绪		P2080[1] = r899.1
2	1	运行使能		P2080[2] = r899.2
3	1	变频器故障		P2080[3] = 2139.3
4	0	OFF2 激活		P2080[4] = r899.4
5	0	OFF3 激活		P2080[5] = r899.5
6	0	禁止合闸		P2080[6] = r899.6
7	1	变频器报警		P2080[7] = r2139.7
8	0	设定值/实际值偏差过大		P2080[8] = r2197.7
9	1	PZD（过程数据）控制		P2080[9] = r899.9
10	1	达到比较转速		(P2141) P2080[10] = 2199.1
11	0	达到转矩极限		P2080[11] = r1407.7
12	1	—	抱闸打开	P2080[12] = r899.12
13	0	电机过载		P2080[13] = r2135.14
14	1	电机正转		P2080[14] = r2197.3
15	0	显示 CDS 位 0 状态	变频器过载	P2080[15] = r836.0/ P2080[15] = r2135.15

（3）NSOLL_A 控制字为速度设定值。

（4）NIST_A_GLATT 状态字为速度实际值。

备注：速度设定值和速度实际值需要经过标准化，变频器接收十进制有符号整数 16384（H4000 十六进制）对应 100% 的速度，接收的最大速度为 32767（200%），参数 P2000 中设置 100% 对应的参考转速。

9.2   S7-1200 PLC 控制伺服驱动器

9.2.1   西门子 V90 伺服驱动器概述

伺服驱动器是用来控制伺服电机的一种驱动器，其功能类似于变频器作用于普通交流电机。伺服驱动器一般通过位置、速度和力矩三种方式对伺服电机进行控制，实现高精度的速度控制和定位控制。

9.2.1.1   V90 伺服系统概述

A   V90 伺服系统组成简介

西门子 V90 伺服系统是西门子推出的一款小型、高效、便捷的伺服系统，可以实现位置、速度和扭矩控制。V90 伺服系统由 V90 伺服驱动器、S-1FL6 伺服电机和 MC300 连接电缆 3 部分组成，如图 9-10 所示。V90 伺服驱动器的功率为 0.05~7.0kW，具有单相和三相的供电系统，被广泛应用于各行业。

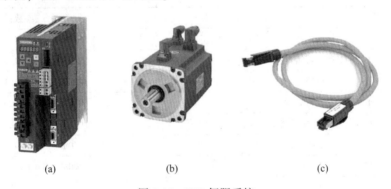

(a)   (b)   (c)

图 9-10   V90 伺服系统

（a）V90 伺服驱动器；（b）S-1FL6 伺服电机；（c）MC300 连接电源

B   V90 伺服驱动器简介

V90 伺服驱动器可以分为支持脉冲系列的 V90 PTI 版本和支持 PROFINET 的 V90 PN 版本，如图 9-11 所示。

V90 PTI 驱动器集成了外部脉冲位置控制、内部设定值位置控制、速度控制和扭矩控制等模式，不同的控制模式适用于不同的应用场合。通过内置数字量输入/输出接口和脉冲接口，可将 V90 PTI 伺服驱动器与 S7-1200 CPU 相连接，实现不同的控制模式。

V90 PN 驱动器具有两个 PROFINET 接口，通过 PROFINET 接口与 S7-1200 CPU 相连接，通过 PROFIdrive 报文可以实现不同的控制模式。

SINAMICS V90 PN

图 9-11   V90 伺服驱动器

9.2.1.2　SINAMICS V90 伺服驱动系统的特点

A　伺服性能优异

先进的一键优化及自动实时优化功能使设备获得更高的动态性能；自动抑制机械谐振频率；1MHz 的高速脉冲输入；支持不同的编码器类型，以满足不同的应用需求。

B　易于使用

与控制系统的连接快捷简单；西门子一站式提供所有组件；快速便捷的伺服优化和机械优化；简单易用的 SINAMICS V-ASSISTANT 调试工具；通用 SD 卡参数复制；集成了 PTI，PROFINET，USS，Modbus RTU 多种上位接口方式。

C　低成本

集成多种模式：外部脉冲位置控制、内部设定值位；设置控制（通过程序步或 Modbus）、速度控制和扭矩控制；集成内部设定值位置控制功能；全功率驱动内置制动电阻；集成抱闸继电器（400V 型），无须外部继电器。

D　运行可靠

高品质的电机轴承；电机防护等级 IP 65，轴端标配油封；集成安全扭矩停止（STO）功能。

9.2.1.3　SINAMICS V90 接线图

SINAMICS V90 PN 伺服驱动内置数字量输入/输出接口。可将驱动与西门子控制器S7-200 SMART、S7-1200 或 S7-1500 相连。图 9-12 为 SINAMICS V90 PN 伺服系统的配置示例。

9.2.2　SINAMICS V-ASSISTANT 调适软件使用方法

9.2.2.1　SINAMICS V-ASSISTANT 调适软件与 V90 伺服驱动器的连接方式

SINAMICS V-ASSISTANT 调试软件用于实现对 V90 伺服驱动器的调试及参数设置。安装了 SINAMICS V-ASSISTANT 软件工具的计算机可通过标准 USB 端口与 V90 伺服驱动器相连，如图 9-13 所示。SINAMICS V-ASSISTANT 调试软件可用于参数设置、运行测试和故障处理等。

9.2.2.2　SINAMICS V-ASSISTANT 调适软件使用方法

第一步：选择工作模式。SINAMICS V-ASSISTANT 调试软件有在线与离线两种模式，启动该软件时可以进行模式选择，如图 9-14 所示。

（1）在线模式：SINAMICS V-ASSISTANT 调试软件与目标驱动通信，驱动器通过 USB 电缆连接到计算机端。选择在线模式后，会显示已连接的驱动器列表，选择目标驱动器并单击"确定"按钮，软件会自动创建新项目并保存目标驱动的所有参数设置。

（2）离线模式：SINAMICS V-ASSISTANT 调试软件不与任何已连接的驱动通信，在该模式下，可以选择"新建工程"或者"打开已有工程"，如图 9-15 所示。

单击"确定"按钮后，进入主界面，可在主界面的任务导航栏中选择不同的任务操作，可以执行对伺服参数的设置、调试和诊断等操作。

第二步：选择驱动。在在线模式下进入主界面后，首先进入的是选择驱动界面，软件自动读取在线驱动器和电机的订货号，如图 9-16 所示。对伺服的控制模式进行设置，控

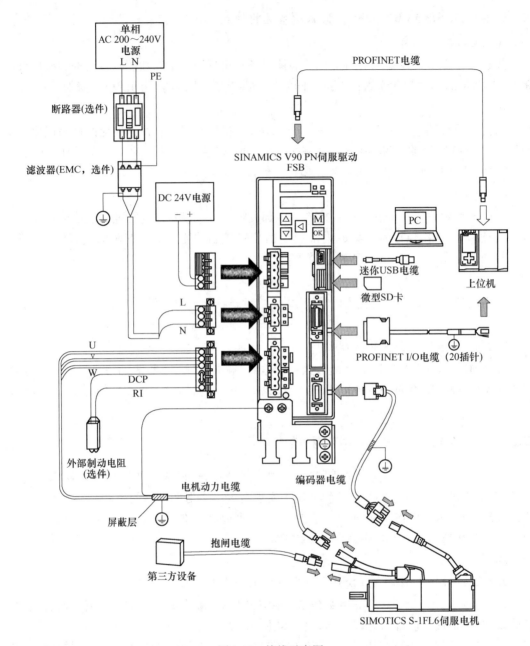

图 9-12　接线示意图

制模式因驱动器的类型不同而不同。

　　在在线模式下，可通过 JOG 功能对伺服进行运行测试。激活"伺服使能"复选框，设置转速，然后此时可通过单击"顺时针"或"逆时针"按钮对伺服进行正方向和负方向的运行测试。在测试过程中可显示实际速度、实际扭矩、实际电流及实际电机利用率，如图 9-17 所示。

　　第三步：参数设置。参数设置用于对伺服驱动器的参数进行配置，选择任务导航中"设置参数"选项中的子功能，在右侧会出现该子功能参数配置界面，如图 9-18 所示。

SINAMICS V90

图 9-13　SINAMICS V-ASSISTANT 调试软件与 V90 伺服驱动器连接方式

图 9-14　选择 SINAMICS V-ASSISTANT 调试软件工作模式

图 9-15　选择离线工作模式

第四步：调试。调试模式是针对在线模式使用的功能，有"测试接口""测试电机"和"优化驱动"三个子功能可选择，如图 9-19 所示。

（1）"测试接口"子功能主要用于对 I/O 状态进行监控。

（2）"测试电机"子功能主要用于对电机运行进行测试。

（3）"优化驱动"子功能主要用于对伺服驱动器进行优化，可以使用"一键优化"和"实时优化"功能。

第五步：诊断。诊断功能只能在在线模式下使用，在诊断任务中包含"监控状态""录波信号""测量机械性能" 3 个子功能，如图 9-20 所示。

（1）"监控状态"子功能用于监控伺服驱动器的实时数值。

图 9-16   选择驱动

图 9-17   JOG 功能

（2）"录波信号"子功能用于录波所连伺服驱动器在当前模式下的性能。

（3）"测量机械性能"子功能用于对伺服驱动器进行优化，可使用测量功能通过简单的参数设置禁止更高级控制环的影响，并能分析单个驱动器的动态响应。

9.2.3   S7-1200 PLC 通过 EPOS 模式控制 V90 PN 伺服驱动器

9.2.3.1   功能简介

S7-1200 PLC 可以通过 PROFINET 通信连接 SINMICS V90 伺服驱动器，将 V90 PN 伺服驱动器的控制模式设置为"基本位置控制（EPOS）"，S7-1200 PLC 通过 111 报文及 TIA Portal 提供的驱动库中的功能块 FB284 可实现对 V90 PN 伺服驱动器的 EPOS 基本定位控制。

9.2.3.2   指令说明

在"库"窗格中，依次选择"全局库"──→"Drive＿Lib＿S7＿1200＿1500"──→"03＿SINAMICS"──→"SINA＿POS"选项，即 FB284 功能块，如图 9-21 所示。

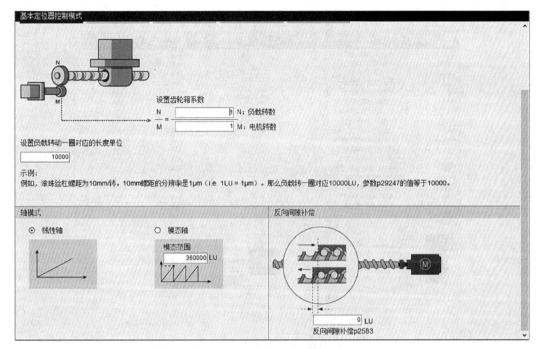

图 9-18 设置参数

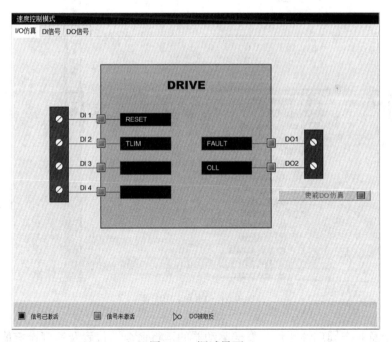

图 9-19 调试界面

A 指令介绍

FB284 功能块可以循环激活伺服驱动器中的基本定位功能，实现 PLC 与 V90 PN 伺服

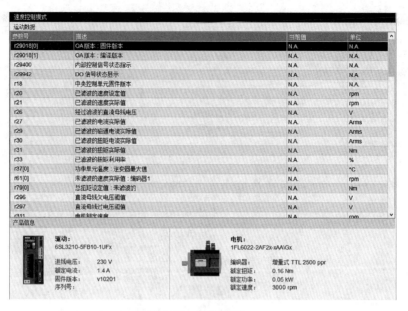

图 9-20　诊断界面

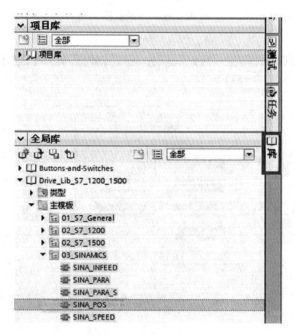

图 9-21　FB284 功能块

驱动器的命令及状态周期性通信，发送驱动器的运行命令、位置及速度设定值，或者接收驱动器的状态及速度实际值等。

B　指令参数

FB284 功能块指令的输入/输出引脚参数的含义见表 9-8。

表 9-8　FB284 功能块指令引脚说明

引脚参数	数据类型	说　明
EN	Bool	使能输入
ENO	Bool	使能输出
ModePos	Int	运行模式： 1＝相对定位 2＝绝对定位 3＝连续位置运行 4＝回零操作 5＝设置回零位置 6＝运行位置块 0~16 7＝点动 JOG 8＝点动增量
EnableAxis	Bool	伺服运行命令：0＝OFF；1＝ON
CancelTransing	Bool	0＝拒绝激活的运行任务；1＝不拒绝
IntermediateStop	Bool	中间停止：0＝中间停止运行任务；1＝不停止
Positive	Bool	正方向
Negative	Bool	负方向
Jog1	Bool	正向点动（信号源 1）
Jog2	Bool	正向点动（信号源 2）
FlyRef	Bool	0＝不选择运行中回零；1＝选择运行中回零
AckError	Bool	故障复位
ExecuteMode	Bool	激活定位工作或接收设定点
Position	DInt	对于运行模式，直接设定位置值 [U]/MDI 或运行的块号
Velocity	DInt	MDI 运行模式时的速度设置 [LU/min]
OverV	Int	所有运行模式下的速度倍率为 0~199%
OverAcc	Int	直接设定值/MDI 模式下的加速度倍率为 0~100%
OverDec	Int	直接设定值/MDI 模式下的减速度倍率为 0~100%
ConfigEPOS	DWord	可以通过此管脚传输 111 报文的 STW1，STW2，EPosSTW1，EPosSTW2 中的位，传输位的对应关系如下所示。 ConfigEPos 位 / 111 报文位 ConfigEPos. %X0 / STW1. %X1 ConfigEPos. %X1 / STW1. %X2 ConfigEPos. %X2 / EPosSTW2. %X14 ConfigEPos. %X3 / EPosSTW2%X15

引脚参数	数据类型	说　明	
ConfigEPOS	DWord	ConfigEPos 位	111 报文位
		ConfigEPos. %X4	EPosSTW2. %X11
		ConfigEPos. %X5	EPosSTW2. %X10
		ConfigEPos. %X6	EPosSTW2. %X2
		ConfigEPos. %X7	STW1. %X13
		ConfigEPos. %X8	EPosSTW1%X12
		ConfigEPos. %X9	STW2. %X0
		ConfigEPos. %X10	STW2. %X1
		ConfigEPos. %X11	STW2. %X2
		ConfigEPos. %X12	STW2. %X3
		ConfigEPos. %X13	STW2. %X4
		ConfigEPos. %X14	STW2. %X7
		ConfigEPos. %X15	STW1%X14
		ConfigEPos. %X16	STW1. %X15
		ConfigEPos. %X17	EPosSTW1. %X6
		ConfigEPos. %X18	EPosSTW1. %X7
		ConfigEPos. %X19	EPosSTW1%X11
		ConfigEPos. %X20	EPosSTW1. %X13
		ConfigEPos. %X21	EPosSTW2. %X3
		ConfigEPos. %X22	EPosSTW2. %X4
		ConfigEPos. %X23	EPosSTW2. %X6
		ConfigEPos. %X24	EPosSTW2. %X7
		ConfigEPos. %X25	EPosSTW2. %X12
		ConfigEPos. %X26	EPosSTW2. %X13
		ConfigEPos. %X27	STW2. %X5
		ConfigEPos. %X28	STW2. %X6
		ConfigEPos. %X29	STW2. %X8
		ConfigEPos. %X30	STW2. %X9
		可通过此方式给 V90 PN 伺服驱动器传输硬件限位使能、回原点开关信号等。注意：如果程序中对此管脚进行了变量分配，则必须保证当 ConfigEPos. %X0 和 ConfigEPos. %X1 都为 1 时驱动器才能运行	
HWIDSTW	HW＿IO	符号名或 SIMATIC S7-1200 设定值槽的 HW ID（SetPoint）	
HWIDZSW	HW＿IO	符号名或 SIMATIC S7-1200 实际值槽的 HW ID（Actual Value）	
AxisEnabled	Bool	驱动器已使能	
AxisError	Bool	驱动器故障	
AxisWarn	Bool	驱动器报警	
AxisPosOk	Bool	轴的目标位置到达	
AxisRef	Bool	回原点位置设置	
Lockout	Bool	禁止接通	

引脚参数	数据类型	说　　明
ActVelocity	DInt	当前速度
ActPosition	DInt	当前位置
ActMode	Int	当前激活的运行模式
EPosZSW1	Word	EPOS ZSW1 的状态
EPosZSW2	Word	EPOS ZSW2 的状态
ActWarn	Word	当前报警代码
ActFault	Word	当前故障代码
Error	Bool	1＝错误出现
Status	Word	显示状态
DiagID	Word	扩展的通信故障

9.3　技能训练：S7-1200 PLC 通过 PROFINET 通信控制 G120 变频器

9.3.1　任务目的

通过实训掌握 PLC 通过 PROFINET 通信控制变频器方法。

9.3.2　任务内容

S7-1200 PLC 进行 PROFINET 通信，控制 G120 变频器的启动、停止和速度给定。

9.3.3　训练准备

工具、仪表及器材：

（1）S7-1200 PLC（CPU1214C DC/DC/DC）两台，订货号为 6ES7 214-1AG40-0XB0；

（2）G120 变频器控制单元一台，订货号为 6SL3244-0BB12-1FA0；

（3）G120 变频器功率单元一台，订货号为 6SL3210-1PB13-0UL0；

（4）G120 变频器操作面板一台，订货号为 6SL3255-0AA00-4JC1；

（5）四口交换机一台；

（6）编程计算机一台，已安装博途专业版 V15.1 软件。

9.3.4　训练步骤

9.3.4.1　变频器参数设置

G120 变频器参数设置见表 9-9。

表 9-9   G120 变频器参数设置

参数地址	内容	参数值
P0003	用户访问级别	3（专家访问级别）
P0304	电机额定电压	220V
P0305	电机额定电流	1. 40A
P0307	电机额定功率	0. 55kW
P0308	功率因数 COSC	0. 800
P0310	电机额定频率	50Hz
P0311	电机额定转速	1425r/min
P0922	通信报文	352
P1080	最小频率	0Hz
P1082	最大频率	50Hz
P1120	加速时间	3s
P1121	减速时间	3s

9. 3. 4. 2   PLC 程序编写

第一步：新建项目及组态。打开博途软件，在 Portal 视图中，单击"创建新项目"选项，在弹出的界面中输入项目名称（S7-1200 PLC 通过 PROFINET 通信控制 G120 变频器应用实例）、路径和作者等信息，然后单击"创建"按钮即可生成新项目。

进入项目视图，在左侧的"项目树"窗格中，双击"添加新设备"选项，弹出"添加新设备"对话框，在此对话框中选择 CPU 的订货号和版本（必须与实际设备相匹配），然后单击"确定"按钮。

第二步：设置 CPU 属性。在"项目树"窗格中，单击"PLC _ 1 [CPU 1214C DC/DC/DC]"下拉按钮，双击"设备组态"选项，在"设备视图"的工作区中，选中 PLC _ 1，依次单击其巡视窗格中的"属性"——→"常规"——→"PROFINET 接口 [X1]"——→"以太网地址"选项，修改以太网 IP 地址。

第三步：组态 PROFINET 网络。在"项目树"窗格中，双击"设备和网络"选项，在硬件目录中找到"其他现场设备"——→"PROFINETIO"——→"Drives"——→"SIEMENS AG"——→"SINAMICS"——→"SINAMICS G120 CU240E-2PN（-F）V4. 6"，然后双击或拖拽此模块至网络视图即可。

在"网络视图"的工作区中，选择 G120 的"未分配"选项。然后选择 IO 控制器为 PLC _ 1. PROFINET 接口_ 1。

第四步：配置 G120 参数。在"网络视图"的工作区中，双击 G120 变频器，进入变频器的"设备视图"。依次单击"属性"——→"常规"——→"PROFINET 接口 [X150]"——→"以太网地址"选项，修改以太网 IP 地址。

进入变频器的"设备概览"视图。在硬件目录中找到"子模块"——→"西门子报文352，PZD-6/6"，双击或拖拽此模块至"设备概览视图"的 13 插槽即可。

备注：PQW64 为 STW1 控制字地址；PQW66 为 NSOLL ＿A 控制字地址；PIW68 为 ZSW1 状态字地址；PIW70 为 NIST ＿A ＿GLATT 状态字地址。

第五步：分配设备名称。在"网络视图"的工作区中，选中 G120 变频器并用鼠标右键单击，出现快捷菜单，单击"分配设备名称"选项。

单击"更新列表"按钮，出现"网络中的可访问节点"。在"网络中的可访问节点"选区中，选中 G120 变频器，然后单击"分配名称"按钮，保证组态的设备名称和实际设备的设备名称一致。

第六步：创建 PLC 变量表。在"项目树"窗格中，依次单击"PLC ＿1 ［CPU 1214C DC/DC/DC］" ——"PLC 变量"选项，双击"添加新变量表"选项，并将新添加的变量表命名为"PLC 变量表"，然后在"PLC 变量表"中新建变量。

第七步：编写 OB1 主程序，如图 9-22 所示。

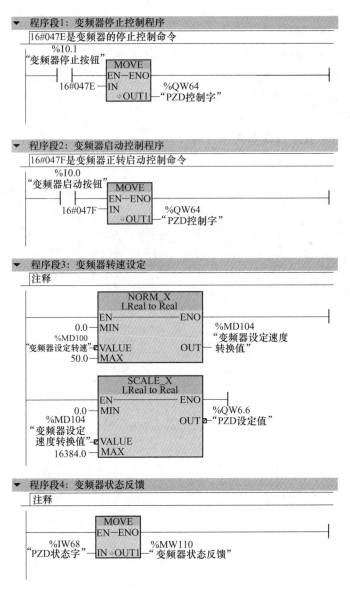

▼ 程序段5：变频器运行状态反馈

注释

```
        %M110.2                                   %M10.1
      "变频器运行状态                              "变频器运行状态
          反馈"                                      显示"
      ──┤ ├──                                    ──( )──
```

▼ 程序段6：变频器故障状态反馈

注释

```
        %M110.3                                   %M10.2
      "变频器故障状态                              "变频器故障状态
          反馈"                                      显示"
      ──┤/├──                                    ──( )──
```

图 9-22　OB1 主程序

9.3.4.3　程序测试

程序编译后，下载到 S7-1200 CPU 中，按以下步骤进行程序测试。

（1）停止操作：按下变频器停止按钮（I0.1），变频器停止运行。

（2）频率给定操作：设定 MD100 的数值，修改变频器的运行频率。

（3）启动操作：按下变频器启动按钮（I0.0），变频器启动运行。

（4）停止操作：按下变频器停止按钮（I0.1），变频器停止运行。

PLC 监控表如图 9-23 所示。

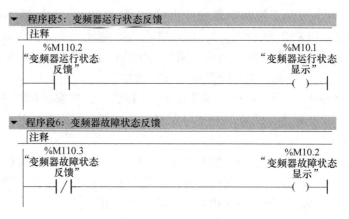

	名称	地址	显示格式	监视值	修改值	🖉	注释
1	"变频器启动按钮"	%I0.0	布尔型	FALSE		☐	
2	"变频器停止按钮"	%I0.1	布尔型	FALSE		☐	
3	"变频器运行状态显示"	%M10.1	布尔型	TRUE		☐	
4	"变频器故障状态显示"	%M10.2	布尔型	FALSE		☐	
5	"变频器设定转速"	%MD100	浮点数	25.0		☐	

图 9-23　PLC 监控表 3

10 S7-1200 PLC 综合实训

电梯是宾馆、商店、住宅、多层厂房等高层建筑不可缺少的垂直方向的交通工具，是 PLC 控制系统的典型应用之一。

本项目将通过单部四层电梯控制系统的设计，介绍 PLC 控制系统的设计步骤和方法。

学习目标

（1）掌握 PLC 控制系统的设计原则和设计步骤；

（2）掌握 PLC 控制系统的硬件设计方法；

（3）掌握 PLC 控制系统的软件设计方法。

10.1 单部四层电梯控制系统的总体设计

电梯控制系统会根据不同楼层客户需求即时响应，实现自动平层、开关门、超重提示、层门联锁保护等，并根据不同需求做出合理响应。

10.1.1 任务分析

单部四层电梯控制系统的工作过程如下。

（1）按下电梯的总开关后，电梯开始工作。

（2）在电梯上行期间，响应电梯所在楼层上层呼叫。例如，电梯在二层时，响应二层~四层的外呼和内呼，若外呼中既有上行呼叫又有下行呼叫，则优先响应上行呼叫后，电梯开始工作。

（3）同理，在电梯下行期间，响应电梯所在楼层下层呼叫。例如，电梯在二层时，响应一层和二层的外呼和内呼，若外呼中既有上行呼叫又有下行呼叫，则优先响应下行呼叫。

（4）某楼层有同向呼叫信号或内呼信号，则电梯运行到该楼层后启动开门信号。

（5）开门到位后检测是否有人出入，无人状态持续一定时间后启动关门信号。

（6）关门信号启动过程中检测是否有人出入，若有则立即停止关门，重新启动。

（7）开门信号。

（8）电梯门关闭（限位开关）时，称重传感器检测电梯是否超重，超重则启动报警信号并重新启动开门信号。

（9）电梯运行期间，检测电梯是否越程，越程时停止电梯运行并启动报警信号。

因此，可将单部四层电梯控制系统功能主要功能分为控制功能和保护功能两类，如图 10-1 所示。根据以上分析，本任务的主要工作是了解 PLC 控制系统的设计步骤和原则，并根据单部四层电梯控制系统的主要功能要求，设计总体方案。

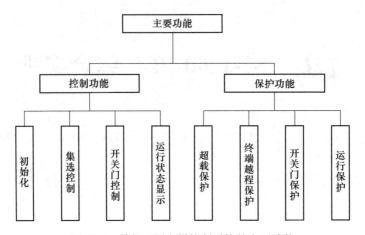

图 10-1   单部四层电梯控制系统的主要功能

10.1.2   设计分析

10.1.2.1   PLC 控制系统的设计步骤

PLC 控制系统的设计主要分为两大部分：硬件设计和软件设计。

硬件设计是根据控制系统的控制要求、工艺要求和技术要求，选择合适的 PLC 和其他硬件设备，确定 I/O 模块，绘制硬件电路接线图，并进行硬件电路的连接及调试。

软件设计是在硬件平台基础上，结合控制系统的工作过程进行 PLC 程序设计和调试。

设计的具体步骤如图 10-2 所示。

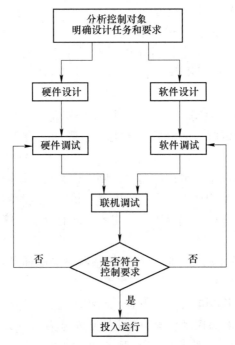

图 10-2   PLC 控制系统的设计步骤

10.1.2.2 PLC 控制系统的设计原则

（1）充分发挥 PLC 功能，最大限度满足被控对象的控制要求。

（2）在满足控制要求的前提下，力求使控制系统简单、经济、使用和维修方便。

（3）保证控制系统安全可靠。

（4）考虑到生产的发展和工艺的改进，在选择 PLC 的型号、I/O 点数和存储器容量等内容时，应留有适当的余量。

10.1.3 任务实施

10.1.3.1 分析控制对象

单部四层电梯控制系统的控制对象模型可分为电梯模型与用户行为模型。其中，电梯模型主要包括轿厢、电机、限位开关、呼叫按钮、轿厢开关门按钮、轿厢选层按钮及指示灯等。电梯模型中各元件与 PLC 相连，实施自动控制。用户行为模型是指软件系统将模拟各楼层用户对电梯的操作行为。可以模拟现实情况下用户使用电梯时的具体用例，从而观察 PLC 所控制的电梯行为是否符合要求。

10.1.3.2 明确设计任务和要求

通过分析其工作过程，可将单部四层电梯控制系统的设计任务划分为以下四个子任务。

（1）初始化。电梯开始运行时，首先进行必要的初始化工作，并返回准备就绪信号。

（2）集选控制。集选控制是指集合呼叫信号和选择应答信号控制。电梯运行响应完所有外呼信号和内呼信号后，停在最后一次运行的目标层待命。

（3）开关门控制。电梯门根据当前电梯的状态、轿厢门的状态、呼梯信号、内呼信号及光幕信号状态等，做出合理的判断。

（4）运行状态显示。在运行过程中，需要始终显示当前运行方向和当前楼层（采用七段数码管显示）。

另外，在电梯整个运行过程中，还需要设置一些保护措施。当出现异常状态时，提醒用户发生故障。

（1）超载保护。电梯超载时，故障指示灯闪烁，并保持开门状态，电梯不允许启动。

（2）终端越程保护。电梯的上、下端都装有终端减速开关和终端限位开关，以保证电梯不会越程。

（3）开关门保护。如果电梯持续关门一段时间后，尚未关闭到位（门未完全闭合），电梯就会转换成开门状态，故障指示灯常亮。

如果电梯在持续开门一段时间后，尚未收到开门到位信号，电梯就会转成关门动作，并在门关闭到位后，响应下一个信号。

（4）运行保护。为安全起见，在门区外（两个楼层之间）或电梯运行中，设定电梯不能开门。

10.1.3.3 绘制系统框图

图 10-3 为单部四层电梯控制系统的系统框图。其中，内部呼叫面板包括楼层号（1~4）、手动开门按钮、手动关门按钮和紧急呼叫按钮；外部呼叫面板包括各楼层上行呼叫

按钮和下行呼叫按钮；限位开关包括电梯门限位开关和越程限位开关。电梯门限位开关主要用来检测开关门是否到位；越程限位开关主要用来完成越程控制。平层开关用来检测电梯是否运行到位；电梯光幕用来检测轿厢门是否有阻挡；称重传感器用来检测轿厢是否超重。

另外，PLC 控制下的变频器用来实现电梯的稳定启停和加速减速功能。监控中心用来监控电梯的运行状态并及时接收报警信号。七段数码管显示电梯所在楼层和运行方向。

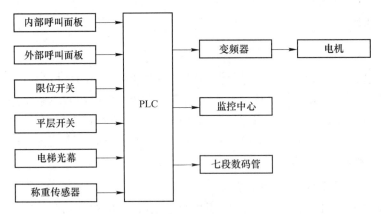

图 10-3   单部四层电梯控制系统的系统框图

10.2   单部四层电梯控制系统的硬件设计

10.2.1   设计步骤

根据 PLC 控制系统的设计步骤，单部四层电梯控制系统的硬件设计主要工作如下：

（1）选择合适的 PLC 和其他硬件设备；

（2）确定 I/O 模块；

（3）根据单部四层电梯控制系统的工作过程和 I/O 分配表，绘制硬件电路接线图，并根据接线图完成接线。

10.2.1.1   选择 PLC

选择 PLC 是控制系统硬件设计中非常重要的环节，选择时应从 PLC 的结构、CPU 的功能、I/O 点数、用户存储容量等方面综合考虑，见表 10-1。

表 10-1   PLC 的选型

PLC 的结构	整体式 PLC 的价格相对便宜、功能简单，而一些较复杂、要求较高的系统一般采用模块式 PLC；模块式 PLC 功能灵活、扩展方便，但价格较高。中小型控制系统一般使用整体式 PLC
CPU 的功能	根据用户需求从逻辑功能、数据传送功能、运算功能、高速计数功能、模拟量处理功能等几方面考虑

I/O 点数	根据对被控对象的分析，列出要与 PLC 相连的全部输入、输出装置及类型，确定出全部实际 I/O 点数，再加上 10%～20% 的裕量，最终确定 PLC 控制系统所需的 I/O 点数。 在满足控制要求的前提下力争使 I/O 点最少，但必须留有一定的裕量
用户存储容量	通常由用户程序的长短决定，通常系统功能越复杂，程序越长，I/O 点数越多，所需的存储容量就会越大。可按公式（存储容量=数字量 I/O 点数×10+模拟量通道数×100）粗略计算实际需要量，再按实际需要留适当的裕量（一般为 20%～30%）。 对于初学者来说，选择容量时要留有更大裕量，一般为 50%～100%

10.2.1.2 选择 I/O 模块

I/O 模块包括普通 I/O 模块和智能 I/O 模块。与普通 I/O 模块相比，智能 I/O 模块自带微处理芯片、系统程序和存储器等，常通过串口与 PLC 的 CPU 相连，并在 CPU 的协调管理下独立工作。为减轻 CPU 的负担，保证系统的稳定，在单部四层电梯控制系统中，常选用智能 I/O 模块。

PLC 系统可供选择的智能 I/O 模块主要包括通信处理模块、A/D 模块、D/A 模块、PID 模块、阀门控制模块和变频器控制模块等。

10.2.1.3 选择其他硬件设备

其他硬件设备（非智能设备）主要包括按钮、开关、限位开关、传感器、继电器、接触器、电磁阀、电机、指示灯和蜂鸣器等。

例如，在单部四层电梯控制系统中，包括按钮、电梯光幕、平层开关、限位开关、称重传感器、七段数码管、指示灯、电机等。

A 按钮

按照接触点的形式不同，按钮可分为启动按钮、停止按钮和复合按钮三类。启动按钮带有常开触点，按下时常开触点闭合；停止按钮带有常闭触点，按下时常闭触点断开；复合按钮带有常开触点和常闭触点，按下时，常开触点闭合，常闭触点断开。

在单部四层电梯控制系统中，轿厢内楼层选择按钮、手动开关门按钮、紧急呼叫按钮和轿厢外呼梯按钮均选用启动按钮（即常开触点）。

B 电梯光幕

在单部四层电梯控制系统中，选择使用电梯光幕来提供光幕信号。

电梯光幕是由红外传感器组成的，即轿厢门的一边等间距安装多个红外发射管，另一边相应的安装相同数量相同排列的红外接收管。

在有障碍物的情况下，红外发射管发出的调制信号（光幕信号）不能顺利到达红外接收管，相应的内部电路输出高电平信号，并将该信号送到 PLC，提示有障碍物。

C 平层开关

在单部四层电梯控制系统中，平层感应器常被用来检测轿厢平层状态（是否开、关门到位），控制电梯平层停梯。

单部四层电梯控制系统中选择的平层传感器是永磁感应器，它具有工作可靠、体积小、安装方便、对环境要求低等特点。

D　限位开关

在单部四层电梯控制系统中，用限位开关实现轿厢门控制和电梯的上下限（终端）越程控制。

在轿厢门控制中，开门过程中碰触到开门限位开关时，开门限位开关向 PLC 发送一个高电平信号，然后 PLC 向驱动电机发送停止信号，开门过程结束；关门过程同开门过程类似。

电梯的上下限越程控制中有两个上限位开关和两个下限位开关，分别为上端站第一限位开关、上端站第二限位开关、下端站第一限位开关和下端站第二限位开关。电梯上行过程中，碰触到上端站第一限位开关时，限位开关向 PLC 发送一个高电平信号，然后 PLC 按照预先设定的算法控制曳引电机平稳减速；碰触到上端站第二限位开关时，曳引电机停止运行。电梯下行过程同电梯上行过程类似。

E　称重传感器

在单部四层电梯控制系统中，用称重传感器检测进入轿厢内人或物的重量，并与报警电路和开关门控制电路一起完成超载报警功能。当称重传感器检测到的重量超过设定值时，会输出高电平信号，轿厢门禁止关闭并启动报警信号。

F　七段数码管

七段数码管利用不同发光段组合来显示不同的数字，发光段布置图如图 10-4 所示。据发光二极管接线方式的不同，七段数码管分为共阳极和共阴极两类。单部四层电梯控制系统使用共阴极七段数码管来显示楼层。

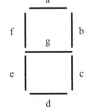

图 10-4　光段布置图

10.2.2　设计实施

10.2.2.1　选择合适的 PLC

本节选择 S7-1200 中的 CPU1214C。由于 CPU1214C 的数字量接口不足且缺少模拟量接口，需要配备一定量的数字量接口模块和模拟量接口模块。

10.2.2.2　I/O 地址分配

根据工作过程分析，单部四层电梯控制系统的 I/O 地址分配表见表 10-2。

表 10-2　单部四层电梯控制系统的 I/O 地址分配表

输　入			输　出		
元件	I/O 地址	备　注	元件	I/O 地址	备　注
QS_0	I0.0	电梯开关	L_0	Q0.0	工作状态指示
SB_1	I0.1	一层内呼按钮	L_1	Q0.1	一层内呼指示灯

输　　入			输　　出		
元件	I/O 地址	备　注	元件	I/O 地址	备　注
SB$_2$	I0.2	二层内呼按钮	L$_2$	Q0.2	二层内呼指示灯
SB$_3$	I0.3	三层内呼按钮	L$_3$	Q0.3	三层内呼指示灯
SB$_4$	I0.4	四层内呼按钮	L$_4$	Q0.4	四层内呼指示灯
SB$_5$	I0.5	一层上行呼梯按钮	L$_5$	Q0.5	一层上行呼梯指示灯
SB$_6$	I0.6	一层下行呼梯按钮	L$_6$	Q0.6	一层下行呼梯指示灯
SB$_7$	I0.7	三层上行呼梯按钮	L$_7$	Q0.7	三层上行呼梯指示灯
SB$_8$	I1.0	二层下行呼梯按钮	L$_8$	Q1.0	二层下行呼梯指示灯
SB$_9$	I1.1	三层下行呼梯按钮	L$_9$	Q1.1	三层下行呼梯指示灯
SB$_{10}$	I1.2	四层下行呼梯按钮	L$_{10}$	Q1.2	四层下行呼梯指示灯
SB$_{11}$	I1.3	开门按钮	HA	Q1.3	蜂鸣器报警
SB$_{12}$	I1.4	关门按钮	KM$_1$	Q1.5	上行电机接触器
SB$_{13}$	I1.5	报警按钮	KM$_2$	Q1.6	下行电机接触器
SB$_{14}$	I1.6	光幕信号	a	Q2.0	LEDa
SB$_{15}$	I1.7	超重信号	b	Q2.1	LEDb
SB$_{16}$	I2.0	上平层信号	c	Q2.2	LEDc
SB$_{17}$	I2.1	下平层信号	d	Q2.3	LEDd
SB$_{18}$	I2.2	上端站第一限位	e	Q2.4	LEDe
SB$_{19}$	I2.3	上端站第二限位	f	Q2.5	LEDf
SB$_{20}$	I2.4	下端站第一限位	g	Q2.6	LEDg
SB$_{21}$	I2.5	下端站第二限位	KM$_3$	Q3.0	高速接触器
SB$_{22}$	I2.6	开门限位开关	KM$_4$	Q3.1	低速接触器
SB$_{23}$	I2.7	关门限位开关	KM$_5$	Q3.2	开门接触器
			KM$_6$	Q3.3	关门接触器
			KM$_7$	Q3.4	1 级减速制动
			KM$_8$	Q3.5	2 级减速制动
			KM$_9$	Q3.6	3 级减速制动

输　入			输　出		
元件	I/O 地址	备　注	元件	I/O 地址	备　注
			L_{11}	Q3.7	准备就绪信号
			L_{12}	Q4.1	下行指示灯
			L_{13}	Q4.2	上行指示灯

10.2.2.3　硬件接线

根据表 8-2，绘制 PLC 的硬件接线图（见图 10-5），并根据接线图完成接线。

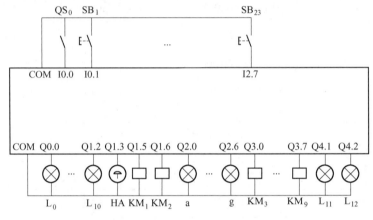

图 10-5　PLC 的硬件接线图

10.3　单部四层电梯控制系统的软件设计

10.3.1　设计步骤

根据 PLC 控制系统的设计步骤，单部四层电梯控制系统的软件设计主要包括以下五步：
（1）根据工作过程划分功能模块；
（2）定义 PLC 变量；
（3）设计功能模块的梯形图程序；
（4）组合功能模块程序；
（5）调试程序。

10.3.2　PLC 程序设计

10.3.2.1　设计原则

PLC 控制系统软件设计的主要工作是以控制要求和 I/O 地址分配表为依据，根据程序设计思想划分功能模块，使用 PLC 编程指令，设计出符合控制要求的梯形图程序。绘制梯形图遵循以下原则。

（1）程序尽可能简短。PLC 的扫描周期与程序的长度有直接关系，程序越短，程序的扫描周期就越短。另外，程序简短还可以节省内存、简化调试过程。

（2）程序要清晰。PLC 程序越清晰、逻辑性越强，程序的可读性就越强，调试和修改也越方便。

10.3.2.2　设计步骤

绘制梯形图常用的方法有经验设计法和顺序设计法。经验设计法是根据控制要求，将一些典型的控制程序进行组合，并不断地修改和完善梯形图程序。虽然经验设计法几乎没有规律可以遵循，但通常可以按以下几个步骤进行。

（1）划分功能模块。在了解控制要求后，将系统合理划分成若干个功能模块，并准确把握功能模块之间的关系。

（2）定义 PLC 变量。除定义 I/O 接口外，对于一些要用到的内部元件也要进行定义，以便后期设计梯形图程序。

（3）设计每个功能模块的梯形图程序。根据已划分的功能模块，进行梯形图程序设计。通常一个功能模块对应一个梯形图程序。这一阶段的关键是找到一些能够实现该模块功能的典型控制程序，然后选择最佳者，并进行必要的修改和完善。

（4）组合功能模块程序。设计出每个功能模块的梯形图程序后，需要对各功能模块进行组合，得到总的梯形图程序。

10.3.3　设计实施

10.3.3.1　划分功能模块

根据工作过程，可得单部四层电梯控制系统可划分为初始化、集选控制、开关门控制、运行状态显示等控制功能模块，以及超载保护、终端越程保护、开关门保护、运行保护等保护功能模块（见图 10-1），在后序设计梯形图程序时，其保护功能程序会穿插在控制功能程序中。

10.3.3.2　定义 PLC 变量

本节首先按照表 10-2 定义 I/O 接口，然后定义用到的内部元件，如图 10-6 所示。

58		楼层计数Tag1	默认变量表	Bool	%M0.0	☐	☑	☑	☑
59		楼层计数Tag2	默认变量表	Bool	%M0.1	☐	☑	☑	☑
60		Tag_5	默认变量表	Bool	%M0.2	☐	☑	☑	☑
61		Tag_6	默认变量表	Bool	%M0.3	☐	☑	☑	☑
62		初始化Tag1	默认变量表	Bool	%M0.4	☐	☑	☑	☑
63		下端站初始化标志	默认变量表	Bool	%M0.5	☐	☑	☑	☑
64		准备就绪信号(1)	默认变量表	Bool	%M0.6	☐	☑	☑	☑
65		初始化Tag2	默认变量表	Bool	%M0.7	☐	☑	☑	☑
66		初始化Tag3	默认变量表	Bool	%M1.0	☐	☑	☑	☑
67		初始化Tag4	默认变量表	Bool	%M1.1	☐	☑	☑	☑
68		目标一层标志位	默认变量表	Bool	%M1.2	☐	☑	☑	☑
69		目标二层标志位	默认变量表	Bool	%M1.3	☐	☑	☑	☑
70		目标三层标志位	默认变量表	Bool	%M1.4	☐	☑	☑	☑
71		目标四层标志位	默认变量表	Bool	%M1.5	☐	☑	☑	☑
72		上1	默认变量表	Bool	%M1.6	☐	☑	☑	☑
73		上2	默认变量表	Bool	%M1.7	☐	☑	☑	☑
74		下2	默认变量表	Bool	%M2.0	☐	☑	☑	☑
75		上3	默认变量表	Bool	%M2.1	☐	☑	☑	☑
76		下3	默认变量表	Bool	%M2.2	☐	☑	☑	☑
77		下4	默认变量表	Bool	%M2.3	☐	☑	☑	☑

图 10-6　定义内部元件

10.3.3.3 设计功能模块的梯形图程序

A 初始化程序

电梯开始工作时，首先进行初始化，此时电梯位于一层，七段数码管显示为 1，其梯形图程序如图 10-7 所示。

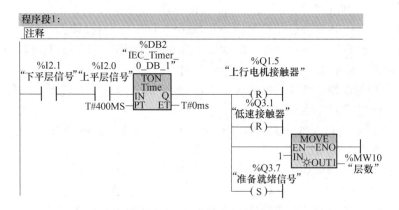

图 10-7 电梯初始化的梯形图程序

B 电梯集选控制

当某楼层有呼叫信号时，该目标楼层标志位状态变为"1"，如图 10-8 所示。

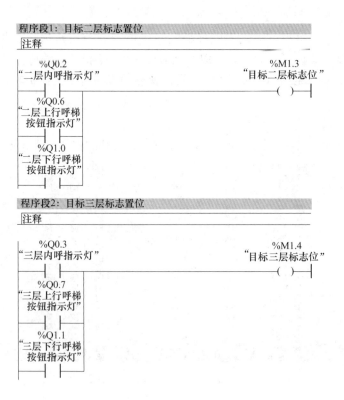

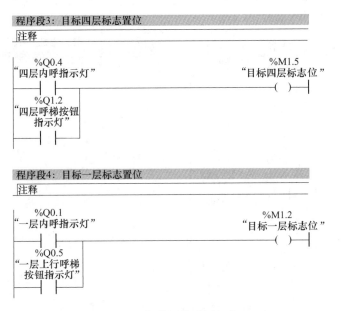

图 10-8　目标楼层梯形图程序

当电梯的层数为 1 时，表明电梯停靠在一层，此时禁止下行，即下行指示为"0"；当电梯的层数为 4 时，表明电梯停靠在四层，此时禁止上行，即上行指示为"0"。

在一层和四层时，检测限位开关，以防止终端越程，其梯形图程序如图 10-9 所示。

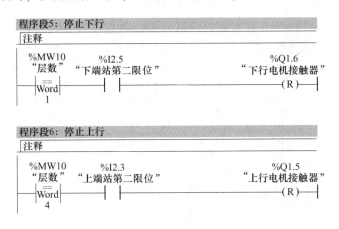

图 10-9　电梯停靠一层和四层时的梯形图程序

电梯执行上行动作的条件是：

（1）电梯没有下行的状态下，电梯停靠一层时，二、三、四层有呼叫信号；

（2）电梯停靠在二层时，三、四层有呼叫信号；

（3）电梯停靠在三层时，四层有呼叫信号，如图 10-10 所示。

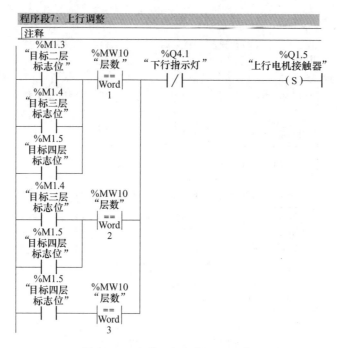

图 10-10   电梯上行的梯形图程序

电梯执行下行动作的条件是：

（1）电梯没有上行的状态下，电梯停靠四层时，一、二、三层有呼叫信号；

（2）电梯停靠在三层时，一、二层有呼叫信号；

（3）电梯停靠在二层时，一层有呼叫信号，如图 10-11 所示。

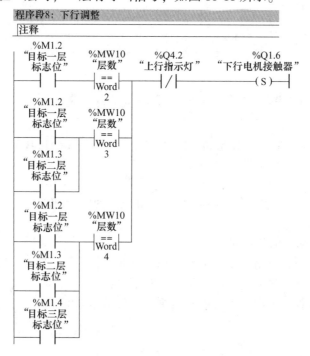

图 10-11   电梯下行的梯形图程序

电梯运行到某楼层时，将该楼层的值送至 MW76 中，其梯形图程序如图 10-12 所示。

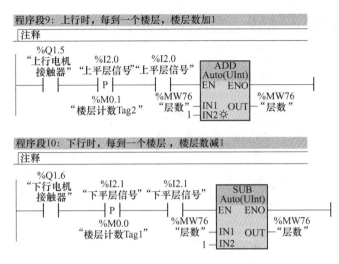

图 10-12 电梯楼层的梯形图程序

C 开关门控制

电梯到达目标层时，轿厢开门，到达开门限位开关后停止开门。另外，若关门过程中检测到光幕信号，轿厢转为开门程序。开门过程结束后，若没有光幕信号或按下手动开门按钮，延时 30s。开关门控制的梯形图程序如图 10-13 所示。

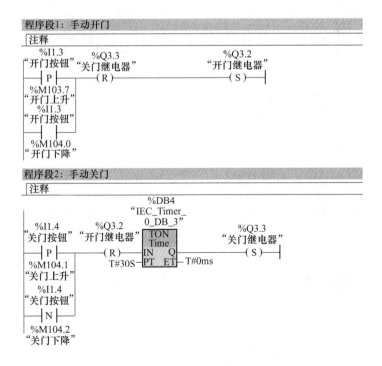

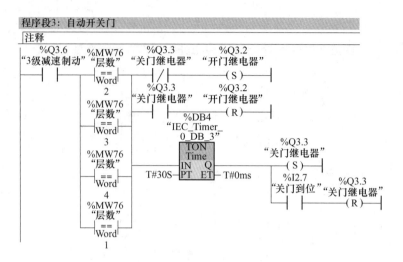

图 10-13   开关门控制的梯形图程序

D   运行状态显示

运行状态指示包括按钮指示灯、运行方向指示灯和楼层显示，其部分梯形图程序如图 10-14 所示。

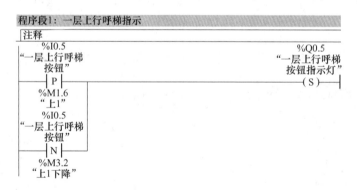

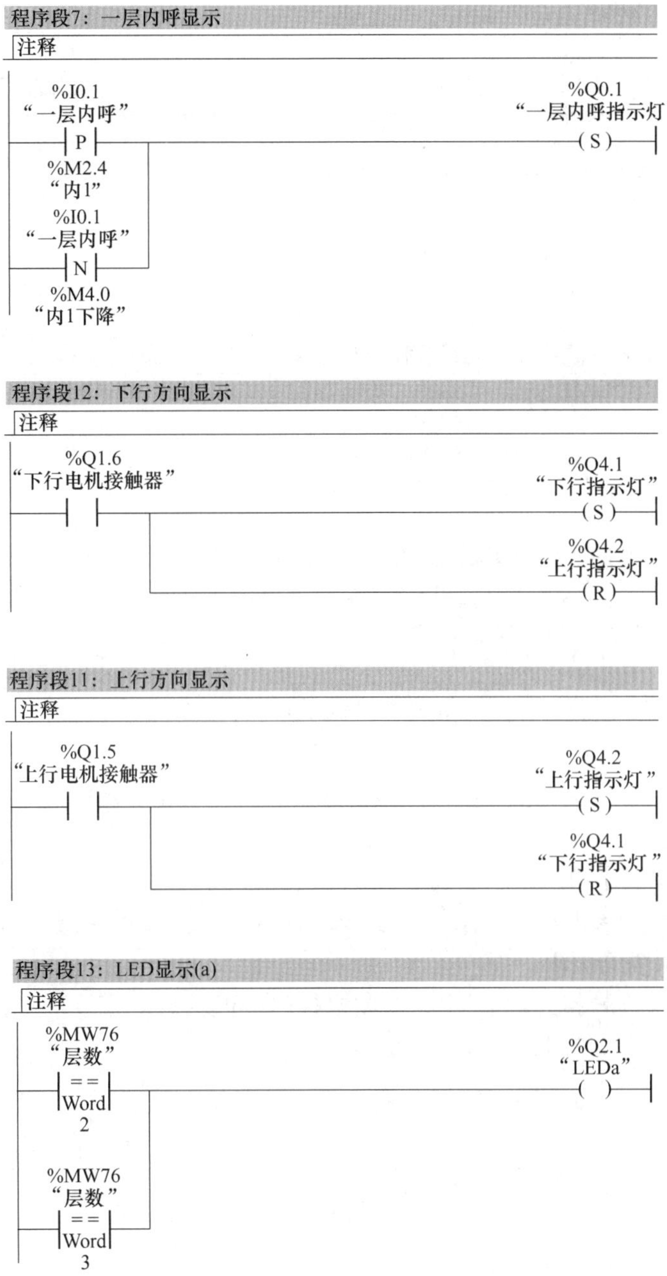

程序段7：一层内呼显示

注释

```
    %I0.1                                          %Q0.1
  "一层内呼"                                      "一层内呼指示灯"
  ─┤P├──┬────────────────────────────────────────( S )─
   %M2.4 │
   "内1" │
    %I0.1 │
  "一层内呼"│
  ─┤N├──┘
   %M4.0
  "内1下降"
```

程序段12：下行方向显示

注释

```
    %Q1.6                                          %Q4.1
 "下行电机接触器"                                 "下行指示灯"
  ─┤ ├──┬────────────────────────────────────────( S )─
        │                                          %Q4.2
        │                                        "上行指示灯"
        └────────────────────────────────────────( R )─
```

程序段11：上行方向显示

注释

```
    %Q1.5                                          %Q4.2
 "上行电机接触器"                                 "上行指示灯"
  ─┤ ├──┬────────────────────────────────────────( S )─
        │                                          %Q4.1
        │                                        "下行指示灯"
        └────────────────────────────────────────( R )─
```

程序段13：LED显示(a)

注释

```
    %MW76                                          %Q2.1
    "层数"                                         "LEDa"
  ─┤==├──┬───────────────────────────────────────(   )─
    Word │
     2   │
    %MW76 │
    "层数" │
  ─┤==├──┘
    Word
     3
```

图 10-14　运行状态显示的部分梯形图程序

10.3.3.4　组合功能模块程序

主程序的作用是将各功能模块程序通过接口变量连接起来，共同完成单部四层电梯的控制。在电梯工作状态下，若电梯停在一层，准备就绪信号 Q3.7 为"1"，此时根据输入信号的状态，调用集选控制函数和显示函数（运行状态显示），控制电梯运行；否则，调用初始化程序，控制电梯运行至一层，其梯形图程序如图 10-15 所示。

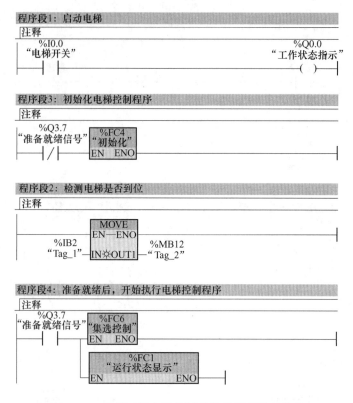

图 10-15　单部四层电梯控制系统的梯形图主程序

10.3.3.5　调试程序

（1）按照单部四层电梯控制系统的工作过程，分别按部呼梯按钮和内呼按钮，观察电梯运行状态是否符合要求。

（2）长按 SB_{14}（模拟光幕信号），观察电梯门是否能够关闭。

（3）长按 SB_{15}，观察电梯门是否能够关闭。

参 考 文 献

[1] 郑凯. 电气控制与 PLC 技术及其应用 [M]. 四川：西南交通大学出版社, 2019.

[2] 何衍. 可编程控制器 [M]. 北京：化学工业出版社, 2018.

[3] 芮庆忠, 黄诚. 西门子 S7-1200 PLC 编程及应用 [M]. 北京：电子工业出版社, 2020.

[4] 张军霞, 戴明宏. 电气控制与 PLC [M]. 北京：机械工业出版社, 2020.

[5] 薛岩. 电气控制与 PLC 技术 [M]. 北京：北京航空航天大学出版社, 2010.

[6] 辛顺强, 陈亮. 电气控制与 PLC 应用技术——西门子 S7-1200 PLC [M]. 北京：化学工业出版社, 2021.

[7] 何献忠. 电气控制与 PLC 应用技术 [M]. 北京：化学工业出版社, 2018.

[8] 张万忠. 电气与 PLC 控制技术 [M]. 北京：化学工业出版社, 2016.

[9] 李全利. 可编程控制器及其网络系统的综合应用技术 [M]. 北京：机械工业出版社, 2005.

[10] 罗伟, 邓木生. PLC 与电气控制 [M]. 北京：中国电力出版社, 2009.

[11] 黄永红. 电气控制与 PLC 应用技术 [M]. 北京：机械工业出版社, 2018.

[12] 康华光. 电子技术基础（数字部分）[M]. 北京：高等教育出版社, 2007.